高等职业教育系列教材

电力电子技术

第 3 版

主　编　张静之　刘建华

副主编　陆善婷　陈　梅

参　编　朱世华　刘晓燕

机械工业出版社

修订后的教材从实用的角度出发，介绍了电力电子器件及各种应用技术，包括电力电子器件、单相可控整流电路、三相可控整流电路、有源逆变电路、交流调压、无源逆变与变频电路、直流斩波等主要内容，其中第2~7章的实践操作训练选取电工技能等级鉴定的相关内容，同时为所有的实践操作训练配套了活页型实训报告。每章还配有一定数量的思考与练习题，以指导读者深入地进行学习，并通过"本章小结"对学习内容进行梳理和提炼。

本书既可作为高职高专自动化和应用电子等相关专业的教材，也可以作为其他相近专业的教材或参考书，还可以作为相关工程技术人员和参加维修电工职业技能鉴定考核人员的参考书。

为方便教学，书中的微课视频可通过扫描方式进行观看。本书配套的电子资源，包括电子课件、微课视频以及思考与练习题答案，可登录机械工业出版社教育服务网 www.cmpedu.com 免费注册、审核通过后下载，或联系编辑索取（微信：15910938545，电话：010-88379739）。

图书在版编目（CIP）数据

电力电子技术/张静之，刘建华主编. —3 版. —北京：机械工业出版社，2021. 3（2024. 7 重印）

高等职业教育系列教材

ISBN 978-7-111-67081-0

Ⅰ.①电… Ⅱ.①张… ②刘… Ⅲ.①电力电子技术-高等职业教育-教材 Ⅳ.①TM76

中国版本图书馆 CIP 数据核字（2020）第 251443 号

机械工业出版社（北京市百万庄大街 22 号　邮政编码 100037）
策划编辑：李文轶　责任编辑：李文轶　白文亭
责任校对：王　延　责任印制：郜　敏
北京富资园科技发展有限公司印刷
2024 年 7 月第 3 版第 6 次印刷
184mm×260mm · 18 印张 · 443 千字
标准书号：ISBN 978-7-111-67081-0
定价：69.00 元

电话服务　　　　　　　　　　　网络服务
客服电话：010-88361066　　　机　工　官　网：www.cmpbook.com
　　　　　010-88379833　　　机　工　官　博：weibo.com/cmp1952
　　　　　010-68326294　　　金　书　网：www.golden-book.com
封底无防伪标均为盗版　　　机工教育服务网：www.cmpedu.com

前　言

党的二十大报告提出，要加快建设制造强国，推动制造业高端化、智能化、绿色化发展。实现制造强国，智能制造是必经之路，电力电子技术作为智能制造中电气控制的重要组成部分，在工业自动化领域发挥着越来越重要的作用。电力电子技术课程作为高职高专自动化、机电一体化、应用电子等机电类相关专业必学的一门专业基础课程，在专业教学体系中起到了承上启下的作用。本书依据相关的先进工业技术发展要求，在听取了高职院校电力电子技术课程授课教师和广大读者对前两版教材反馈意见的基础上，对 2016 年出版的《电力电子技术 第 2 版》进行修订，丰富了原有的教学内容，兼顾理论分析与实际应用，进一步与工业生产实际应用相联系，能够更好地适用于高职高专的教学。

修订后的教材包括电力电子器件、单相可控整流电路、三相可控整流电路、有源逆变电路、交流调压、无源逆变与变频电路、直流斩波等主要内容，保留了原有的"教学目标、内容分析、本章小结、思考与练习"结构，在编写上依然采用一体化教学与传统理论教学相结合的形式，力求保持教材"加强基础、精炼内容、注重实践、层次清晰、循序渐进、利于教学"的特点。

本书在内容上增加了"单相全波可控整流电路"，将"共阳极接法三相半波可控整流电路"的内容独立成节，删除了"不间断电源"，并对 16 个实践操作训练课题进行了调整，使教材涵盖内容更加全面，知识点分布更加合理。

突出实践教学的重要性是本书的一个主要特色。在参考了技能鉴定要求和相关技能大赛试题的基础上，对原有的 16 个实践操作训练课题进行了完善，根据实际的教学安排，读者既可以在章节内容学习过程中穿插进行实践操作，也可以将所有的实践内容统一进行课程设计。本次修订对所有的实践操作训练配套了活页型实训报告，方便广大师生实践教学活动的开展。

作为"互联网+"新型教材，本书编写组录制了 16 个可控整流电路安装与调试的微课视频，每章的知识点汇总和客观练习题也以配套资源的形式呈现，读者可以通过扫描书中的二维码来获取相关内容的资源，以方便读者利用碎片时间进行学习。

本书是机械工业出版社组织出版的"高等职业教育系列教材"之一，由上海工程技术大学的张静之、刘建华主编。其中第 1 章的 1.1～1.3 节、第 2 章、第 3 章、各章的思考与练习、各章的本章小结和活页型实训报告由张静之编写；第 6 章、第 7 章由上海工程技术大学的刘建华编写；第 4 章由上海工程技术大学的陆善婷编写；第 1 章的 1.4～1.8 节由上海电机学院的陈梅编写；第 5 章的 5.1 节和 5.2 节由贵州城市职业学院的朱世华编写；第 5 章的 5.3 节和 5.4 节由中核建中核燃料元件有限公司的刘晓燕编写；全书由张静之负责统稿。本书的微课视频由上海工程技术大学的江山和郑昊录制。在编写过程中，参考了一些书刊并引用了一些资料，难以一一列举，在此一并表示衷心的感谢。

由于编者水平有限，错误在所难免，恳请使用本书的读者提出宝贵的意见。

编　者

目　　录

第 1 章　电力电子器件

教学目标:

通过本章的学习可以达到:

1) 熟悉电力二极管、晶闸管结构,理解各管子的工作原理;能够根据要求选择管子型号。

2) 理解晶闸管的保护方法,能够根据需要进行扩容使用,能够用万用表对晶闸管进行简单测试。

3) 理解 GTO 晶闸管、GTR、MOSFET、IGBT 4 种常见全控型电力电子器件的工作原理。

4) 掌握 GTO 晶闸管、GTR、MOSFET、IGBT 的主要参数及安全工作区。

5) 理解并掌握 GTO 晶闸管、GTR、MOSFET、IGBT 的驱动电路和使用中的注意事项。

6) 对新型电力电子器件的概况有所了解。

1.1　电力二极管

1.1.1　电力二极管的内部结构

图 1-1 为常见电力二极管的实物图。电力二极管属于不可控器件,由电源主回路控制通断状态。由于电力二极管的结构和工作原理简单,工作可靠,在将交流电变为直流电且不需要调压的场合仍广泛使用,如交—直—交变频的整流、大功率直流电源等,特别是快速恢复二极管和肖特基二极管,在中、高频整流和逆变以及低压高频整流场合广泛应用。

电力二极管是以 PN 结为基础的,是由一个面积较大的 PN 结和两端引线封装组成的。电力二极管的结构与图形符号如图 1-2 所示。

a)

b)

图 1-1　常见电力二极管的实物图

a) 螺栓型　b) 平板型

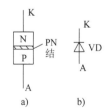
a)　　　b)

图 1-2　电力二极管的结构与图形符号

a) 结构　b) 图形符号

电力二极管和普通二极管工作原理一样,即若二极管处于正向电压作用下,则 PN 结导通,正向管压降很小;反之,若二极管处于反向电压作用下,则 PN 结截止,仅有极小的可忽略的漏电流流过二极管。

1.1.2 电力二极管的伏安特性曲线

电力二极管的伏安特性曲线如图1-3所示。

当电力二极管承受的正向电压达到一定值（门槛电压 U_{TO}）时，正向电流才开始明显增加，处于稳定导通状态。与正向电流 I_F 对应的电力二极管两端的电压 U_F 即为其正向压降。

当电力二极管承受反向电压时，只有少子引起的微小而数值恒定的反向漏电流。当反向电压增大到反向不重复峰值电压 U_{RSM} 时，反向漏电流增大较多，当到达反向击穿电压 U_{ROM} 时，反向电流急剧增大，造成反向击穿。通常反向击穿将造成电力二极管永久性损坏，故应该避免反向击穿。

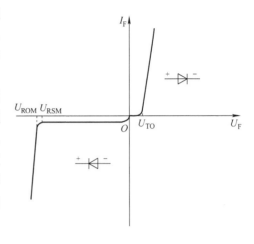

图1-3 电力二极管的伏安特性曲线

1.1.3 电力二极管的参数

1. 正向平均电流 $I_{F(AV)}$

在规定环境温度（40℃）和标准散热条件下，器件PN结温度稳定且不超过140℃时，所允许长时间连续流过50Hz正弦半波的电流平均值。将此电流值取规定系列的电流等级，即为器件的额定电流。实际应用中，通常留有 1.5～2 倍的安全系数。若电力二极管所流过的最大有效电流为 I_{DM}，则其额定电流一般选择为

$$I_{F(AV)} = (1.5 \sim 2)\frac{I_{DM}}{1.57}$$

2. 正向平均电压 U_F

在规定环境温度40℃和标准散热条件下，器件通过50Hz正弦半波额定正向平均电流时，器件阳极和阴极之间的电压平均值取规定系列组别，称为正向平均电压 U_F，简称为管压降，一般在 0.45～1V 范围内。

3. 反向重复峰值电压 U_{RRM}

在额定结温条件下，取器件反向伏安特性不重复峰值电压值 U_{RSM} 的80%，称为反向重复峰值电压 U_{RRM}。将 U_{RRM} 值取规定的电压等级就是该器件的额定电压。一般在选用电力二极管时，以其在电路中可能承受的最大峰值电压的两倍来选择反向重复峰值电压。若电力二极管所承受的最大反向峰值电压为 U_{DM}，则其额定电压一般选择为

$$U_{RRM} \geqslant (2 \sim 3)U_{DM}$$

1.1.4 电力二极管的简单测试

由于电力二极管的内部结构为PN结，因此用万用表的 $R \times 100$ 档测量阳极A和阴极K两端的正、反向电阻，可以判断电力二极管的好坏。一般，电力二极管的正向电阻在几十欧至几百欧，黑表笔接A，红表笔接K，如图1-4所示。而反向电阻在几千欧至几十千欧，黑

表笔接 K，红表笔接 A，如图 1-5 所示。

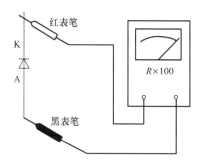
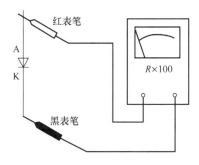

图 1-4　黑表笔接 A，红表笔接 K　　　图 1-5　黑表笔接 K，红表笔接 A

若正、反向电阻都为零或都为无穷大，说明电力二极管已经损坏。注意：严禁用绝缘电阻表测试电力二极管。

电力二极管使用时必须保证规定的冷却条件，如不能满足规定的冷却条件，必须降低容量使用。如规定风冷器件使用在自冷时，只允许用到额定电流的 1/3 左右。

1.2　晶闸管

1.2.1　晶闸管的内部结构与工作原理

晶闸管是一种由硅单晶材料制成的大功率半导体器件，简称为 SCR。晶闸管的实物图如图 1-6a～d 所示，各引脚名称标于图中，分别为阳极 A、阴极 K 和具有控制作用的门极 G。图 1-6e 为晶闸管的图形符号。

由于普通晶闸管电流容量大、电压耐量高以及开通的可控性（目前生产水平已达 4500A/8000V），因此被广泛应用于相控整流、逆变、交流调压、直流变换等领域，成为特大功率低频（200Hz 以下）装置中的主要器件。

晶闸管是一种大功率半导体变流器件，它是具有 3 个 PN 结的四层结构，晶闸管的结构如图1-7 所示。由最外的 P_1 层和 N_2 层引出两个电极，分别为阳极 A 和阴极 K，由中间 P_2 层引出的电极是门极 G。

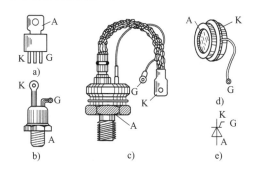
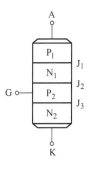

图 1-6　常见晶闸管的实物图和图形符号　　　　图 1-7　晶闸管的结构
a）塑封型　b）、c）螺栓型　d）平板型　e）图形符号

为了进一步说明晶闸管的工作原理，可把晶闸管看成是由一个 PNP 型晶体管和一个 NPN 型晶体管连接而成的，晶闸管工作原理等效电路如图 1-8 所示。阳极 A 相当于 PNP 型晶体管 V_1 的发射极，阴极 K 相当于 NPN 型晶体管 V_2 的发射极。

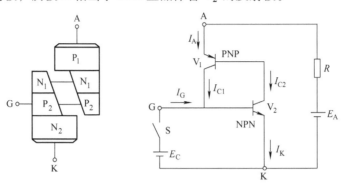

图 1-8　晶闸管工作原理等效电路

当晶闸管阳极承受正向电压，门极也加正向电压时，晶体管 V_2 处于正向偏置，E_C 产生的门极电流 I_G 就是 V_2 的基极电流 I_{B2}，V_2 的集电极电流 $I_{C2} = \beta_2 I_G$。而 I_{C2} 又是晶体管 V_1 的基极电流，V_1 的集电极电流 $I_{C1} = \beta_1 I_{C2} = \beta_1 \beta_2 I_G$（$\beta_1$ 和 β_2 分别是 V_1 和 V_2 的电流放大系数）。电流 I_{C1} 又流入 V_2 的基极，再一次放大。这样循环下去，形成了强烈的正反馈，使两个晶体管很快达到饱和导通，这就是晶闸管的导通过程。导通后，晶闸管上的压降很小，电源电压几乎全部加在负载上，晶闸管中流过的电流即负载电流。

在晶闸管导通之后，它的导通状态完全依靠管子本身的正反馈作用来维持，即使门极电流消失，晶闸管仍将处于导通状态。因此，门极的作用仅是触发晶闸管使其导通，导通之后，门极就失去了控制作用。要想关断晶闸管，最根本的方法就是必须将阳极电流减小到使之不能维持正反馈的程度，也就是将晶闸管的阳极电流减小到小于维持电流。可采用的方法有：将阳极电源断开；改变晶闸管阳极电压的方向，即在阳极和阴极间加反向电压。

1.2.2　晶闸管的伏安特性曲线

晶闸管阳极与阴极之间的电压 U_a 与阳极电流 I_a 的关系曲线称为晶闸管的阳极伏安特性曲线，如图 1-9 所示。第一象限是正向特性，第三象限是反向特性。

1. 晶闸管的正向特性

晶闸管的正向特性又有阻断状态和导通状态之分。在正向阻断状态时，晶闸管的伏安特性是一组随门极电流 I_g 的增加而不同的曲线簇。当 $I_g = 0$ 时，逐渐增大阳极

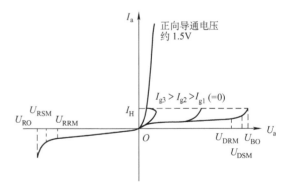

图 1-9　晶闸管的阳极伏安特性曲线

U_{DRM}—正向断态重复峰值电压

U_{RRM}—反向断态重复峰值电压

U_{DSM}—正向断态不重复峰值电压

U_{RSM}—反向断态不重复峰值电压

U_{BO}—正向转折电压

U_{RO}—反向击穿电压

电压 U_a，只有很小的正向漏电流，晶闸管正向阻断；随着阳极电压的增加，当达到正向转折电压 U_{BO} 时，漏电流突然剧增，晶闸管由正向阻断突变为正向导通状态。这种在 $I_g = 0$ 时依靠增大阳极电压而强迫晶闸管导通的方式称为"硬开通"。多次"硬开通"会使晶闸管损坏，因此通常不允许这样做。

随着门极电流 I_g 的增大，晶闸管的正向转折电压 U_{BO} 迅速下降，当 I_g 足够大时，晶闸管的正向转折电压很小，可以看成与一般二极管一样，只要加上正向阳极电压，管子就导通了。晶闸管正向导通的伏安特性与二极管的正向特性相似，即当流过较大的阳极电流时，晶闸管的压降很小。

晶闸管正向导通后，要使晶闸管恢复阻断，只有逐步减小阳极电流 I_a，使 I_a 下降到小于维持电流 I_H（维持晶闸管导通的最小电流），则晶闸管又由正向导通状态变为正向阻断状态。

2. 晶闸管的反向特性

晶闸管上施加反向电压时，伏安特性类似二极管的反向特性。晶闸管处于反向阻断状态时，只有极小的反向漏电流流过。当反向电压超过一定限度（到反向击穿电压后），外电路如无限制措施，则反向漏电流急剧增加，导致晶闸管发热损坏，这时对应的电压为反向击穿电压 U_{RO}。

1.2.3　晶闸管导通与关断的条件

图 1-10 为晶闸管导通外电路电源接线。图中在晶闸管阳极和阴极之间所加的电压称为阳极电压 U_a。流过晶闸管阳极的电流称为阳极电流 I_a。在晶闸管门极与阴极之间所加的电压称为门极触发电压 U_g。流过晶闸管门极的电流称为门极触发电流 I_g。

结合晶闸管的伏安特性曲线，可以得出以下结论：

1）当晶闸管承受反向阳极电压时，无论门极是否有正向触发电压或承受反向电压，晶闸管不导通，只有很小的反向漏电流流过晶闸管，这种状态称为反向阻断状态。

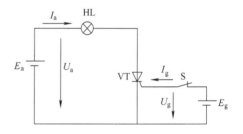

图 1-10　晶闸管导通外电路电源接线

2）当晶闸管承受正向阳极电压时，门极加上反向电压或不加电压，晶闸管不导通，这种状态称为正向阻断状态，这是二极管所不具备的。

3）当晶闸管承受正向阳极电压时，门极加上正向触发电压，晶闸管导通，这种状态称为正向导通状态。这就是晶闸管的闸流特性，即可控特性。

4）晶闸管一旦导通后维持阳极电压不变，将触发电压撤除，晶闸管依然处于导通状态，即门极对晶闸管不再具有控制作用。

1.2.4　晶闸管的参数及选型

1. 晶闸管的常用参数

（1）正向重复峰值电压 U_{DRM}

门极断开（$I_g = 0$）、器件处在额定结温时，正向阳极电压为正向阻断不重复峰值电压

U_{DSM}（此电压不可连续施加）的 80% 时所对应的电压（此电压可重复施加，其重复频率为 50Hz，每次持续时间不大于 10ms）称为正向重复峰值电压。

（2）反向重复峰值电压 U_{RRM}

器件承受反向电压时，阳极电压为反向不重复峰值电压 U_{RSM} 的 80% 时所对应的电压称为反向重复峰值电压。

（3）通态平均电流 $I_{T(AV)}$

在环境温度小于 40℃ 和标准散热及全导通的条件下，晶闸管可以连续导通的工频正弦半波电流平均值称为通态平均电流或正向平均电流，通常所说的晶闸管是多少安就是指这个电流。

（4）维持电流 I_H

在室温且门极开路时，维持晶闸管继续导通的最小电流称为维持电流。维持电流大的晶闸管容易关断。维持电流与器件的容量、结温等因素有关，同一型号的器件其维持电流也不相同。通常在晶闸管的铭牌上标明了常温下维持电流的实测值。

（5）擎住电流 I_L

给晶闸管门极加上触发电压，当器件刚从阻断状态转为导通状态时就撤除触发电压，此时器件维持导通所需要的最小阳极电流称为擎住电流。对同一晶闸管来说，擎住电流 I_L 要比维持电流 I_H 大 2~4 倍。

（6）门极触发电流 I_{gT} 和门极触发电压 U_{gT}

室温下，在晶闸管的阳极—阴极加上 6V 的正向阳极电压，晶闸管由断态转为通态所必需的最小门极电流称为门极触发电流。产生门极触发电流所必需的最小门极电压称为门极触发电压。

需要注意的是，为了保证晶闸管的可靠导通，采用的实际触发电流常常比规定的触发电流大 3~5 倍，且是前沿陡峭的强触发脉冲。

2. 晶闸管的选型

（1）晶闸管额定电压 U_{TN} 的确定

在晶闸管的铭牌上，额定电压是以电压等级的形式给出的，通常标准电压等级规定为：电压在 1000V 以下时每 100V 为一级，1000~3000V 时每 200V 为一级；用百位数或千位和百位数表示级数。晶闸管标准电压等级如表 1-1 所示。

表 1-1　晶闸管标准电压等级

级别	正反向重复峰值电压/V	级别	正反向重复峰值电压/V	级别	正反向重复峰值电压/V
1	100	8	800	20	2000
2	200	9	900	22	2200
3	300	10	1000	24	2400
4	400	12	1200	26	2600
5	500	14	1400	28	2800
6	600	16	1600	30	3000
7	700	18	1800		

在使用过程中，环境温度的变化、散热条件以及出现的各种过电压都会对晶闸管产生影

响，因此在选择晶闸管的时候，应当使晶闸管的额定电压是实际工作时可能承受的最大电压的 2~3 倍，即

$$U_{TN} \geq (2 \sim 3) U_{TM}$$

（2）晶闸管额定电流 $I_{T(AV)}$ 的确定

由于整流设备的输出端所接负载常用平均电流来表示，晶闸管额定电流的标定与其他电气设备不同，采用的是平均电流，而不是有效值，因此又称为额定通态平均电流。但是晶闸管的发热又与流过晶闸管的电流有效值有关，两者的关系为

$$I_{TN} = 1.57 I_{T(AV)}$$

在实际选择晶闸管时，其额定电流的确定一般按以下原则：晶闸管的额定电流大于其所在电路中可能流过的最大电流的有效值，同时取 1.5~2 倍的裕量，即

$$1.57 I_{T(AV)} = I_T \geq (1.5 \sim 2) I_{TM}$$

所以

$$I_{T(AV)} \geq (1.5 \sim 2) \frac{I_{TM}}{1.57}$$

（3）晶闸管的型号

根据国家的有关规定，普通晶闸管的型号及含义如下：

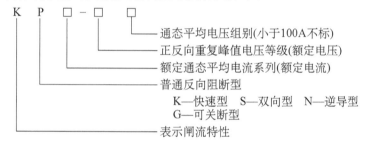

1.3 晶闸管的保护、扩容及简单测试

1.3.1 晶闸管的过电压保护

凡超过正常工作时晶闸管应承受的最大峰值的电压称为过电压。电路中过电压的种类主要有：

1）由于电网遭受雷击或从电网侵入的干扰造成的过电压称为浪涌过电压。

2）由于电路中某个部位线路发生通断使电感元件积聚的能量骤然释放而引起的过电压称为操作过电压。

采取保护措施的目的是将操作过电压限制在晶闸管的额定电压 U_{TN} 以下，将偶然性浪涌过电压限制在晶闸管的断态及反向不重复峰值电压 U_{DSM} 和 U_{RSM} 以下。

按过电压保护的部位来分，有交流侧保护、直流侧保护和元件保护，常用的保护措施有 RC 阻容保护、硒堆、压敏电阻及避雷器等几种。

1. 交流侧过电压及其保护

（1）交流侧过电压的产生

交流侧电路在接通、断开时会出现过电压，通常发生在下列几种情况：①由于雷击

等原因由电网侵入，产生幅值高达变压器额定电压 5～10 倍的浪涌过电压；②由高压电源供电或电压比很大的变压器供电，在一次侧合闸瞬间，由于一、二次绕组之间存在分布电容使高压耦合到低压而产生的操作过电压；③与整流装置并联的其他负载切断时或整流装置的直流侧快速断路器切断时，因电源回路电感产生感应电动势造成过电压；④整流变压器空载且电源电压过零时，一次侧断电，因变压器励磁电流突变导致二次侧感应出瞬时过电压。

（2）交流侧过电压保护器件

1）阻容吸收电路。阻容吸收电路参数是以变压器铁心磁场放出来的能量转化成电容器电场的能量为依据的。利用电容两端电压不能突变的特点，把 RC 串联电路并联在被保护电路两端，可以有效地抑制尖峰过电压。串电阻是为了在能量转化过程中消耗掉部分能量，并且抑制 LC 回路的振荡。交流侧阻容吸收电路的几种接法如图 1-11 所示。

阻容吸收电路应用广泛、性能可靠，但正常运行时，电阻上消耗功率，引起电阻发热且体积较大，对于能量较大的过电压不能完全抑制。因此，阻容吸收电路只适用于峰值不高、过电压能量不很大以及要求不高的场合，要求高的场合通常采用阀型避雷器。

2）非线性电阻保护。阻容吸收电路只能把操作过电压抑制在允许范围之内，一旦因雷击或其他原因从电网侵入更高的浪涌过电压，必须在采用阻容吸收电路的同时设置类似稳压管稳压原理的非线性电阻（硒堆或压敏电阻）保护，即浪涌吸收器保护。

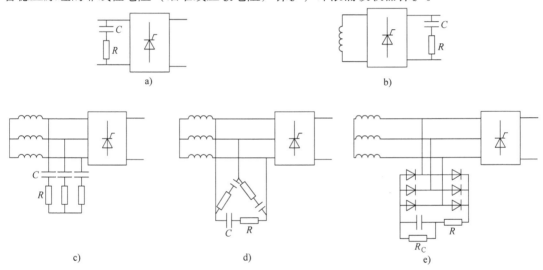

图 1-11　交流侧阻容吸收电路的几种接法

a）、b）单相连接　c）三相 Y 联结　d）三相 D 联结　e）三相整流连接

硒堆由成组串联的硒整流片构成，图 1-12 为硒堆保护的几种接法。图 1-12a 为单相时的接法，单相时用两组对接后再与电源并联。图 1-12b、c 为三相时的接法，三相时用三组对接成 Y 联结或用 6 组接成 D 联结。在正常电压时，硒堆总有一组处于反向工作状态，漏电流很小；当出现一般性的过电压时，处于反向状态的一组硒堆，反向电阻降低，漏电流增大，以吸收一般的过电压能量；当异常的浪涌过电压来到时，硒堆被反向击穿，漏电流猛增以吸收浪涌能量，从而限制了过电压的数值。硒片击穿时，表面会烧出灼点，但浪涌过电压过去之后，整个硒片自动恢复正常保护功能。

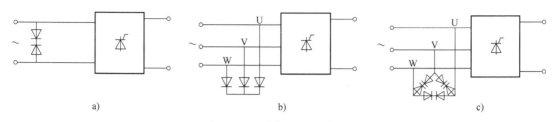

图 1-12　硒堆保护的几种接法

a）单相连接　b）三相 Y 联结　c）三相 D 联结

采用硒堆保护的优点是它能吸收较大的浪涌能量，但存在体积大、反向特点不陡、长期放置不用会发生"储存老化"（即因正向电阻增大、反向电阻降低而失效）等缺点，所以使用前必须先加 50% 的额定电压 10min，再加额定电压 2h，才能恢复性能。由此可见，硒堆不是理想的保护元件。

金属氧化物压敏电阻是由氧化锌、氧化铋等烧结制成的非线性电阻元件，正常电压时呈高阻态，漏电流仅是微安级，故损耗小；过电压时引起电子雪崩呈低阻，使电流迅速增大来吸收过电压。加之它还有体积小、价格便宜等优点，已经逐步取代硒堆保护。压敏电阻保护的几种接法如图 1-13 所示。

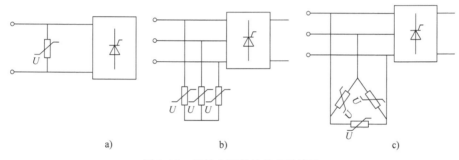

图 1-13　压敏电阻保护的几种接法

a）单相连接　b）三相 Y 联结　c）三相 D 联结

压敏电阻的主要缺点是持续的平均功率太小（仅数瓦），如果正常工作电压超过它的额定电压，很短时间就会因过热而损坏。

2. 直流侧过电压及其保护

直流侧也可能发生过电压。当整流桥中某两桥臂突然阻断（如快速熔断器熔断或晶闸管管芯烧断）时，因大电感 L_d 释放能量而产生高压，并通过负载加在关断的晶闸管上，有可能使管子硬开通而损坏。在直流侧快速断路器（或熔断器）断开过载电流时，变压器中的储能释放，会在开关和整流桥两端产生过电压。虽然交流侧保护装置能适当地抑制这种过电压，但因变压器过载时储能较大，过电压仍会通过导通着的晶闸管反映到直流侧。直流侧保护可采用与交流侧保护相同的方法，晶闸管直流侧的过电压及其保护如图 1-14 所示。对于容量较小的装置，可采用阻容吸收电路抑制

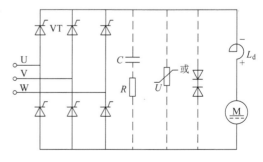

图 1-14　晶闸管直流侧的过电压及其保护

过电压；如果容量较大，采用阻容吸收电路将影响系统的快速性，此时应选择硒堆或压敏电阻保护。

3. 晶闸管关断过电压及其保护

当晶闸管受反压关断、正向电流下降到零时，管子内部仍残留许多载流子，在反向电压作用下，将产生较大的反向恢复电流，使残留的载流子迅速消失。由于反向电流的消失速度极快，在变压器漏感 L_B 上产生很高的电感电动势，此电感电动势与电源电压串联数值可达工作电压峰值的 5~6 倍，若通过已导通的晶闸管加在已恢复阻断的晶闸管上，可能导致反向击穿。这种由于晶闸管换向关断时产生的过电压叫关断过电压，又称为换流过电压。

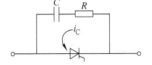

图 1-15　晶闸管两端并联阻容吸收电路

关断过电压保护最常用的方法是在晶闸管两端并联阻容吸收电路，如图 1-15 所示。利用电容的充电作用，可降低晶闸管反向电流减小的速度，吸收关断过电压，把它限制在允许范围内。使用时，为了防止电路振荡和限制管子开通损耗及电流上升率，阻容吸收电路要尽量靠近晶闸管，引线要短，最好采用无感电阻。

1.3.2　晶闸管的过电流保护

凡流过晶闸管的电流大大超过其正常工作电流时，都叫过电流。产生过电流的原因有直流侧短路、生产机械过载、可逆系统中产生环流或逆变失败、直流电动机环火等。

由于电子器件的电流过载能力比一般电气设备低得多，因此必须对晶闸管设置过电流保护。可以根据实际情况选择其中一种或数种作为晶闸管装置的过电流保护。

1）串接交流进线电抗或采用漏抗大的整流变压器。利用电抗能有效地限制短路电流，保护晶闸管，但负载电流大时存在较大的交流压降。

2）电流检测和过电流继电器。过电流时，使交流开关 S 跳闸切断电源，此法由于开关动作需几百毫秒，故只适用于短路电流不大的场合。另一类是利用过电流信号去控制触发器，使触发脉冲快速后移至 $\alpha > 90°$ 区域，使装置工作在逆变状态或瞬时停止，使晶闸管关断，从而抑制了过电流。但在可逆系统中，停发脉冲会造成逆变失败，因此多采用脉冲快速后移的方法。此法亦称拉逆变保护。

3）直流快速断路器。直流快速断路器常用于变流装置功率大且短路可能性较多的高要求场合。当出现严重过载或短路电流时，要求直流快速断路器比快速熔断器先动作，尽量避免快速熔断器熔断。直流快速断路器动作时间仅 2ms，加上断弧时间，也不超过 30ms，是目前较好的直流侧过电流保护装置，但是它造价高、体积大，因此一般变流装置中不宜采用。

4）快速熔断器。它是最简单有效的过电流保护器件，与普通熔断器相比，具有快速熔断特性。快速熔断器可串联在交流侧、直流侧和晶闸管桥臂，快速熔断器保护如图 1-16 所示。这种保护最直接，效果最好。与晶闸管串联时，快速熔断器额定电流的选用要考虑到熔丝的额定电流 I_{RD} 是有效值，其值应小于被保护晶闸管的额定有效值 $1.57I_{T(AV)}$，同时要大于流过晶闸管实际最大有效值 I_{TM}，即

$$1.57I_{T(AV)} \geq I_{RD} \geq I_{TM}$$

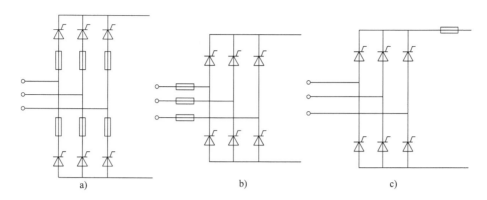

图 1-16　快速熔断器保护

a）桥臂晶闸管串接快速熔断器　b）交流侧快速熔断器　c）直流侧快速熔断器

在变流装置中，各种保护必须选配调整恰当，快速熔断器作为最后保护措施，若非不得已希望不要熔断。

1.3.3　晶闸管的串并联使用

1. 晶闸管的串联使用

当要求晶闸管应有的电压值大于单个晶闸管的额定电压时，可以用两个以上同型号的晶闸管相串联。由于器件特性的分散性，同型号管子串联后正反向阻断时流过的反向漏电流虽然一样，但分配的反向电压不一样。图 1-17a 为反向阻断特性略有差异的晶闸管串联时两管承受的反向电压值，显然存在不均压，这样会使晶闸管不能充分利用，严重时还会使受高压的管子先过电压击穿，随之低压管也连锁击穿。因此，晶闸管和其他电力电子器件串联时必须考虑均压措施。

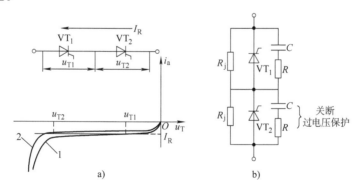

图 1-17　晶闸管串联与均压措施

a）反向电压分配不均　b）均压措施

（1）静态均压（正反向阻断状态下的均压）

有效的静态均压办法是在串联的晶闸管上并联阻值相等的电阻 R_j（叫均压电阻），如图 1-17b 所示。通常，均压电阻 R_j 按下式计算：

$$R_j \leqslant (0.1 \sim 0.25)\frac{U_{TN}}{\pi I_{dr}}$$

式中，U_{TN} 为晶闸管额定电压；I_{dr} 为断态重复平均电流；πI_{dr} 近似为漏电流峰值 I_{DRM} （或 I_{RRM}）。

均压电阻 R_j 远小于晶闸管的漏电阻，则电压分配主要取决于 R_j。

（2）动态均压（开通过程与关断过程的均压）

均压电阻 R_j 只能使直流电压或变化缓慢的电压均匀分配，晶闸管在开关过程中，瞬时电压的分配决定于各晶闸管的结电容、导通与关断时间、外部触发脉冲等因素。串联的晶闸管在开通时，后导通的管子将承受全部正向电压，易造成硬开通；关断时先关断的晶闸管将承受全部反向电压，可能导致器件反向击穿而损坏。串联器件在开与关过程中的电压均匀分配称动态均压。

动态均压的方法是在串联的晶闸管上并联数值相等的电容 C，同时为了限制管子开通时电容放电产生过大的电流上升率和防止因并接电容使电路产生振荡，通常在并接电容的支路中串入电阻 R，成为 RC 支路，如图 1-17b 所示。由于晶闸管两端的阻容吸收电路在串联时可起动态均压作用，故不必再另接电阻和电容。

虽然采取了均压措施，但仍然不可能完全均压，因此在选择每个管子时要降低电压额定值使用，通常降低 10%，这样一来，选择晶闸管额定电压的计算式修正为

$$0.9U_{TN}n_s = (2 \sim 3)U_{TM}$$

所以

$$U_{TN} = \frac{(2 \sim 3)U_{TM}}{0.9n_s}$$

式中，n_s 为串联晶闸管的个数；U_{TM} 为晶闸管承受的最大电压值。

2. 晶闸管的并联使用

当要求晶闸管应有的电流值大于单个晶闸管的额定电流时，就需要将同型号的晶闸管并联使用。器件并联时由于正向导通的伏安特性不可能完全一致，在管压降相同时，会使导通的晶闸管电流分配不均，如图 1-18a 所示。因此，并联使用的晶闸管除了特性尽量一致外，还要采取均流措施。

（1）电阻均流

如图 1-18b 所示，在并联的各晶闸管中串入一小电阻 R 是最简便的均流方法。均流电阻 $R(\Omega)$ 由下式决定：

$$R = \frac{(0.5 \sim 2)U_T}{I_{Ta}}$$

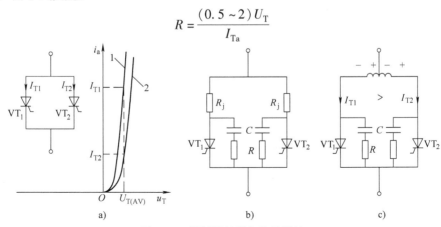

图 1-18　晶闸管并联与均流措施

a）电流分配不均　b）电阻均流　c）电抗均流

串入均流电阻 R 后，电流分配不均匀度可大大改善，但因电阻上有损耗，并且对动态均流不起作用，故此方法只适用于小功率场合。对于大电流器件的并联，均流可依靠各并联支路的快熔电阻、电抗器电阻和连接导线电阻的总和来达到。

（2）电抗均流

如图 1-18c 所示，用一个均流电抗器（铁心上带有两个相同的线圈）同各端相反接在并联的晶闸管电路中，均流的原理是利用电抗器中感应电动势的作用达到均流。即当两器件中电流均匀一致时铁心内励磁安匝相互抵消，电抗不起作用；若电流不相等，合成励磁安匝产生电感，在两管与电抗回路中产生环流，使电流小的增大、电流大的减小，从而达到均流目的。显然，电抗均流可以起到动态均流的作用。

（3）晶闸管串、并联使用时的注意事项

在实际使用当中，若要将晶闸管串联或并联使用，应注意以下几点：

1）筛选管子，尽量选用特性一致的管子，管子的开通时间也要尽量一致。

2）采用强触发脉冲，前沿要陡，幅值要大。

3）串联时要采取均压措施，并联时要采取均流措施。需要同时采用串联和并联晶闸管的时候，通常采用先串后并的方法。

4）降低电压（串联时）或电流（并联时）额定值的10%使用。

1.3.4 晶闸管的简单测试

晶闸管的好坏常常采用万用表进行简单判别。

1）指针式万用表置于 $R \times 100$ 档，将红表笔接在晶闸管的阳极，黑表笔接在晶闸管的阴极，万用表显示阻值为 ∞，如图 1-19 所示。再将黑表笔接晶闸管的阳极，红表笔接晶闸管的阴极，万用表显示阻值为 ∞，如图 1-20 所示。晶闸管若正常，正反向阻值应均为很大。其原因是：晶闸管是四层三端半导体器件，在阳极和阴极之间有 3 个 PN 结，无论如何加电压，总有一个 PN 结处于反向阻断状态。

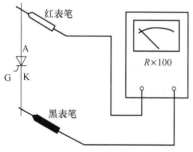

图 1-19 红表笔接阳极、黑表笔接阴极测试

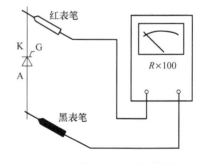

图 1-20 黑表笔接阳极、红表笔接阴极测试

2）将红表笔接晶闸管的门极，黑表笔接晶闸管的阴极，测得阻值不大，如图 1-21 所示。再将黑表笔接晶闸管的门极，红表笔接晶闸管的阴极，测得阻值也不大，如图 1-22 所示。

晶闸管正常工作的情况下，当黑表笔接门极、红表笔接阴极时，阻值应很小；当红表笔接门极、黑表笔接阴极时，由于在晶闸管内部门极与阴极之间反并联了一个二极管，对加到门极与阴极之间的反向电压进行限幅，防止晶闸管门极与阴极之间的 PN 结反向击穿，因此所测得的阻值也应不大。

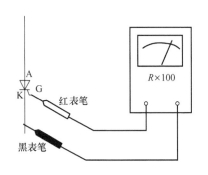

图 1-21　红表笔接晶闸管门极、黑表笔接晶闸管阴极测试

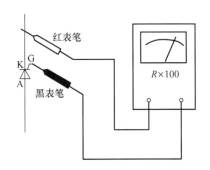

图 1-22　黑表笔接晶闸管门极、红表笔接晶闸管阴极测试

1.4　门极关断（GTO）晶闸管

1.4.1　GTO 晶闸管的结构与工作原理

门极关断（Gate Turn – off，GTO）晶闸管是通过门极对器件的导通和关断状态进行控制的，属于全控型电力电子器件。GTO 晶闸管具备了普通晶闸管的耐压高、电流大、耐浪涌能力强、使用方便和价格低等优点，同时又具有门极控制关断功能，因而在兆瓦级以上的大功率场合仍有较多的应用。

1. GTO 晶闸管的结构

GTO 晶闸管具有 4 层 PNPN 结构，有阳极 A、阴极 K、门极 G 3 个电极，GTO 晶闸管的内部结构如图 1-23 所示。在实际应用中，每个 GTO 晶闸管器件都是由数十个甚至数百个共阳极的小 GTO 晶闸管单元组成，这些 GTO 晶闸管单元的阳极 A、门极 G 和阴极 K 都分别在器件内部并联在一起，这种结构使 GTO 晶闸管器件的过电流能力较单个 GTO 晶闸管单元有了很大提高。

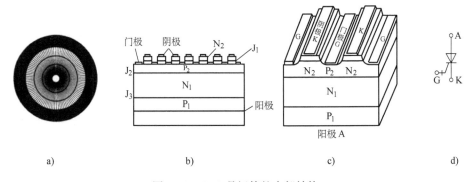

图 1-23　GTO 晶闸管的内部结构

a）芯片的实际外形　b）、c）GTO 晶闸管结构的纵断面　d）GTO 晶闸管的图形符号

2. GTO 晶闸管的工作原理

GTO 晶闸管的工作原理可以用双晶体管模型来分析，GTO 晶闸管的等效电路如图 1-24 所示。将 GTO 晶闸管的工作状态分为开通过程、导通状态、关断过程这三种状态分别进行分析。

开通过程：如图 1-24 所示，GTO 晶闸管可等效为两个晶体管相连，当阳极与阴极有正向电压且门极与阴极有正向触发信号时，GTO 晶闸管的导通过程与晶闸管（SCR）相似，形成正反馈，I_{C1} 和 I_{C2} 逐步增加使得 α_1 和 α_2 也逐步增大，至 $\alpha_1 + \alpha_2 > 1$ 时，两个等效的晶体管都处于饱和导通状态，GTO 晶闸管完成开通过程。其中，α 为共基极电流放大倍数。

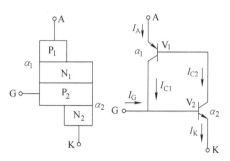

图 1-24　GTO 晶闸管的等效电路

导通状态：GTO 晶闸管处于导通状态时 $\alpha_1 + \alpha_2$ 非常接近于 1。因而，GTO 晶闸管处于临界饱和状态，这为门极负脉冲关断阳极电流提供了有利条件。

关断过程：给门极加负脉冲，即从门极抽出电流，则晶体管 V_2 的基极电流减小，使 I_K 和 I_{C2} 减小，I_{C2} 的减小又使 I_A 和 I_{C1} 减小，又进一步减小 V_2 的基极电流，如此也形成强烈的正反馈。当两个晶体管发射极电流 I_A 和 I_K 的减小使 $\alpha_1 + \alpha_2 < 1$ 时，等效晶体管退出饱和，GTO 晶闸管不再满足维持导通的条件，阳极电流很快下降到零而关断。

由此可知，GTO 晶闸管导通的必要条件是 $\alpha_1 + \alpha_2 > 1$。$\alpha_1 + \alpha_2 = 1$ 时的阳极电流为临界导通电流，称为 GTO 晶闸管的擎住电流。当门极加足够大的正触发信号使阳极电流大于擎住电流之后，GTO 晶闸管才能维持大面积饱和导通。GTO 晶闸管导通后 $\alpha_1 + \alpha_2$ 略大于 1。GTO 晶闸管由通态转入断态的必要条件是门极加上足够大的反向脉冲电流。

1.4.2　GTO 晶闸管的主要参数

GTO 晶闸管有许多参数与晶闸管相应参数的意义是相同的，这里只介绍一些与晶闸管不同的参数和需要进行阐述的参数。

（1）最大可关断阳极电流 I_{ATO}

GTO 晶闸管的额定电流参数通常用最大可关断阳极电流 I_{ATO} 来标称，即 GTO 晶闸管的铭牌电流。阳极电流过大将导致 $\alpha_1 + \alpha_2$ 远大于 1，使器件饱和程度加深，导致门极关断失败。实际应用中，GTO 晶闸管的 I_{ATO} 不是一个固定不变的值，门极关断电流的波形、工作温度以及电路参数等条件都对其有较大的影响。

（2）关断增益 β_{off}

关断增益表示 GTO 晶闸管的关断能力。GTO 晶闸管的关断增益 β_{off} 为最大可关断阳极电流 I_{ATO} 与门极负电流最大值 I_{GM} 的比值，即 $\beta_{off} = \dfrac{I_{ATO}}{|-I_{GM}|}$。

从式中可以看出，当门极负电流最大值一定时，β_{off} 随最大可关断阳极电流的增加而增加；当最大可关断阳极电流一定时，β_{off} 随门极负电流最大值的增加而减小。β_{off} 一般只有 5 左右，电路关断增益低是 GTO 晶闸管的一个主要缺点。

1.4.3　GTO 晶闸管的驱动与保护

1. GTO 晶闸管的驱动电路要求

GTO 晶闸管的结构和特点决定了若门极控制不当会使 GTO 晶闸管单元在非极限状态下损坏，所以 GTO 晶闸管器件对驱动电路的要求是较严格的。门极触发方式按时间分为单脉冲触发、连续脉冲触发、直流触发 3 种。

（1）GTO 晶闸管的开通对电路的要求

1）门极正向驱动电流的前沿必须达到足够的幅值和陡度，后沿平缓。触发信号幅度一般为 GTO 晶闸管单元 I_G 的 6～10 倍，前沿的变化率大于 5A/μs，并与 GTO 晶闸管的导通时间接近，以减少到导通期的管压降，减少导通损耗；下降过程应该较缓慢，防止结电容效应引起的误关断。

2）开通触发门极正向驱动电流需要保证阳极电流在触发期超过擎住电流，然后降至 1.2 倍左右。

（2）GTO 晶闸管的关断对电路的要求

要求 GTO 晶闸管门极抽出足够大的关断电荷，且关断电流有足够的上升率。一般要求前沿变化率大于 10A/μs，峰值电流大于 $(0.2 \sim 0.4)I_{ATO}$，宽度大于 30μs，以保证可靠关断。门极关断脉冲的后延坡度下降率应较小，防止结电容效应引起的误导通。

2. 间接驱动和直接驱动

GTO 晶闸管的驱动电路种类繁多，从是否通过脉冲变压器输出来看，可分为间接驱动和直接驱动，在实际应用中，往往将两者结合在一起使用，以达到更好的效果。

间接驱动是指驱动电路通过脉冲变压器和 GTO 晶闸管单元连接，利用脉冲变压器对主电路和控制电路进行隔离，且 GTO 晶闸管门极驱动属于电流大且电压低的工作方式，利用脉冲变压器匝数比的配合可以使得驱动电路脉冲功率器件的电流大幅度减小；但由于输出变压器的漏感使输出电流脉冲前沿陡度受到限制，变压器绕组的寄生电感和电容容易使门极脉冲前后出现振荡，脉冲的变化率也受到很大限制，对 GTO 晶闸管的关断和导通不利。

直接驱动是用门极驱动电路直接和 GTO 晶闸管的门极连接，避免了间接驱动带来的寄生电感和电容的影响，可以得到较好的脉冲变化率；但脉冲功率放大器的电流应较大，其负载是低阻抗的 GTO 晶闸管的 PN 结，造成放大器功耗大、效率较低。采用直接驱动时，控制电路和门极驱动、门极驱动之间的电路连接都要采取电气隔离措施，通常采用光电耦合器或变压器方式进行隔离。

3. 门极驱动电路举例

图 1-25 是使用晶体管关断 GTO 晶闸管的电路原理图，当输入脉冲为高电平时，光电耦合器导通，晶体管 V_1 截止，V_2 和 V_3 导通，电源 E_1 经 R_7、V_3 及 R_8 触发 GTO 晶闸管导通；当输入信号跳转为 0 时，光电耦合器截止，V_1 导通，V_2 和 V_3 截止，关断电路中的 V_4 导通，V_5 截止，晶闸管 VT 经 R_{13} 和 R_{14} 获得触发信号并导通，电源 E_2 经 VT、GTO 晶闸管、R_8、R_{15} 形成门极负电流，实现 GTO 晶闸管的关断。

电路中出现的电阻、电容并联后串联在回路中（如 R_3 和 C_1 的这种连接方式）时，这

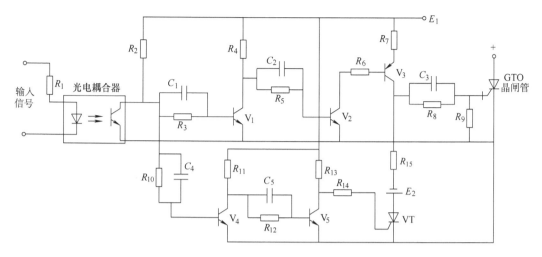

图 1-25　使用晶体管关断 GTO 晶闸管的电路原理图

个电容常被称为加速电容。它利用了电容两端电压不能突变的特性，在负载电压变化时加速电阻两端电压的变化率，提高电路对信号边沿变化的响应能力。如果没有加速电容，会使得调整速度或加速度下降。

4. GTO 晶闸管的保护

缓冲电路也称为吸收电路，在 GTO 晶闸管、GTR 和 MOSFET 的保护中都起到减小开通和关断损耗、抑制静态电压上升率的作用，使电路的运行稳定、高效。

这里介绍的桥臂电路单元如图 1-26 所示，图中 VD_S、R_S、C_S 为缓冲元器件，VD_f 为续流二极管，L_S 为电路等效电感，L_T 为阳极电路引线电感。

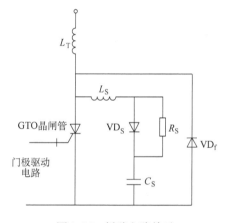

图 1-26　桥臂电路单元

1.5　电力晶体管（GTR）

1.5.1　GTR 的结构与工作原理

电力晶体管（Giant Transistor，GTR）俗称为巨型晶体管，由于 GTR 中存在电子和空穴两种载流子，所以又称为双极型功率晶体管。GTR 和 GTO 晶闸管一样具有自关断能力，属于电流控制型自关断器件。GTR 可通过基极电流信号方便地对集电极—发射极的通断进行控制，并具有饱和压降低、开关性能好、电流较大、耐压高、大功率以及高反向电压等优点，在耗散功率 1W 以上到数百千瓦的电子设备中使用广泛。

1. GTR 的结构

GTR 的结构与小功率晶体管非常类似，漏感使输出电流脉冲前沿陡度受到限制，有 3

个电极，分别为基极 B、集电极 C 及发射极 E；有两种基本类型，分别为 NPN 型和 PNP 型。

GTR 的结构、图形符号和正向导通原理如图 1-27 所示。

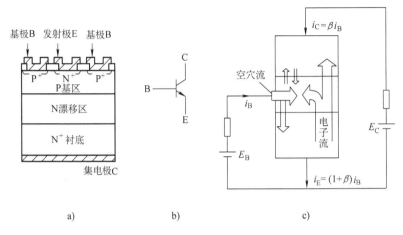

图 1-27　GTR 的结构、图形符号和正向导通原理

a）结构剖面示意图　b）图形符号　c）正向导通原理

在同样的结构参数和物理条件下，NPN 型 GTR 较 PNP 型 GTR 性能优越得多，所以 GTR 多采用 NPN 型结构，本小节所有内容均针对 NPN 型 GTR 进行讲解。

2. GTR 的工作原理

若外部电路使 $U_{CB} > 0$，则集电结的 PN 结处于反偏状态；$U_{BE} > 0$，则发射结的 PN 结处于正偏状态。则有 $U_{BC} < 0$，集电结处于反向偏置，形成反向饱和电流 I_{CBO}，从 N 区流向 P 区；$U_{BE} > 0$，发射结处于正向偏置，P 区的多数载流子——空穴不断地向 N 区扩散形成空穴电流 I_{PE}，N 区的多数载流子——电子不断地向 P 区扩散形成电子电流 I_{NE}。由于晶体管的基区很薄，基区体积小，空穴数量不多，空穴向 N 区扩散形成的电流 I_{PE} 也小，可近似为 $I_{PE} = 0$。而发射区掺杂浓度高，有大量多数载流子电子经发射结不断地扩散到 P 区。电子带负电，电流的正方向应与电子运动方向相反，因此从 N 区扩散到 P 区的电子流所对应的电流 I_{NE} 应是从 P 区经发射结流向 N 区的，由于发射极电流 I_E 应为 I_{PE} 和 I_{NE} 之和，故 $I_{NE} \approx I_E$。

1.5.2　GTR 的主要参数及安全工作区

1. 主要参数

（1）电流放大系数 β

电流放大系数 β 是 GTR 放大能力的指标，体现晶体管的集电极电流变化率和基极电流变化率的比值。

（2）反向电流

反向电流越小则证明晶体管性能好。双极型功率晶体管的反向电流有 I_{CBO}、I_{CEO} 和 I_{EBO} 3 个反向电流，其中 I_{CBO} 为发射极开路时集基极的反向电流；I_{CEO} 为基极开路时集射极的反向电流；I_{EBO} 为集电极开路时射基极的反向电流。其中，I_{CBO} 与 I_{CEO} 满足以下关系：

$$I_{CEO} = (1 + \beta) I_{CBO}$$

（3）反向击穿电压 U_{BR}

反向击穿电压 U_{BR} 是晶体管额定承受外加电压的最大值，是应用中需要重点考虑的因素；工作电压应低于 U_{BR} 且使用一定的过电压保护措施。其中，$U_{(BR)EBO}$ 是集电极开路时射基极间的反向击穿电压；$U_{(BR)CBO}$ 为发射极开路时集基极间的反向击穿电压；$U_{(BR)CEO}$ 是基极开路时集射极之间的反向击穿电压。

（4）最大额定电流 I_{CM}

当 I_C 增大时，管子的 β 值将下降，I_{CM} 是当 β 下降到额定值 $1/2 \sim 1/3$ 时的 I_C 值。

（5）集电极最大允许耗散功率 P_{CM}

集电极最大允许耗散功率也称为耗散功率，是指晶体管参数变化不超过规定允许值时的最大集电极耗散功率，是集电极工作电压和工作电流的乘积。耗散功率与晶体管的最高允许结温和集电极最大电流有密切关系。晶体管在使用时，其实际功耗不允许超过 P_{CM} 值，否则会造成晶体管因过载而损坏。

（6）额定结温 T_{JM}

额定结温是晶体管能正常工作的最高允许结温，结温过高时，将导致晶体管烧坏。

2. 二次击穿和安全工作区

电力晶体管在最高工作电压、集电极允许最大电流和最大耗散功率的范围内使用，仍然有可能因为二次击穿而损坏。

（1）二次击穿

一次击穿是指集电极电压升高到击穿电压时，集电极电流迅速增大，这时发生的是雪崩击穿。二次击穿是指在一次击穿后，如果继续增高外接电压，则 I_C 将继续增大，当 I_C 增大到一定值时，U_{CE} 会突然降低到一个较小的值，I_C 迅速增大，这种现象为二次击穿。二次击穿是由于集电极电压升高到一定值（未达到极限值）时发生雪崩效应造成的。二次击穿的持续时间在纳秒到微秒的范围内，但由于晶体管内电流集中，将造成局部过热，直接导致管子彻底损坏，应该引起足够重视。

（2）安全工作区

使用时晶体管，除了上面所述的特征参数外，还要防止产生二次击穿，这些限制条件就规定了电力晶体管的安全工作区，如图 1-28 所示。

以直流极限参数 I_{CM}、P_{CM}、U_{CEM} 构成的工作区为一次击穿工作区，以 U_{SB}（二次击穿电压）与 I_{SB}（二次击穿电流）组成的 P_{SB}（二次击穿功率）是一个不等功率曲线。为了防止二次击穿，要选用足够大功率的 GTR，实际使用的最高电压应比 GTR 的极限电压低很多。

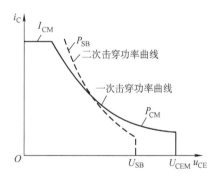

图 1-28　电力晶体管的安全工作区

1.5.3　GTR 的驱动与保护

1. GTR 对基极驱动电路的要求

1）开通需要使用具有一定幅值的信号，前沿要陡，并有一定的过饱和电流，这样将缩短开通时间，减小开通损耗。

2）输入脉冲持续时间大于 GTR 的开关时间。

3）导通后驱动电流需要减小到使器件处于临饱和的状态，以便于截止、减小存储时间、降低导通饱和压降。

4）截止时需要提供较大的反向基极电流和较大的电流变化率，以缩短关断时间和损耗。

5）实现主电路与控制电路间的电气隔离。

6）应有较强的抗干扰能力，并有一定的故障保护功能，在主电路发生过热、过电压及过电流等故障时，迅速切断驱动信号。

2. GTR 基极驱动电路实例

GTR 基极驱动电路如图 1-29 所示。

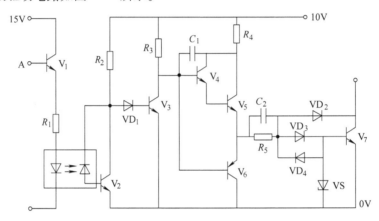

图 1-29　GTR 基极驱动电路

当控制信号输入端 A 为高电平时，V_1 导通，光电耦合器的发光二极管导通并使光电二极管导通，从而使 V_2 导通，将 V_3 基极电压拉低使其截止，V_4 和 V_5 导通，V_6 截止。电流经 R_4、V_5、R_5、VD_3，驱动电力晶体管 V_7，使其导通；当 A 点由高电平变为低电平时，V_1 截止，光电耦合器的光电二极管截止，V_2 截止，V_3 导通，V_4 和 V_5 截止，V_6 导通。

C_2 为加速开通过程的电容。开通时，R_5 被 C_2 短路，可实现驱动电流的过冲，并增加前沿的陡度，加快开通过程，C_2 同时被充电，其电压方向为左正右负。关断瞬间 C_2 上所充电荷主要通过 V_6、V_7 的 E 和 B、VD_4 放电，为 V_7 提供一个基极方向电流，加速其截止过程。

二极管 VD_2 和电位补偿二极管 VD_3 构成一种抗饱和电路，称为贝克钳位电路，负载较轻时，V_7 若发生过饱和使得集电极电位低于基极电位时，VD_2 会自动导通，使多余的驱动电流流入集电极，维持 $U_{BC} \approx 0$，减小饱和深度；过载或直流增益减小时，V_7 的集电极电压升高，VD_2 截止，确保 V_7 不会退出饱和状态。

3. GTR 的保护

（1）缓冲电路

与 GTO 晶闸管的缓冲电路相同，由于电路中有电感的存在，在半导体器件关断时，往往会产生很高的过电压，反向偏置二次击穿，缓冲电路将起到重要的保护作用，并可减小关断损耗。常见的缓冲电路主要有 RC 缓冲电路、充放电型 R、C、VD 缓冲电路和阻止放电型

R、C、VD 缓冲电路 3 种形式，GTR 的缓冲电路如图 1-30 所示。

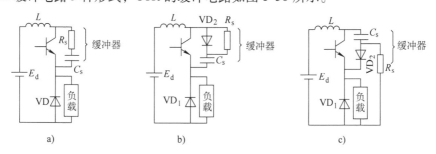

图 1-30　GTR 的缓冲电路

a) 小容量 GTR 的 RC 缓冲电路　b) 充放电型 R、C、VD 缓冲电路　c) 阻止放电型 R、C、VD 缓冲电路

图 1-30a 所示 RC 缓冲电路适用于电流 10A 以下的小容量 GTR 中；图 1-30b 所示充放电型 R、C、VD 缓冲电路适用于大容量的 GTR；图 1-30c 所示阻止放电型 R、C、VD 缓冲电路较常用于大容量 GTR 和高频开关电路。在电路制作时应尽量减小线路电感，且选用内部电感小的吸收电容，二极管选用时宜选用快速二极管，其额定电流不小于主电路器件的 1/10。

（2）过电流、短路保护

GTR 承受浪涌电流能力较弱，工作频率高，快速熔断器不能对其进行有效的保护，在驱动电路中采用过电流、短路保护是最有效的方法之一。

GTR 在饱和导通时管压降 U_{CE} 很小，当过电流时，基极提供的电流不足，将使晶体管退出饱和，U_{CE} 增高，晶体管的电压、电流都很大，容易发生二次击穿，损坏 GTR。此时若能对 U_{CE} 进行检测，当其升高到一定值时关断 GTR，可有效地起到保护作用。

当 I_B 一定时，U_{BE} 随 I_C 的增大而升高，在发生短路时，对 U_{BE} 的监控将起到比监控 U_{CE} 更有效的作用。

1.6　电力场效应晶体管（电力 MOSFET）

1.6.1　电力 MOSFET 的结构与工作原理

电力场效应晶体管（Power Metal – Oxide Semiconductor Field – effect Transistor，Power MOSFET），其输出工作电流大约在几安到几十安范围内。由于 FET 仅是由一种多数载流子参与导电，故也称为单极型电压控制器件。电力 MOSFET 具有自关断能力，不存在二次击穿问题，安全工作区宽，噪声小、功耗低、动态范围大，易于集成、容易驱动，输入阻抗高、驱动功率小，热稳定性好，工作频率可以达到 1MHz，但其电压和电流容量较小，所以被广泛应用于高频中小功率电力电子装置中。

1. 电力 MOSFET 的结构

电力 MOSFET 有 3 个电极，分别是栅极 G、源极 S 和漏极 D，根据载流子的性质，可分为 P 沟道和 N 沟道两大类；根据零栅压时器件的导电状态，又可分为耗尽型和增强型两类。栅极电压为零时已存在导电沟道的称为耗尽型，栅极电压大于零时才存在导电沟道的称为增强型，这两类电力 MOSFET 的工作原理相同。电力 MOSFET 一般为 N 沟道增强型。

图 1-31 为电力 MOSFET 的内部示意图和图形符号，图中箭头方向为载流子流动方向。有一些电力 MOSFET 内部在漏、源极之间并接了一个二极管或肖特基二极管，这是为了在接电感负载时，防止反电动势损坏电力 MOSFET。一个电力 MOSFET 器件实际上是由许多电力 MOSFET 单元并联组成的。

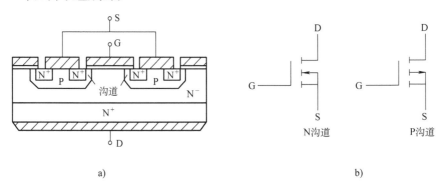

图 1-31　电力 MOSFET 的内部示意图和图形符号

a）内部示意图　b）图形符号

2. 电力 MOSFET 的工作原理

当漏极接电源正极、源极接电源负极、栅源极间的电压为零时，P 基区与 N 区之间的 PN 结反偏，漏源极之间无电流通过。如在栅源极间加一正电压 U_{GS}，则栅极上的正电压将其下面的 P 基区中的空穴推开，而将电子吸引到栅极下的 P 基区的表面，当 U_{GS} 大于开启电压 U_T 时，栅极下 P 基区表面的电子浓度将超过空穴浓度，从而使 P 型半导体反型成 N 型半导体，成为反型层，由反型层构成的 N 沟道使 PN 结消失，漏极和源极间开始导电。U_{GS} 数值越大，P 型电力 MOSFET 导电能力越强，I_D 也就越大。

1.6.2　电力 MOSFET 的主要参数及安全工作区

1. 主要参数

（1）漏极电压 U_{DS}

漏极电压 U_{DS} 是标称电力 MOSFET 电压定额的参数。

（2）漏极最大电流 I_D

漏极最大电流 I_D 是标称电力 MOSFET 电流定额的参数。确定电力 MOSFET 电流定额的方法和功率晶体管不同，功率晶体管的集电极电流过大时，电流放大系数迅速下降，它的下降程度限制了集电极电流的最大允许值。电力 MOSFET 的跨导 g_m 则与之不同，它随漏极电流的增大而增大，直至达到稳定值。

（3）栅源击穿电压 $U_{GS(BR)}$

栅源击穿电压 $U_{GS(BR)}$ 标称栅源之间的最大承受电压，栅源之间电压超出标定值后器件将发生介质击穿。

（4）开启电压 U_T

开启电压 U_T 是标称电力 MOSFET 流过一定量漏极电流时的最小栅源电压。当栅源电压等于开启电压时，电力 MOSFET 开始导通。在转换特性上，U_T 为转移特性曲线与横坐标的交点，其值的大小与耗尽层的正向电荷量有关。

（5）通态电阻 R_{on}

通态电阻 R_{on} 标称在确定的栅源电压 U_{GS} 下，电力 MOSFET 处于恒流区时的直流电阻。R_{on} 的大小与栅源电压有很大的关系，是影响最大输出功率的重要参数。

（6）跨导 g_m

跨导 g_m 是表征电力 MOSFET 栅极控制能力的参数。

2. 安全工作区

（1）正向偏置安全工作区

P 型电力 MOSFET 正向偏置安全工作区（SOA）如图 1-32 所示，它是由最大漏源电压极限线 I 、最大漏极电流极限线 II 、漏源通态电阻线 III 和最大功耗限制线 IV 4 条边界极限所包围的区域。在电力 MOSFET 换流的过程中，当器件内反并联二极管从导通状态进入反向恢复期时，如果漏极电压上升过大，就很容易造成器件损坏。在二极管反向恢复期内，漏极电压的上升量与时间的比值称为二极管的恢复耐量。图中示出了 4 种情况：直流（DC），脉宽（PW）分别为 100ms、1ms、1μs，对应不同的工作时间有不同的耐量，时间越短，耐量越大。

电力 MOSFET 的安全工作区与 GTR 比较有两个明显的区别：

1）因为电力 MOSFET 不会发生二次击穿，所以不存在二次击穿功率（PSB）限制线，具有非常宽的安全工作区，特别是在高压范围内。

2）因为通态电阻较大，导通功耗也较大，所以在低压部分，工作安全区受到最大漏极电流和通态电阻的双重限制。

（2）开关安全工作区

开关安全工作区为器件工作的极限范围，开关安全工作区如图 1-33 所示。它是由最大峰值电流 I_{DM}、最小漏极击穿电压 $U_{DS(BR)}$ 和最大结温 T_{JM} 决定的，超出该区域，器件将损坏。器件在实际应用中，安全工作区应留有一定的裕量。

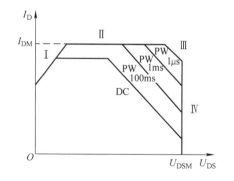

图 1-32　P 型电力 MOSFET 正向偏置安全工作区

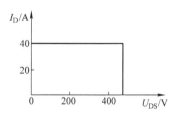

图 1-33　开关安全工作区

1.6.3　电力 MOSFET 的驱动与保护

电力 MOSFET 是单极型压控器件，开关速度快，但存在极间电容，器件功率越大，极间电容也越大。优秀的驱动电路会充分发挥电力 MOSFET 的优点，并使电路简单、快速且具有保护功能。

1. 电力 MOSFET 驱动电路的共性问题

1）驱动电路应简单、可靠，但电力 MOSFET 的栅极驱动也需要考虑保护、隔离等问题。

2）驱动电路的负载为容性。电力 MOSFET 的极间电容较大，驱动电力 MOSFET 的栅极相当于驱动容抗网络；如果与驱动电路配合不当，将会影响开关速度，制约应用领域。

3）栅极驱动电路的形式各种各样，按驱动电路与栅极的连接方式，可分为直接驱动与隔离驱动。

2. 电力 MOSFET 对栅极驱动电路的要求

1）能向电力 MOSFET 栅极提供足够的栅压，以保证其可靠开通和关断，所以触发脉冲要具有足够快的上升和下降速度，即上升、下降率要高，脉冲前、后沿要陡峭。

2）减小驱动电路的输出电阻，以提高栅极充、放电速度，从而提高电力 MOSFET 的开关速度。

3）为了使电力 MOSFET 可靠导通，触发脉冲电压应高于开启电压。为了防止误导通，电力 MOSFET 截止时，尽量提供负的栅源电压。

4）电力 MOSFET 开关时所需的驱动电流为栅极电容的充、放电电流。

5）驱动电路应具备良好的电气隔离性能，从而实现主电路与控制电路之间的隔离，使具有较强的抗干扰能力，避免功率电路对控制信号造成干扰。

6）驱动电路应能提供适当的保护功能，使得功率晶体管可靠工作，如低压锁存保护、过电流保护、过热保护及驱动电压钳位保护等。

7）驱动电源必须并联旁路电容，用于滤除噪声，并给负载提供瞬时电流，加快电力 MOSFET的开关速度。

3. 电力 MOSFET 的保护措施

场效应晶体管在使用时应注意分类，不能随意互换。电力 MOSFET 的绝缘层易被击穿是它的致命弱点，栅源电压一般不得超过 ±20V。因此，在应用时必须采用相应的保护措施。

（1）防静电击穿

电力 MOSFET 最大的优点是有极高的输入阻抗，因此在静电较强的场合易被静电击穿。为此，应注意：

1）出厂时通常装在黑色的导电泡沫塑料袋中，切勿自行随便拿个塑料袋来装。也可用细铜线把各个引脚连接在一起或用锡纸包装放在具有屏蔽性能的容器中，取用时工作人员要通过腕带良好接地，取出器件时不能在塑料板上滑动，应用金属盘来盛放待用器件。

2）在焊接电路时，焊接前应把电路板的电源线与地线短接，并使工作台和烙铁良好接地，且烙铁必须断电后进行焊接。

3）测试器件时，仪器和工作台都必须良好接地。

（2）防偶然性振荡损坏

在栅极输入电路中串入电阻，防止当输入电路某些参数不合适时可能引起的振荡，避免造成器件损坏。

（3）防栅极过电压

栅极在允许条件下，最好接入保护二极管。在检修电路时应注意查证原有的保护二极管是否损坏。

（4）防漏极过电流

由于过载或短路都会引起过大的电流冲击，超过 I_{DM} 的极限值，此时必须采用快速保护电路使用器件迅速断开主回路。

4. 电力 MOSFET 的集成驱动电路

（1）集成驱动芯片

IR2130/2132 是电力 MOSFET 和 IGBT 专用集成驱动电路，可以驱动电压不高于 600V 电路中的器件，内含过电流、过电压和欠电压等保护，输出可以直接驱动 6 个电力 MOSFET 或 IGBT。它采用单电源 10~20V 供电，广泛应用于三相电力 MOSFET 和 IGBT 的逆变器控制中。若需要驱动更大电压可使用 IR2237/2137，它可以驱动 600~1200V 线路的电力 MOSFET 或 IGBT。

TLP250 是日本生产的双列直插 8 引脚集成驱动电路，内含一个发光二极管和一个集成光探测器，具有输入、输出隔离，开关时间短，输入电流小、输出电流大等特点，适用于驱动电力 MOSFET 或 IGBT，其典型驱动电路将在下节中介绍。

（2）分立驱动电路

电力场效应晶体管的驱动电路如图 1-34 所示，电路由输入光电隔离和信号放大两部分组成。当输入信号 u_i 为 0 时，光电耦合器截止，运算放大器 A 输出低电平，晶体管 V_3 导通，驱动电路输出约 -20V 驱动电压，使电力场效应晶体管截止。当输入信号 u_i 为正时，光电耦合器导通，运算放大器 A 输出高电平，晶体管 V_2 导通，驱动电路输出约 20V 电压，使电力场效应晶体管开通。

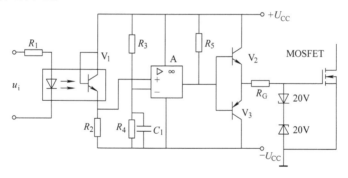

图 1-34　电力场效应晶体管的驱动电路

1.7　绝缘栅双极晶体管（IGBT）

绝缘栅双极晶体管（Insulated Gate Bipolar Transistor，IGBT）诞生于 20 世纪 80 年代中期，由于它综合了 GTR 和 MOSFET 的优点，具有输入阻抗高、工作速度快、通态电压低、阻断电压高、承受电流大、驱动功率小且驱动电路简单等特性。目前，IGBT 的容量水平达（1200~1600A）/（1800~3330A），其频率特性介于电力 MOSFET 与功率晶体管之间，达 40kHz 以上，非常适合应用于直流电压为 600V 及以上的变流系统，在如交流电动机、变频器、开关电源、照明电路、牵引传动等领域较高频率的大、中功率应用中占据了主导地位，并应用于逆变器、直流斩波、感应加热、UPS 以及家用电器等多个方面。

1.7.1 IGBT 的结构与工作原理

1. IGBT 的结构

IGBT 的结构、等效电路及图形符号如图 1-35 所示。从图中可见，IGBT 是由双极晶体管和绝缘栅场效应晶体管组成的复合全控型电压驱动式功率半导体器件，其输入极为电力 MOSFET，输出极为 PNP 型晶体管，IGBT 的引脚分别是栅极 G，发射极 E 和集电极 C。

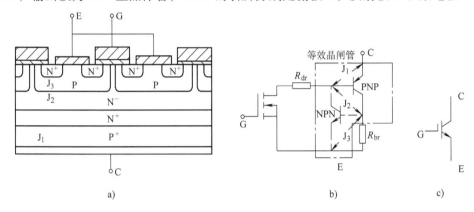

图 1-35　IGBT 的结构、等效电路及图形符号
a）结构　b）等效电路　c）图形符号

2. IGBT 的工作原理

IGBT 与 MOSFET 一样也是电压控制型器件，在它的栅极 – 发射极间施加十几伏的直流电压，只有微安级的漏电流流过，基本上不消耗功率。

当 IGBT 门极加上正电压时，电力 MOSFET 内形成导电沟道，并为 PNP 型晶体管提供基极电流，使 IGBT 导通。当 IGBT 门极加上负电压时，电力 MOSFET 内沟道消失，切断 PNP 型晶体管的基极电流，IGBT 截止。

3. IGBT 模块

IGBT 模块把一个或多个 IGBT 单元按一定的电路结构形式封装在一个壳体内，其中有单个 IGBT 组装成多种不同形式的单管模块、两个 IGBT 组装成多种不同形式的双管模块及多个 IGBT 组装成的多管模块等。

1.7.2 IGBT 的主要参数

1）集射额定电压 U_{CES}：栅射极短路时集射极的最大耐压值。它是根据器件内部 PNP 型晶体管的雪崩击穿电压而规定的。

2）栅射额定电压 U_{GES}：栅极的电压控制信号额定值。通常为限制故障情况下的电流和确保长期使用的可靠性，应将栅射电压的取值限定在栅射额定电压 U_{GES} 值很小的范围内，才能使 IGBT 导通而不致损坏。

3）栅射开启电压 $U_{GE(th)}$：使 IGBT 导通所需的最小栅射电压。通常，IGBT 的开启电压 $U_{GE(th)}$ 在 3 ~ 5.5V 之间。

4）集电极额定电流 I_C：在额定的测试温度（壳温为25℃）条件下，IGBT 所允许的集电极最大直流电流。

5）集电极饱和电压 U_{CEO}：IGBT 在饱和导通时，通过额定电流时的集射电压。它代表了 IGBT 的通态损耗大小。通常，IGBT 的集电极饱和电压 U_{CEO} 在 1.5~3V 之间。

6）最大集电极功耗 P_{CM}：在正常温度下允许的最大耗散功率。

1.7.3 IGBT 的驱动与保护

1. IGBT 对栅极驱动电路的要求

IGBT 应用的关键问题之一是驱动电路的合理设计。由于 IGBT 的开关特性和安全工作区随栅极驱动电路的变化而变化，因而驱动电路性能的好坏严重制约着 IGBT 的寿命。IGBT 通常采用栅极电压驱动，并对驱动电路有许多特殊的要求，概括起来有：

1）栅极驱动电压脉冲的上升率和下降率要充分大。在 IGBT 开通时，陡峭的上升沿将缩短开通时间，减小开通损耗。在 IGBT 关断时，栅极驱动电路要提供一下降沿很陡的关断电压，并给栅极 G 与发射极 E 之间施加一适当的反向负偏电压，以使 IGBT 快速关断，缩短关断时间，减小关断损耗。

2）在 IGBT 导通后，栅极驱动电路提供给 IGBT 的驱动电压和电流要具有足够的幅度。该幅度应能维持 IGBT 的功率输出级总是处于饱和状态，当 IGBT 瞬时过载时，栅极驱动电路提供的驱动功率要足以保证 IGBT 不会退出饱和区而损坏。

3）栅极驱动电路提供给 IGBT 的正向驱动电压 $+U_{GE}$ 增加时，IGBT 输出级晶体管的导通压降和开通损耗值将下降。而在实际应用中，IGBT 的栅极驱动电路提供给 IGBT 的正向驱动电压 $+U_{GE}$ 要取合适的值，特别是在具有短路工作过程的设备中使用 IGBT 时，其正向驱动电压 $+U_{GE}$ 更应选择其所需要的最小值。在开关应用的 IGBT 的栅极电压以 15~10V 为最佳。

4）IGBT 在关断过程中，栅射极施加的反偏压有利于 IGBT 的快速关断，但反向负偏压 $-U_{GE}$ 受 IGBT 栅射极之间反向最大耐压的限制，一般为 -2~-10V。

5）IGBT 的栅极驱动电路应尽可能地简单、实用，最好自身带有对被驱动 IGBT 的完整保护能力，并且有很强的抗干扰性能，且输出阻抗应尽可能地低。

6）由于 IGBT 在电力电子设备中多用于高压场合，所以驱动电路应与整个控制电路在电位上严格隔离。当同一电力电子设备中使用多个不等电位的 IGBT 时，为了解决电位隔离的问题，应使用光隔离器。

7）栅极驱动电路与 IGBT 之间的配线，由于栅极信号的高频变化很容易互相干扰，为防止造成同一个系统多个 IGBT 中某个的误导通，因此要求栅极配线走向应与主电流线尽可能远，且不要将多个 IGBT 的栅极驱动线捆扎在一起，同时栅极驱动电路到 IGBT 模块栅射极的引线尽可能地短。引线应采用绞线或同轴电缆屏蔽线，并从栅极直接接到被驱动 IGBT 栅射极，最好采取焊接的方法。

8）当使用 IGBT 作为高速开关时，应特别注意其输入电容的放电与充电时间带来的影响。

9）栅极串联电阻阻值对于驱动脉冲的波形有较大的影响，电阻值过小会造成驱动脉冲振荡引起 IGBT 的误导通；过大会造成驱动波形的前、后沿发生延迟和变缓，开关时间增长，也使每个脉冲的开通能耗增加。IGBT 的输入电容 C_{GE} 随着其额定电流容量的增大而增大。IGBT 的栅极串联电阻通常采用推荐的值，如工作频率较低，也可采用前一档较大的电阻值。

2. IGBT 驱动电路

因为 IGBT 的输入特性几乎和电力 MOSFET 相同，所以用于电力 MOSFET 的驱动电路同样可以用于 IGBT。

图 1-36 为 TLP250 集成电路的内部电路。TLP250 内置光电耦合器的隔离电压可达 2500V，上升和下降时间均小于 0.5μs，输出电流达 0.5A，可直接驱动 50A/1200V 以内的 IGBT。由 TLP250 构成的驱动器如图 1-37 所示，TLP250 外加推挽放大晶体管后，可驱动电流容量更大的 IGBT。TLP250 构成的驱动器体积小，价格便宜，是不带过电流保护的 IGBT 驱动器中较理想的选择。

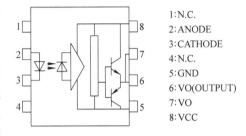

1:N.C.
2:ANODE
3:CATHODE
4:N.C.
5:GND
6:VO(OUTPUT)
7:VO
8:VCC

图 1-36　TLP250 集成电路的内部电路

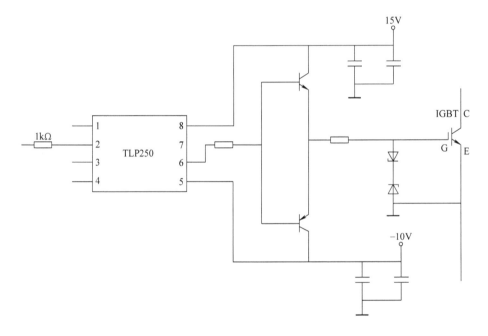

图 1-37　由 TLP250 构成的驱动器

3. IGBT 的保护

由于 IGBT 是由双极晶体管和绝缘栅场效应晶体管组成的，所以对它的保护结合了电力 MOSFET 和 BJT 两者的特点。

（1）静电保护

IGBT 的输入级为电力 MOSFET，所以需采用电力 MOSFET 防静电保护方法对其进行保护。

（2）过电流保护

过电流保护的主要方法是直接或间接监测集电极电流，在过电流状态下切断 IGBT 的输入，以达到保护目的。使用的监测方法有利用电阻或电流互感器检测过电流进行保护、利用 IGBT 的 U_{CE} 检测过电流进行保护、检测负载电流进行保护等。过电流保护电路如图 1-38 所示。

图 1-38 所示过电流保护电路中，当流过 IGBT 的电流 I_D 超过一定值时，电阻 R_4 上的电压会触发晶闸管 VT 使之导通，从而把输入信号短路，IGBT 失去栅极电压而截止。由于电路中 R_4 造成无用的功率损耗，实际应用中常使用霍尔传感器代替 R_4，实现反馈功能。

（3）短路保护

IGBT 能承受短暂的短路电流，该时间与 IGBT 的导通饱和压降有关，随着饱和导通压降的增加而延长。在 IGBT 的应用中，当发生负载短路时，电源电压将直接加到 IGBT 的 C、E 之间，集电极电流将急剧增加。当短路电流超过极限值将导致 IGBT 被烧毁，通常采取的保护措施有软关断降低栅极电压和过电流降低栅极电压两种。

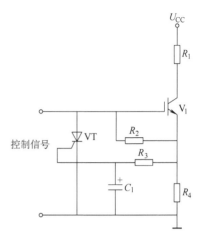

图 1-38　过电流保护电路

1）软关断降低栅极电压。采用软关断的方法可避免过大的电流下降变化率，避免因关断产生的感应过电压使 IGBT 击穿损坏。但为了避开续流二极管的大电流和吸收电容器的放电电流，栅极的封锁需要在短路后延迟 2μs 后动作，且由于栅极电压的下降时间约需 5 ~ 10μs，使电路对小于 10μs 的过电流不能响应。因此，软关断降低栅极电压的方法对短路开始时的最大电流无法限制，很容易因瞬时电流过大而造成 IGBT 损坏。

2）过电流降低栅极电压。图 1-39 为降低栅极电压实现 IGBT 短路保护的电路功能示意图。在 IGBT 正常导通时，饱和压降小于给定电压 U_{REF}，比较器输出低电平，MOS 管 V_1 与 V_2 均截止，保护电路对电路不产生任何影响。但当发生过电流时，IGBT 的集电极间压降 U_{CE} 将增大，当 U_{CE} 超过 U_{REF} 时，比较器输出高电平，启动定时器，并使 V_2 导通，将 IGBT

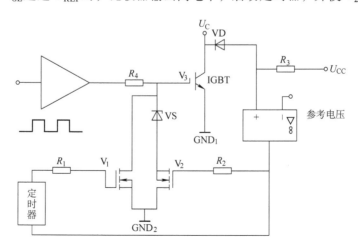

图 1-39　降低栅极电压实现 IGBT 短路保护的电路功能示意图

的栅极电压降到稳压管 VS 的稳压值。故障如果在定时周期结束之前去除，比较器输出将返回低电平，V_2 截止，恢复正常栅极电压，IGBT 继续正常工作。否则，定时器输出高电位，V_1 导通，IGBT 的驱动电压被切除，迫使 IGBT 截止。

1.8 其他全控型电力电子器件

1.8.1 集成门极换流晶闸管（IGBT）

集成门极换流晶闸管（Intergrated Gate Commutated Thyristors，IGCT）是 1997 年由 ABB 公司提出的一种用于中压变频器的巨型电力电子成套装置中的新型电力半导体开关器件。IGCT 使变流装置在功率、可靠性、开关速度、效率、成本、重量和体积等方面都取得了巨大进展。

IGCT 将 GTO 晶闸管芯片与反并联二极管和门极驱动电路集成在一起，再与其门极驱动器在外围以低电感方式连接，它结合了晶体管的稳定关断能力和晶闸管低通态损耗的优点，在导通阶段发挥晶闸管的性能，关断阶段呈现晶体管的特性。IGCT 具有电流大、阻断电压高、开关频率高、可靠性高、结构紧凑、低导通损耗等特点，而且制造成本低，成品率高，有很好的应用前景。

1. IGCT 的结构和工作原理

（1）IGCT 的结构

IGCT 是由门极换向晶闸管（GCT）和门极驱动电路集成而来的，而 GCT 又是在 CTO 晶闸管芯片上引入缓冲层、可穿透发射区和集成续流快速恢复二极管结构形成的。

（2）IGCT 的工作原理

IGCT 在导通和阻断两种情况下的等效电路如图 1-40 所示。当门极电压正偏时，管子导通，像晶闸管一样产生正反馈，电流很大，通态压降很低；反偏时，阻止阴极注入电流，全部阳极电流瞬间（1s）强制转化为门极电流，像一个没有了阴极正反馈作用的 NPN 型晶体管，阳性电流从门极均匀流出，管子由通态变为断态。

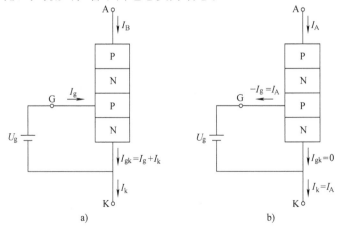

图 1-40　IGCT 在导通和阻断两种情况下的等效电路

a）导通　b）阻断

2. IGCT 的特点

1）阻断电压高，导通电流大。

2）在相同运行功率条件下，开关速度比 GTO 晶闸管和 IGBT 更高，开关损耗约为 GTO 晶闸管的一半。

3）通态压降小，通态损耗小，有利于器件的保护。

4）IGCT 可承受很大的 du/dt，不需要缓冲电路对其进行抑制，系统简单、可靠。

5）器件之间的开关过程一致性好，容易实现 IGCT 的串并联，扩大其功率使用范围。

1.8.2 MOS 门控晶闸管（MCT）

MOS 门控晶闸管主要有 3 种结构：MOS 门控晶闸管（MCT）、基极电阻控制晶闸管（BRT）及射极开关晶闸管（EST），这里主要介绍 MCT。

MOS 门控晶闸管（MOS – Controlled Thyristor，MCT）是一种新型 MOSFET 与晶闸管组合而成的复合型器件。它采用集成电路工艺，在普通晶闸管结构中制作大量 MOS 器件，通过 MOS 器件的通断来控制晶闸管的导通与关断。MCT 既具有晶闸管良好的关断和导通特性，又具备 MOSFET 输入阻抗高、驱动功率低和开关速度快的优点，克服了晶闸管速度慢、不能自关断和高压 MOSFET 导通压降大的不足，产生相当理想特性的器件。

1. MCT 的结构和工作原理

（1）MCT 的结构

MCT 在晶闸管中采用集成电路工艺集成了一对 MOSFET（ON – FET 和 OFF – FET）来控制晶闸管的导通与关断，两组 MOSFET 的栅极连在一起，构成 MCT 的单门极。MCT 的等效电路和图形符号如图 1-41 所示。

（2）MCT 的工作原理

1）当门极和阳极之间加入 – 5 ~ – 15V 的脉冲电压时，ON – FET 导通，MCT 的漏极电流使 NPN 型晶体管导通。NPN 型晶体管的集电极电流由电子产生，这些电子使 PNP 型晶体管的集电极电流由空穴产生，这些空穴形成正反馈维持 NPN 型晶体管导通，使 $\alpha_1 + \alpha_2 > 1$，MCT 导通。

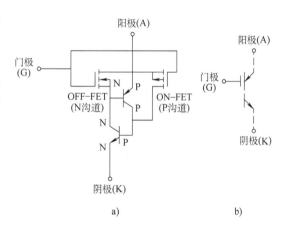

图 1-41 MCT 的等效电路和图形符号

a）MCT 的等效电路　b）MCT 的图形符号

2）当门阴极加入 10V 左右正脉冲电压时，OFF – FET 导通，降低了 PNP 型晶体管的射基极之间的电位差值，PNP 型晶体管关断，破坏了晶体管的擎住条件，使 MCT 关断。

2. MCT 的特点

1）电压电流容量大，最大可关断电流已达到 300A，最高阻断电压为 3kV，可关断电流密度为 325A/cm²。

2）di/dt 和 du/dt 容量的值高达 2000A/s 和 2000V/s，这使得保护电路可以简化。

3）通态压降小，其通态压降只有 IGBT 或 GTR 的 1/3 左右。

4）工作结温也高达200℃以上。

5）开关速度快，开关损耗小。

1.8.3 静电感应晶体管（SIT）

静电感应晶体管（Static Induction Transistor，SIT）产生于1970年，是在普通结型场效应晶体管基础上发展起来的单极结型场效应晶体管，其适用于高频、大功率场合，目前已在雷达通信设备、超声波功率放大、脉冲功率放大和高频感应加热等专业领域获得了较多的应用。

1. SIT的结构和工作原理

（1）SIT的结构

SIT主要有3种结构形式：埋栅结构、表面电极结构和介质覆盖栅结构，有3个电极，分别为门极G、漏极D和源极S。埋栅结构是典型结构，SIT的埋栅结构如图1-42所示适用于低频大功率器件；表面电极结构适用于高频和微波功率器件；介质覆盖栅结构既适用于低频大功率器件，也适用于高频和微波功率器件。

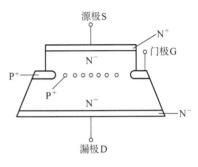

图1-42 SIT的埋栅结构

（2）SIT的工作原理

SIT是电压控制型器件，当门极电压为零时，SIT处于导通状态；当门极加负电压时，SIT关断。

2. SIT的特点

1）线性好、噪声小，工作频率高，频带宽，电流容量大，增益高。

2）是电压控制型器件，输入阻抗高、输出阻抗低，可直接构成OTL电路。

3）它是一种多子器件，在大电流下具有负温度系数，器件本身有温度自平衡作用，没有二次击穿现象，抗烧毁能力强。

4）低温性能好，在−196℃下工作正常。抗辐照能力比双极晶体管高50倍以上。

1.8.4 静电感应晶闸管（SITH）

静电感应晶闸管（Static Induction Thyristor，SITH）产生于1972年，是在SIT的漏极层上附加一层与漏极层导电类型不同的发射极层而得到的，是利用电场效应来控制器件的导电能力的双极场控晶体管。SITH具有电流容量大、工作效率高、导通电阻小、正向压降低、开关速度快、开关损耗小、控制效率高、du/dt和di/dt耐量大等优点。

1. SITH的结构和工作原理

（1）SITH的结构

SITH的3个电极分别为阳极A、阴极K和门极G。SITH可分为单栅和双极两种。单栅的可控制功率范围为10kW~1MW，工作频率可达100kHz；双极的工作频率比单栅高一个数量级。

（2）SITH的工作原理

SITH为场控器件，当$U_{GE}=0$时，器件处于导通状态，门阴极加负电压可将其关断。

2. SITH 的特点

1）具有高速开关特性，但工作频率较 SIT 要低。

2）电压控制型器件，容易驱动。

3）通态电阻小，通态压降低，通态电流大。

4）可以通过降低基片掺杂浓度来实现高击穿电压。

1.8.5 功率集成电路（PIC）

功率集成电路（Power Integrated Circuit，PIC）是至少包含一个半导体功率器件和一个独立功能电路的单片集成电路，成为除单极型、双极型和复合型器件以外的第 4 类功率器件。

功率集成电路分为两类：一类是高压集成电路（HVIC），由高耐压电力电子器件与控制电路的单片集成，用来控制功率输出；另一类是智能功率集成电路（SPIC），由功率电子器件和控制电路的保护及传感等功能集成，提供数字控制逻辑与功率负载之间的接口，实现控制功能、传感和保护功能以及提供逻辑输出接口。

1.9 思考题

1. 简述晶闸管的导通条件和关断条件，并说明采用什么方法实现晶闸管的关断。

2. 说明晶闸管型号 KP100 – 6 代表的含义。

3. 实测某晶闸管的断态不重复峰值电压 $U_{DSM} = 1070V$、反向不重复峰值电压 $U_{RSM} = 940V$，该管子的额定电压应标多少？

4. 简述晶闸管过电压和过电流的保护方法。

5. 如何进行快速熔断器额定电流的选择？在电路中，快速熔断器是怎样接的？

6. 简述晶闸管串联和并联使用的注意事项。

7. 门极关断（GTO）晶闸管的结构和工作原理与晶闸管有何异同？

8. GTO 晶闸管、GTR、电力 MOSFET、IGBT 四种常见的电力电子器件有哪些优缺点？适用于哪些场合？

9. 什么是 GTR 的二次击穿？一般采用哪些保护措施？

10. 如何防止电力 MOSFET 的静电击穿引起的损坏？

11. 简述电力 MOSFET 的结构及工作原理。

12. 画出 IGBT 的等效电路图和符号，并简要说明工作原理。

第2章 单相可控整流电路

教学目标：

通过本章的学习可以达到：

1）理解单相可控整流电路的工作原理，掌握波形分析的方法，能够运用理论知识对实测波形进行分析；掌握单相可控整流电路参数计算的方法，能够进行整流器件的选择。

2）熟悉单结晶体管的结构，理解各管子的工作原理；能够使用万用表对管子进行简单测试；能够根据要求进行管子型号的选择。

3）理解单结晶体管触发电路、锯齿波触发电路的工作原理，能够运用理论知识对实测波形进行分析。

4）熟悉KJ001集成触发器各引脚功能，掌握其典型电路连接方式；掌握脉冲变压器的作用。

2.1 单相半波可控整流电路

2.1.1 电阻性负载电路波形分析与电路参数计算

1. 电阻性负载电路波形的分析

图 2-1 为单相半波可控整流电阻性负载电路的原理图。在单相整流电路中，把晶闸管从承受正向阳极电压起到受触发脉冲触发而导通之间的电角度 α 称为触发延迟角，亦称为移相角。晶闸管在一个周期内的导通时间对应的电角度用 θ 表示，称为导通角，且 $\theta = \pi - \alpha$。

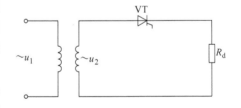

图 2-1 单相半波可控整流电阻性
负载电路的原理图

改变晶闸管的触发时刻（即改变触发延迟角 α 的大小）即可改变输出电压的波形，图 2-2a 为整流变压器二次输出电压 u_2，图 2-2b 为 $\alpha = 45°$ 时加入脉冲，图 2-2c 为输出电压的理论波形。当 $\alpha = 45°$ 时，晶闸管承受正向电压，加入触发脉冲晶闸管导通，负载上得到的输出电压 u_d 的波形与电源电压 u_2 的波形相同；当电源电压 u_2 过零时，晶闸管承受反向电压而关断，负载上得到的输出电压 u_d 为零；从电源电压过零点到 $\alpha = 45°$ 之间的区间上，虽然晶闸管已经承受正向电压，但由于没有触发脉冲，晶闸管依然处于截止状态。图 2-2d 为晶闸管上承受电压的理论波形。当晶闸管导通时，承受电压为零；晶闸管关断时，承受电源电压 u_2。

图 2-3 为 $\alpha = 60°$ 时输出电压的波形和晶闸管 VT 两端电压的波形。

由以上的分析可以得出：

1）在单相半波整流电路中，改变 α 的大小即改变触发脉冲在每周期内出现的时刻，则

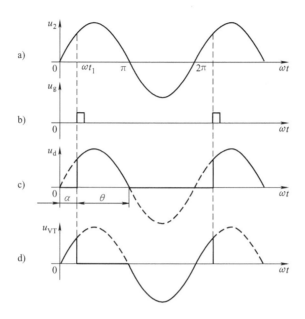

图 2-2　单相半波可控整流（α=45°）波形分析

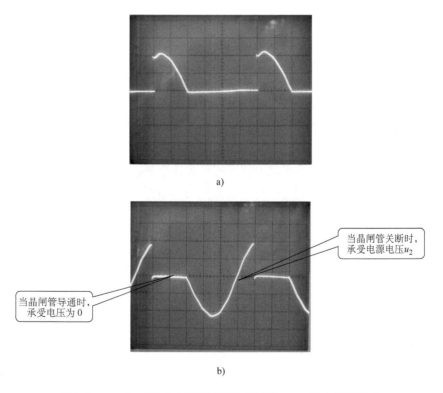

a)

当晶闸管关断时，
承受电源电压 u_2

当晶闸管导通时，
承受电压为 0

b)

图 2-3　α=60°时输出电压的波形和晶闸管 VT 两端电压的波形
a）α=60°时输出电压的波形　b）α=60°时晶闸管 VT 两端电压的波形

u_d 和 i_d 的波形也随之改变，但直流输出电压瞬时值 u_d 的极性不变，其波形只在 u_2 的正半周出现，这种通过对触发脉冲的控制来实现改变直流输出电压大小的控制方式称为相位控制方式，简称为相控方式。

2）触发延迟角 α 的移相范围为 $0° \sim 180°$。

2. 电阻性负载电路参数的计算

1）输出电压平均值的计算公式为

$$U_d = 0.45U_2 \frac{1 + \cos\alpha}{2}$$

2）负载电流平均值的计算公式为

$$I_d = \frac{U_d}{R_d} = 0.45 \frac{U_2}{R_d} \frac{1 + \cos\alpha}{2}$$

3）负载电流有效值的计算公式为

$$I = \frac{U_2}{R_d}\sqrt{\frac{1}{4\pi}\sin2\alpha + \frac{\pi - \alpha}{2\pi}}$$

4）晶闸管可能承受的最大电压为

$$U_{TM} = \sqrt{2}U_2$$

【例 2-1】 有一单相半波可控整流电路，电阻性负载，由 220V 交流电源直接供电。负载要求的最高平均电压为 60V，相应的有效值电流为 15.7A，试计算最大输出时的触发延迟角 α，并选择晶闸管。

解：1）先求出最大输出时的触发延迟角 α

$$\cos\alpha = \frac{2U_d}{0.45U_2} - 1 = \frac{2 \times 60}{0.45 \times 220} - 1 = 0.212$$
$$\alpha = 77.8°$$

2）求晶闸管两端承受的正、反向峰值电压

$$U_{TM} = \sqrt{2}U_2 = 311V$$

3）选择晶闸管。晶闸管通态平均电流可按下式计算与选择

$$I_{T(AV)} = (1.5 \sim 2)\frac{I_T}{1.57} = (1.5 \sim 2) \times \frac{15.7}{1.57}A = 15 \sim 20A$$

取
$$I_{T(AV)} = 20A$$

晶闸管的额定电压可按下式计算与选择

$$U_{TN} = (2 \sim 3)U_{TM} = 622 \sim 933V$$

取
$$U_{TN} = 1000V$$

根据晶闸管型号的定义，故可选用 KP20-10 型晶闸管。

2.1.2 电感性负载电路分析

图 2-4 为单相半波可控整流电感性负载电路的原理图。图 2-5 为 $\alpha = 45°$ 时的波形分析。

在 ωt_1 时刻晶闸管 VT 承受正向电压，被 u_g 触发导通，$u_d = u_2$，$u_{VT} \approx 0$，负载电流 i_d 的方向，VT 被触发导通时的电流情况如图 2-6 所示。

当电压 u_2 过零变负时，流过负载的电流 i_d 减小，在大电感 L_d 上产生感应电动势 e_L，

电压 u_2 过零变负使晶闸管继续导电时电流情况如图
2-7所示。在 e_L 的作用下流过晶闸管 VT 的电流大于维
持电流，使晶闸管处于导通状态，负载电压 u_d 出现负
半周，将电感 L_d 中的能量返送回电源。当电感能量释
放完毕，电流小于维持电流时，晶闸管关断，输出电
压为零。

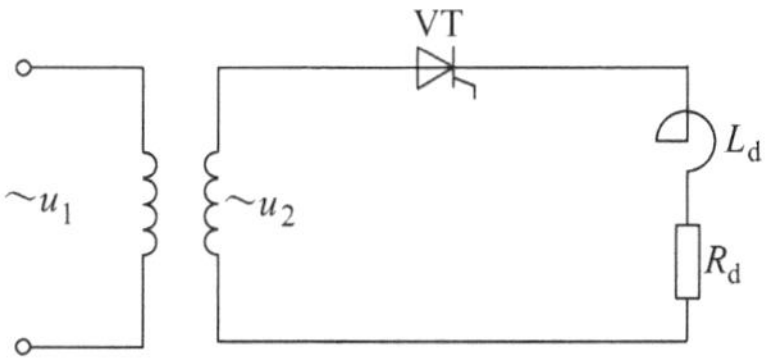

图 2-4　单相半波可控整流电感性
负载电路的原理图

由以上分析可知，由于电感的储能作用，使电路
在电源电压过零时无法关断，输出电压出现负值的现
象，造成输出平均电压下降。而且，电感量越大，负值出现的时间越长，输出平均电压
越小。

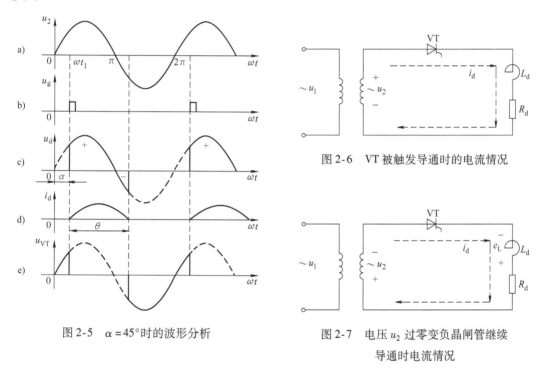

图 2-5　$\alpha = 45°$时的波形分析

图 2-6　VT 被触发导通时的电流情况

图 2-7　电压 u_2 过零变负晶闸管继续
导通时电流情况

2.1.3　电感性带续流二极管负载电路分析

为避免输出平均电压 U_d 太小，在整流电路的电感性负载两端并联续流二极管，如图
2-8所示。与没有续流二极管时的情况比较，在 u_2 正半周时两者工作情况一样。当 u_2 过零
变负时，续流二极管 VD 导通，u_d 为零。此时
为负的 u_2 通过续流二极管 VD 向 VT 施加反压
电压使其关断，L 储存的能量保证了电流 i_d 在
$L_d \rightarrow R_d \rightarrow$ VD 回路中流通，此过程通常称为续
流。续流期间 u_d 为 0，u_d 中不再出现负的部
分，其输出波形与晶闸管两端波形和电阻性负
载波形相同。

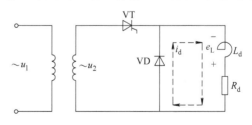

图 2-8　电感性负载两端并联续流二极管

单相半波可控整流电路的特点是简单，但输出脉动大，变压器二次电流中含直流分量，造成变压器铁心直流磁化。实际中很少应用此种电路。分析该电路的主要目的在于利用其简单易学的特点，建立起整流电路的基本概念。

2.2 单相全波可控整流电路

2.2.1 电阻性负载电路波形分析与电路参数计算

图 2-9 所示为单相全波可控整流电阻性负载主电路原理图，单相全波可控整流电路又称单相双半波可控整流电路，电路要求整流变压器的二次侧必须带中心抽头。图中，晶闸管 VT_1 和 VT_2 的阳极分别接在变压器的 a、b 两个输出端，两个晶闸管的阴极接在一起，经过负载与变压器的中心抽头相连。

图 2-10 所示为电阻性负载 $\alpha = 45°$ 时输出电压 u_d 与晶闸管 VT_1 两端电压 u_{VT1} 的理论波形。当电源电压 u_2 处于正半周时，图 2-11 所示电路中的 a 端为高电位，b 端为低电位，晶闸管 VT_1 承受正向电源电压，晶闸管 VT_2 承受反向电源电压截止。在 ωt_1 时刻，即 $\alpha = 45°$ 时加入触发脉冲，使 VT_1 导通，忽略晶闸管的管压降，电源电压 u_2 全部加在电阻负载两端，整流输出的电压波形 u_d 与电源电压 u_2 正半周的波形相同。此时，电路中负载电流的方向，晶闸管 VT_1 导通时的输出电压和电流如图 2-11 所示。

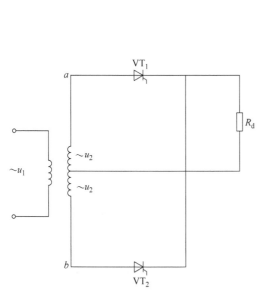

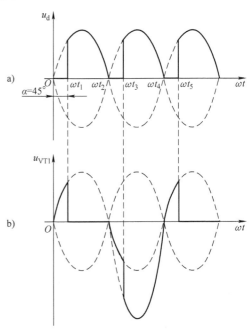

图 2-9 单相全波可控整流电阻性
负载主电路原理图

图 2-10 $\alpha = 45°$ 时输出电压 u_d 与晶闸管 VT_1
两端电压 u_{VT1} 的理论波形

a）输出电压 u_d 的理论波形

b）晶闸管 VT_1 两端电压 u_{VT1} 的理论波形

当电源电压 u_2 过零变负时（ωt_2 时刻），晶闸管 VT_1 承受反向电压关断。当电源电压 u_2

处于负半周时，电路中的 b 端为高电位，a 端为低电位，晶闸管 VT_1 承受反向电源电压截止，而晶闸管 VT_2 承受正向电源电压。在相同的触发延迟角 ωt_3 时刻，即 $\alpha = 45°$ 时触发晶闸管 VT_2 导通，忽略晶闸管的管压降，在电阻负载两端获得与 u_2 正半周相同的整流输出电压波形。此时，电路中负载电流的方向，晶闸管 VT_2 导通时的输出电压和电流如图 2-12 所示。当电源电压 u_2 过零重新变正时（ωt_4 时刻），VT_2 承受反向电压关断。

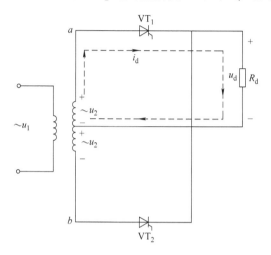

图 2-11　VT_1 导通时的输出电压与电流

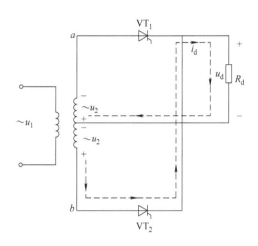

图 2-12　VT_2 导通时输出电压与电流

电源电压 u_2 过零重新变正后，在 $\alpha = 45°$ 时，晶闸管 VT_1 再次被触发导通，如此循环工作下去，在电阻负载两端得到脉动的直流输出电压，如图 2-10a 所示。

图 2-10b 所示为 $\alpha = 45°$ 时晶闸管 VT_1 两端电压 u_{VT1} 的理论波形。从图中可以看出，在一个周期内整个波形被分为了 4 个部分：在 $0 \sim \omega t_1$ 期间，电源电压 u_2 处于正半周，触发脉冲尚未加入，晶闸管 VT_1 和 VT_2 均处于截止状态，晶闸管 VT_1 承担全部电源电压 u_2；在 $\omega t_1 \sim \omega t_2$ 期间，晶闸管 VT_1 导通，忽略管压降，晶闸管两端的电压 $u_{VT1} \approx 0$；在 $\omega t_2 \sim \omega t_3$ 期间，电源电压 u_2 处于负半周，触发脉冲尚未加入，晶闸管 VT_1 和 VT_2 均处于截止状态，晶闸管 VT_1 承担全部电源电压 u_2；在 $\omega t_3 \sim \omega t_4$ 期间，当晶闸管 VT_2 被触发导通后，VT_1 将承受两倍的电源电压，即 $2u_2$。

图 2-13 所示为电阻性负载 $\alpha = 90°$ 时输出电压 u_d 与晶闸管 VT_1 两端电压 u_{VT1} 的理论波形。

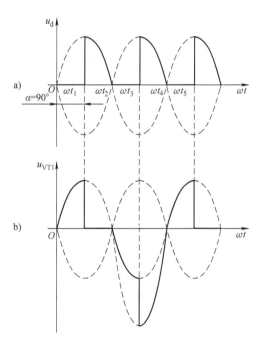

图 2-13　$\alpha = 90°$ 时输出电压 u_d 与晶闸管 VT_1 两端电压 u_{VT1} 的理论波形

a）输出电压 u_d 的理论波形　b）晶闸管 VT_1 两端电压 u_{VT1} 的理论波形

由以上的分析可以得出：

1）在单相全波可控整流电路中，电阻性负载条件下，晶闸管 VT_1 和 VT_2 在相位上互差 180°交替导通，导通角 $\theta = 180° - \alpha$。

2）当晶闸管导通时，管压降约等于零，其波形为一条横线；当另一个晶闸管导通时，晶闸管将承受两倍的电源电压；当两个晶闸管都处于截止状态时，晶闸管承受电源电压。

3）通过改变触发延迟角，就可以改变输出电压的大小，单相全波可控整流电路电阻性负载电路的移相范围为 0° ~ 180°。

4）单相全波可控整流电路电阻性负载电路参数的计算如下：

① 输出电压平均值的计算公式为

$$U_d = 0.9 U_2 \frac{1 + \cos\alpha}{2}$$

② 负载电流平均值的计算公式为

$$I_d = \frac{U_d}{R_d} = 0.9 \frac{U_2}{R_d} \frac{1 + \cos\alpha}{2}$$

③ 流过晶闸管的电流的平均值为

$$I_{dT} = \frac{1}{2} I_d$$

④ 流过晶闸管的电流的有效值为

$$I_T = \frac{\sqrt{2}}{2} I_d$$

⑤ 晶闸管可能承受的最大电压为

$$U_{TM} = \sqrt{2} U_2，晶闸管 VT_1 和 VT_2 均截止$$

或

$$U_{TM} = 2\sqrt{2} U_2，VT_1、VT_2 其中一个晶闸管导通$$

2.2.2 电感性负载电路波形分析与电路参数计算

单相全波可控整流大电感负载主电路原理图如图 2-14 所示。

图 2-15 所示为电感性负载 $\alpha = 45°$ 时输出电压 u_d 与晶闸管 VT_1 两端电压 u_{VT1} 的理论波形。当电源电压 u_2 处于正半周时，图 2-16 所示的电路中的 a 端为高电位，b 端为低电位，在 ωt_1 时刻，即 $\alpha = 45°$ 时加入触发脉冲使 VT_1 导通，忽略晶闸管的管压降，电源电压 u_2 全部加在电感负载两端，整流输出的电压波形 u_d 与电源电压 u_2 正半周的波形相同。此时，电路中负载电流的方向，晶闸管 VT_1 导通时的输出电压和电流如图 2-16 所示。

当电源电压 u_2 过零变负时（ωt_2 时刻），在 L_d 两端产生感应电动势 e_L，极性为上"−"下"+"，且大于电源电压 u_2。在 e_L 的作用下，负载电流方向不变，且大于晶闸管 VT_1 的维持电流，晶闸管 VT_1 继续导通，整流输出的电压波形 u_d 与电源

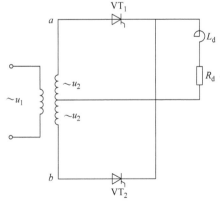

图 2-14　单相全波可控整流大
电感负载主电路原理图

电压 u_2 负半周的波形相同，将电感 L_d 中的能量反送回电源。电源电压 u_2 过零变负，晶闸管 VT$_1$ 持续导通时的输出电压和电流如图 2-17 所示。

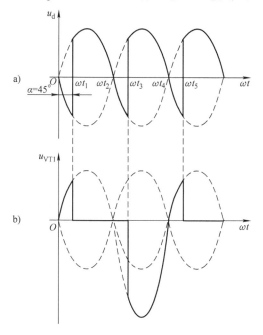

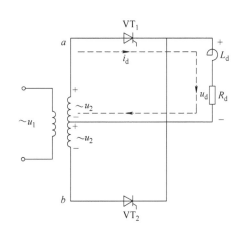

图 2-15　$\alpha = 45°$时输出电压 u_d 与晶闸管
VT$_1$ 两端电压 u_{VT1} 的理论波形
a）输出电压 u_d 的理论波形　b）晶闸管 VT$_1$
两端电压 u_{VT1} 的理论波形

图 2-16　晶闸管 VT$_1$ 导通时的输出电压和电流

　　在电源电压 u_2 处于负半周时，电路中的 b 端为高电位，a 端为低电位，晶闸管 VT$_2$ 承受正向电源电压。在相同的触发延迟角 ωt_3 时刻，即 $\alpha = 45°$时触发晶闸管 VT$_2$，使其导通，VT$_1$ 因承受反压而关断，负载电流从 VT$_1$ 换流到 VT$_2$，忽略晶闸管的管压降，在电阻负载两端获得与 u_2 正半周相同的整流输出电压波形。此时，电路中负载电流的方向，晶闸管 VT$_2$ 导通时的输出电压和电流如图 2-18 所示。

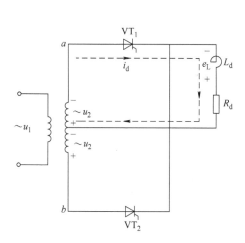

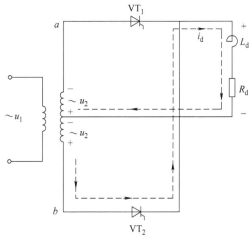

图 2-17　电源电压 u_2 过零变负，晶闸管 VT$_1$
持续导通时的输出电压和电流

图 2-18　晶闸管 VT$_2$ 导通时的输出电压和电流

当电源电压 u_2 过零重新变正时（ωt_4 时刻），在 L_d 两端感应电动势 e_L 的作用下，晶闸管 VT_2 维持导通状态，将电感 L_d 中的能量反送回电源，直到晶闸管 VT_1 再次被触发导通。电源电压 u_2 过零变正，晶闸管 VT_2 持续导通时的输出电压和电流如图 2-19 所示。

图 2-15b 所示为 $\alpha = 45°$ 时晶闸管 VT_1 两端电压 u_{VT1} 的理论波形。在单相全波可控整流电路大电感负载电路中，两个晶闸管轮流交替导通 180°，当晶闸管 VT_1 导通时，忽略管压降，$u_{VT1} \approx 0$；当晶闸管 VT_1 截止时，将承受两倍的电源电压，即 $2u_2$。

图 2-20 所示为 $\alpha = 90°$ 时输出电压波形和晶闸管 VT_1 两端电压的实测波形。

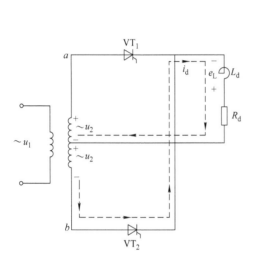

图 2-19　电源电压 u_2 过零变正，晶闸管 VT_2
持续导通时的输出电压和电流

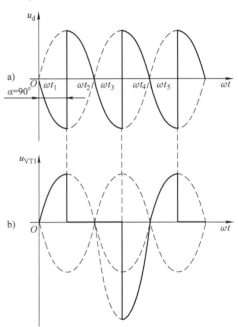

图 2-20　$\alpha = 90°$ 时输出电压 u_d 与晶闸管 VT_1
两端电压 u_{VT1} 的理论波形

a）输出电压 u_d 的理论波形　b）晶闸管 VT_1
两端电压 u_{VT1} 的理论波形

由以上的分析可以得出：

1）在单相全波可控整流电路中，大电感负载时，晶闸管 VT_1 和 VT_2 在相位上互差 180° 交替导通，导通角 $\theta = 180°$。

2）通过改变触发延迟角，就可以改变输出电压的大小，单相全波可控整流电路电感性负载电路中，当触发延迟角 α 在 0° ~ 90° 范围内变化时，负载电压 u_d 出现负半周，在 $\alpha = 90°$ 时，负载电压 u_d 波形的正负面积近似相等，其平均值 $U_d \approx 0$，故移相范围为 0° ~ 90°。

3）单相全波可控整流电路电感性负载电路参数的计算如下：

① 输出电压平均值的计算公式为

$$U_d = 0.9 U_2 \cos\alpha$$

② 负载电流平均值的计算公式为

$$I_d = \frac{U_d}{R_d} = 0.9 \frac{U_2}{R_d} \cos\alpha$$

③ 流过晶闸管的电流的平均值为

$$I_{dT} = \frac{1}{2}I_d$$

④ 流过晶闸管的电流的有效值为

$$I_T = \frac{\sqrt{2}}{2}I_d$$

⑤ 晶闸管可能承受的最大电压为

$$U_{TM} = 2\sqrt{2}U_2$$

2.2.3 电感性带续流二极管负载电路波形分析与电路参数计算

单相全波可控整流大电感负载电路在 $0° \sim 90°$ 的范围内，负载电压 u_d 的波形会出现负半周，从而使电路输出电压平均值 U_d 下降，可以在负载两端接续流二极管来解决这个问题，电路如图 2-21 所示。

接入续流二极管后，以 $\alpha = 90°$ 为例来简单分析其工作原理。

在电源电压正半周，晶闸管 VT_1 在 $\alpha = 90°$ 时刻被触发导通，整流输出的电压 u_d 的波形与电源电压 u_2 正半周的波形相同。忽略管压降，晶闸管 VT_1 两端电压 $u_{VT1} \approx 0$。此时，负载电流的方向如图 2-16 所示。

当电源电压 u_2 过零变负时，续流二极管 VD 承受正向电压而导通，晶闸管 VT_1 承受反向电压而关断，$u_d = 0$，波形与横轴重合，此时负载电流 i_d 不再流回电源，而是经过续流二极管 VD 进行续流，释放电感中储存的能量，如图 2-22 所示。此时晶闸管 VT_1 承受全部的电源电压。

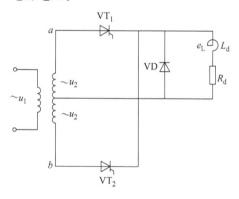

图 2-21 单相全波可控整流大电感
负载接续流二极管电路

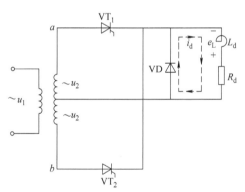

图 2-22 续流二极管导通进行续流

在电源电压 u_2 负半周相同的时刻，晶闸管 VT_2 被触发导通，续流二极管 VD 承受反向电压关断，在负载两端获得电源电压 u_2 正半周相同的整流输出电压波形，晶闸管 VT_1 承受两倍的电源电压，此时负载电流的方向如图 2-18 所示。

当电源电压 u_2 过零重新变正时，续流二极管 VD 再次导通进行续流，直至晶闸管 VT_1 再次被触发导通，如此电路完成一个周期的工作。接续流二极管后，$\alpha = 90°$ 时输出电压 u_d 与晶闸管 VT_1 两端电压 u_{VT1} 的理论波形如图 2-23 所示。

由以上的分析可以得出：

1）在单相全波可控整流电感性带续流二极管负载电路中，晶闸管 VT_1 和 VT_2 在相位上互差180°交替导通，导通角 $\theta = 180° - \alpha$。

2）当晶闸管导通时，该管的管压降约等于零，其波形为一条横线；当另一个晶闸管导通时，处于关断状态的晶闸管将承受两倍的电源电压；当续流二极管导通后，两个晶闸管都处于截止状态，两个晶闸管承受电源电压。

3）通过改变触发延迟角，就可以改变输出电压的大小，由于续流二极管的续流作用，使单相全波可控整流电感性带续流二极管负载电路的输出电压波形没有负半周，其移相范围为 $0° \sim 180°$。

4）单相全波可控整流电感性带续流二极管负载电路参数的计算如下：

① 输出电压平均值的计算公式为

$$U_d = 0.9 U_2 \frac{1 + \cos\alpha}{2}$$

② 负载电流平均值的计算公式为

$$I_d = \frac{U_d}{R_d} = 0.9 \frac{U_2}{R_d} \frac{1 + \cos\alpha}{2}$$

③ 流过晶闸管的电流的平均值为

$$I_{dT} = \frac{\pi - \alpha}{2\pi} I_d$$

④ 流过晶闸管的电流的有效值为

$$I_T = \sqrt{\frac{\pi - \alpha}{2\pi}} I_d$$

⑤ 流过续流二极管 VD 的电流的平均值为

$$I_{dT} = \frac{\alpha}{\pi} I_d$$

⑥ 流过续流二极管 VD 的电流的有效值为

$$I_T = \sqrt{\frac{\alpha}{\pi}} I_d$$

⑦ 晶闸管可能承受的最大电压为

$$U_{TM} = \sqrt{2} U_2，晶闸管 VT_1 和 VT_2 均截止$$

或

$$U_{TM} = 2\sqrt{2} U_2，VT_1、VT_2 其中一个晶闸管导通$$

⑧ 续流二极管可能承受的最大电压为

$$U_{DM} = \sqrt{2} U_2$$

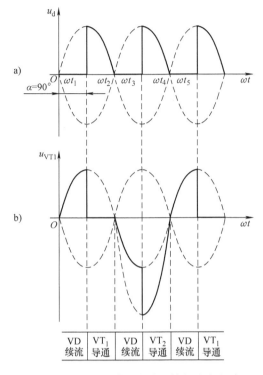

图 2-23　$\alpha = 90°$ 单相全波可控整流大电感带续流二极管负载的理论波形

a）输出电压 u_d 的理论波形　b）晶闸管 VT_1 两端电压 u_{VT1} 的理论波形

单相全波可控整流电路中要求变压器带有中心抽头，在一个周期内，每个二次绕组只有一半的时间在工作，利用率较低，但对晶闸管的耐压要求高，只能用于小容量的可控整流场合。

2.3 单相全控桥式整流电路

2.3.1 电阻性负载电路波形分析与电路参数计算

图 2-24 为单相全控桥式整流电阻性负载电路原理图。图中，VT_1 和 VT_3 的阴极接在一起称为共阴极接法，VT_2 和 VT_4 的阳极接在一起称为共阳极接法。

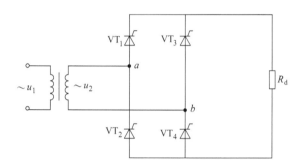

图 2-24　单相全控桥式整流电阻性负载电路原理图

图 2-25 为 $\alpha = 30°$ 时输出电压 u_d 与晶闸管 VT_1 两端电压 u_{VT1} 的理论波形。

当电源电压 u_2 处于正半周时，a 端处于高电位而 b 端处于低电位，此时晶闸管 VT_1 和 VT_4 同时承受正向电源电压，VT_3 和 VT_2 同时承受负向电源电压，在 $\alpha = 30°$（ωt_1 时刻）加入触发脉冲使 VT_1 和 VT_4 同时导通，忽略晶闸管的管压降，电源电压 u_2 全部加在负载电阻两端，整流输出的电压波形 u_d 与电源电压 u_2 正半周的波形相同。此时，电路中负载电流的方向，VT_1、VT_4 导通时的输出电压与电流如图 2-26 所示。

在电源电压 u_2 过零时（ωt_2 时刻）晶闸管 VT_1 和 VT_4 承受反向电压关断；当电源电压 u_2 处于负半周时，b 端处于高电位而 a 端处于低电位，此时晶闸管 VT_3 和 VT_2 同时承受正向电源电压，VT_1 和 VT_4 同时承受负向电源电压，在相同的触发延迟角 $\alpha = 30°$（ωt_3 时刻）触发晶闸管 VT_3

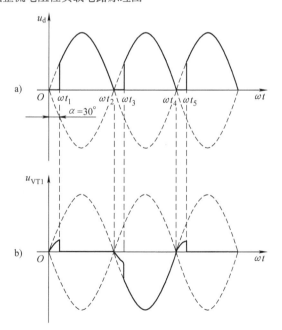

图 2-25　$\alpha = 30°$ 时输出电压 u_d 与晶闸管 VT_1

两端电压 u_{VT1} 的理论波形

a）输出电压 u_d 的理论波形

b）晶闸管 VT_1 两端电压 u_{VT1} 的理论波形

和 VT$_2$ 同时导通，在负载电阻两端获得与 u_2 正半周相同的整流输出电压波形，此时电路中负载电流的方向，VT$_3$、VT$_2$ 导通时的输出电压与电流如图 2-27 所示。电源电压 u_2 过零重新变正时（ωt_4 时刻），VT$_3$ 和 VT$_2$ 承受反向电压关断。

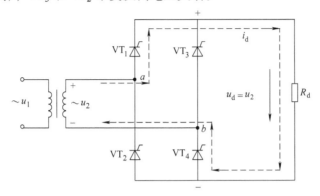

图 2-26 VT$_1$、VT$_4$ 导通时的输出电压与电流

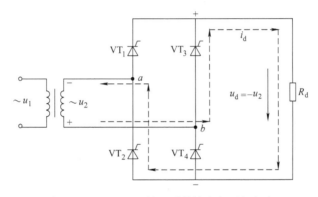

图 2-27 VT$_3$、VT$_2$ 导通时的输出电压与电流

电源电压 u_2 过零重新变正（$\alpha = 30°$）时，VT$_1$ 和 VT$_4$ 再次被触发同时导通，如此循环工作下去，在负载两端得到脉动的直流输出电压。

图 2-25b 为 $\alpha = 30°$ 晶闸管两端电压 u_{VT1} 的理论波形。从图中可以看出，在一个周期内整个波形也分为 4 个部分：在 $0 \sim \omega t_1$ 期间，电源电压 u_2 处于正半周，触发脉冲尚未加入，VT$_1$ ～ VT$_4$ 均处于截止状态，如果共阴极的两个管子 VT$_1$、VT$_3$ 的漏电阻相等，则晶闸管 VT$_1$ 承担一半的电源电压 u_2，即 $u_2/2$；在 $\omega t_1 \sim \omega t_2$ 期间，晶闸管 VT$_1$ 导通，忽略管压降，晶闸管两端的电压 $u_{\text{VT1}} \approx 0$；在 $\omega t_2 \sim \omega t_3$ 期间，由于 VT$_1$ ～ VT$_4$ 均处于截止状态，使得晶闸管 VT$_1$ 承担一半的电源电压 u_2，即 $u_2/2$；$\omega t_3 \sim \omega t_4$ 期间，当晶闸管 VT$_3$ 被触发导通后，VT$_1$ 将承受 u_2 的全部反向电压。

图 2-28 为 $\alpha = 30°$ 时输出电压和晶闸管 VT$_1$ 两端电压的实测波形，可与理论波形对照比较。

由以上的测试和分析可以得出：

1）在单相全控桥式整流电路中，两组晶闸管（VT$_1$、VT$_4$ 和 VT$_2$、VT$_3$）在相位上互差 180°轮流导通，将交流电转变成脉动的直流电。

2）晶闸管 VT$_1$ 与 VT$_3$ 的阴极接在一起构成共阴极接法，VT$_2$ 与 VT$_4$ 的阳极接在一起构

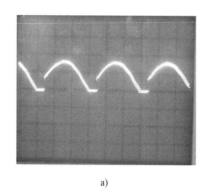 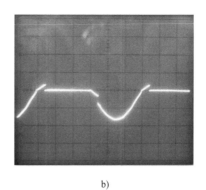

a) b)

图 2-28　α = 30°时输出电压和晶闸管 VT₁ 两端电压的实测波形

a）α = 30°时输出电压的实测波形　b）α = 30°时晶闸管 VT₁ 两端电压的实测波形

成共阳极接法。在晶闸管导通期间，管压降约等于零，其波形为一条直线与横轴重合；当处于同一组的另一个晶闸管导通时，晶闸管将承受 u_2 的全部反向电压波形；当 4 个晶闸管都处于截止状态时，如果它们的漏电阻相等，则晶闸管承担电源电压 u_2 的一半。

3）移相范围为 0°～180°。

4）单相全控桥式整流电路参数的计算如下：

① 输出电压平均值的计算公式为

$$U_d = 0.9 U_2 \frac{1 + \cos\alpha}{2}$$

② 负载电流平均值的计算公式为

$$I_d = \frac{U_d}{R_d} = 0.9 \frac{U_2}{R_d} \frac{1 + \cos\alpha}{2}$$

③ 流过晶闸管的电流的平均值为

$$I_{dT} = \frac{1}{2} I_d$$

④ 流过晶闸管的电流的有效值为

$$I_T = \frac{1}{\sqrt{2}} I_d$$

⑤ 晶闸管可能承受的最大电压为

$$U_{TM} = \sqrt{2} U_2$$

2.3.2 电感性负载电路波形分析与电路参数计算

单相全控桥式整流大电感负载主电路如图 2-29 所示。改变触发延迟角 α 的大小即可改变输出电压的波形，图 2-30a 为 $\alpha = 30°$ 时输出电压的理论波形。

当电源电压 u_2 在正半周时，在 $\alpha = 30°$（ωt_1）时刻，由触发电路送出的触发脉冲 u_{g1}、u_{g4} 同时触发晶闸管 VT₁ 和 VT₄ 导通，忽略管压降，电源电压 u_2 加于负载两端，整流输出的电压 u_d 的波形与电源电压 u_2 正半周的波形相同，负载电流方向 VT₁、VT₄ 导通时的输出电压与电流如图 2-31 所示。

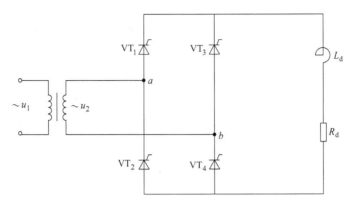

图 2-29　单相全控桥式整流大电感负载主电路

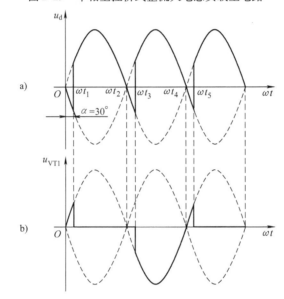

图 2-30　$\alpha = 30°$ 时输出电压 u_d 和晶闸管 VT$_1$ 两端电压的理论波形

a）输出电压 u_d 的理论波形　　b）晶闸管 VT$_1$ 两端电压的理论波形

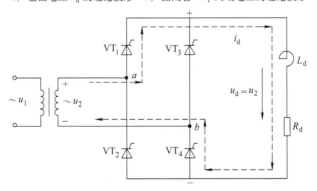

图 2-31　VT$_1$、VT$_4$ 导通时的输出电压与电流

　　当电源电压 u_2 过零变负（ωt_2）时，在 L_d 两端产生感应电动势 e_L，极性为上"－"下"＋"，且大于电源电压 u_2。在 e_L 的作用下，负载电流方向不变，且大于晶闸管 VT$_1$ 和 VT$_4$ 的维持电流，负载电压 u_d 出现负半周，将电感 L_d 中的能量返送回电源，电源电压 u_2 过零

变负，VT_1 和 VT_4 继续导通时的输出电压与电流如图 2-32 所示。

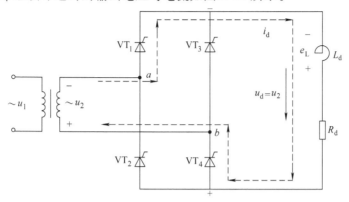

图 2-32 电源电压 u_2 过零变负，VT_1 和 VT_4 继续导通时的输出电压与电流

在电源电压 u_2 负半周同一触发延迟角 $\alpha = 30°$（ωt_3）的时刻，触发电路送出的触发脉冲 u_{g3}、u_{g2} 同时触发晶闸管 VT_3 和 VT_2 导通，VT_1 和 VT_4 因承受反向电压而关断，负载电流从 VT_1 和 VT_4 换流到 VT_3 和 VT_2，VT_3 和 VT_2 导通时的输出电压与电流如图 2-33 所示。

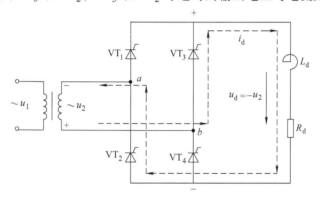

图 2-33 VT_3 和 VT_2 导通时的输出电压与电流

同样，在电源电压 u_2 过零变正（ωt_4）时，在 L_d 两端感应电动势 e_L 的作用下，晶闸管 VT_3 和 VT_2 维持导通状态，将电感 L_d 中的能量返送回电源，直到晶闸管 VT_1 和 VT_4 再次被触发导通，电源电压 u_2 过零变正，VT_3 和 VT_2 继续导通时的输出电压与电流如图 2-34 所示。

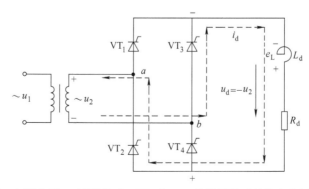

图 2-34 电源电压 u_2 过零变正，VT_3 和 VT_2 继续导通时的输出电压与电流

图 2-30b 为 $\alpha = 30°$ 时晶闸管 VT_1 两端电压的理论波形。在单相全控桥式整流大电感负载电路中，每只晶闸管导通 180°，当晶闸管 VT_1 导通时，忽略管压降，$u_{VT1} \approx 0$；当晶闸管 VT_1 处于截止状态时，VT_3 导通，VT_1 承受全部的负向电源电压 u_2。

图 2-35 为 $\alpha = 90°$ 时输出电压波形和晶闸管 VT_1 两端电压的实测波形。

在 $\alpha = 90°$ 时，负载电压 u_d 波形的正负面积近似相等，其平均值 $U_d \approx 0$。由此可见，单相全控桥式整流大电感负载的触发延迟角 α 在 $0° \sim 90°$ 范围内变化时，负载电压 u_d 出现负半周，移相范围为 $0° \sim 90°$。

单相全控桥式整流大电感负载输出电压平均值的计算公式为

$$U_d = 0.9U_2\cos\alpha$$

负载电流 i_d 平均值的计算公式为

$$I_d = \frac{U_d}{R_d} = 0.9\frac{U_2}{R_d}\cos\alpha$$

流过晶闸管的电流的平均值、有效值为

$$I_{dT} = \frac{1}{2}I_d = 0.45\frac{U_2}{R_d}\cos\alpha$$

$$I_T = \frac{1}{\sqrt{2}}I_d$$

晶闸管可能承受的最大电压为

$$U_{TM} = \sqrt{2}U_2$$

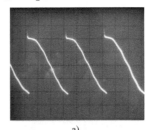

a)

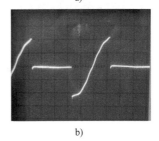

b)

图 2-35 $\alpha = 90°$ 时输出电压波形和晶闸管 VT_1 两端电压的实测波形

a) $\alpha = 90°$ 时输出电压的实测波形

b) $\alpha = 90°$ 时晶闸管 VT_1 两端电压的实测波形

2.3.3 电感性带续流二极管负载电路波形分析与电路参数计算

单相全控桥式整流大电感负载电路在 $0° \sim 90°$ 的范围内，负载电压 u_d 的波形出现负半周，从而使电路输出电压平均值 U_d 下降，可以在负载两端并接续流二极管来解决这个问题，单相全控桥式整流大电感负载接续流二极管电路如图 2-36 所示。

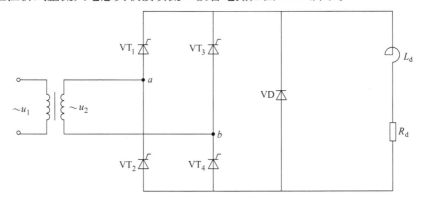

图 2-36 单相全控桥式整流大电感负载接续流二极管电路

接入续流二极管后，以 $\alpha = 60°$ 为例来简单分析其工作原理。

在电源电压正半周晶闸管 VT_1 和 VT_4 在 $\alpha = 60°$ 时刻被触发导通，整流输出的电压 u_d 的波形与电源电压 u_2 正半周的波形相同，负载电流方向如图 2-31 所示。忽略管压降，晶闸管 VT_1 两端电压 $u_{VT1} \approx 0$。

当电源电压 u_2 过零变负时，续流二极管 VD 承受正向电压而导通，晶闸管 VT_1 和 VT_4 承受反向电压而关断，$u_d = 0$，波形与横轴重合，此时负载电流 i_d 不再流回电源，而是经过续流二极管 VD 导通进行续流（见图 2-37），释放电感中储存的能量。此时，晶闸管 VT_1 承受一半的电源电压。

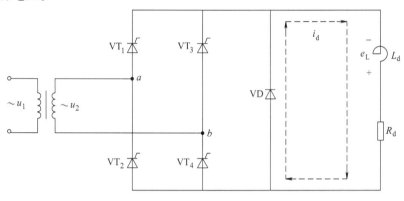

图 2-37　续流二极管 VD 导通进行续流

在电源电压 u_2 负半周相同的时刻，晶闸管 VT_3 和 VT_2 被触发导通，续流二极管 VD 承受反向电压关断，在负载两端获得与 VT_1 和 VT_4 导通时相同的整流输出电压波形，负载电流的方向如图 2-33 所示，晶闸管 VT_1 承受全部的反向电源电压。

当电源电压 u_2 过零重新变正时，续流二极管 VD 再次导通进行续流（见图 2-37），直至晶闸管 VT_1 和 VT_4 再次被触发导通，如此电路完成一个周期的工作，接续流二极管后 $\alpha = 60°$ 时输出电压 u_d 和晶闸管 VT_1 两端电压的理论波形如图 2-38 所示。

单相全控桥式整流大电感负载并接续流二极管电路输出电压平均值的计算公式为

$$U_d = 0.9 U_2 \frac{1 + \cos\alpha}{2}$$

负载电流平均值的计算公式为

$$I_d = \frac{U_d}{R_d} = 0.9 \frac{U_2}{R_d} \frac{1 + \cos\alpha}{2}$$

流过晶闸管 VT 的电流的平均值、有效值为

$$I_{dT} = \frac{\pi - \alpha}{2\pi} I_d$$

$$I_T = \sqrt{\frac{\pi - \alpha}{2\pi}} I_d$$

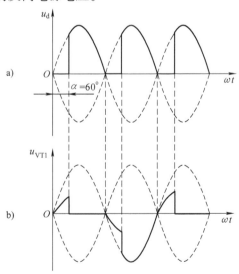

图 2-38　接续流二极管后 $\alpha = 60°$ 时输出电压 u_d
和晶闸管 VT_1 两端电压的理论波形
a）输出电压 u_d 的理论波形
b）晶闸管 VT_1 两端电压的理论波形

流过续流二极管 VD 的电流的平均值、有效值为

$$I_{dD} = \frac{\alpha}{\pi} I_d$$

$$I_D = \sqrt{\frac{\alpha}{\pi}} I_d$$

晶闸管 VT、续流二极管 VD 可能承受的最大电压为

$$U_{TM} = \sqrt{2} U_2$$

$$U_{DM} = \sqrt{2} U_2$$

2.4 单相半控桥式整流电路

2.4.1 电阻性负载电路波形分析与电路参数计算

图 2-39 为单相半控桥式整流电阻性负载电路的原理图。图中，晶闸管 VT_1 和 VT_3 的阴极接在一起称为共阴极接法，二极管 VD_2 和 VD_4 的阳极接在一起称为共阳极接法。

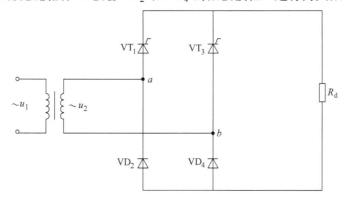

图 2-39 单相半控桥式整流电阻性负载电路的原理图

图 2-40 为 $\alpha = 30°$ 时输出电压 u_d 与晶闸管 VT_1 两端电压的理论波形。

当电源电压 u_2 处于正半周时，a 端处于高电位而 b 端处于低电位，此时晶闸管 VT_1 和 VD_4 同时承受正向电源电压，VT_3 和 VD_2 同时承受负向电源电压，在 $\alpha = 30°$ 时（ωt_1 时刻）加入触发脉冲使 VT_1 导通，此时二极管 VD_4 也因承受正向电压而导通，电源电压 u_2 全部加在负载电阻两端，整流输出的电压 u_d 的波形与电源电压 u_2 正半周的波形相同。此时，电路中负载电流的方向，VT_1、VD_4 导通时的输出电压与电流如图 2-41 所示。

在电源电压 u_2 过零时（ωt_2 时刻），晶闸管 VT_1 和二极管 VD_4 承受反向电压关断；当电源电压 u_2 处于负半周时，b 端处于高电位而 a 端处于低电位，VT_1 和 VD_4 同时承受负向电源电压，此时晶闸管 VT_3 和 VD_2 同时承受正向电源电压，在相同的触发延迟角 $\alpha = 30°$（ωt_3 时刻）触发晶闸管 VT_3 导通，此时二极管 VD_2 也因承受正向电压而导通，电路中负载电流的方向，VT_3、VD_2 导通时的输出电压与电流如图 2-42 所示。负载电压是与前半个周期形状相同的电压波形，直到 u_2 过零时（ωt_4 时刻），VT_3 截止。电源电压 u_2 过零重新变正时（ωt_4 时刻），VT_3 和 VD_2 承受反向电压关断。

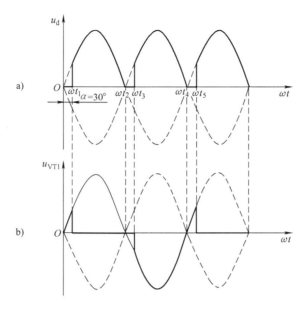

图 2-40 $\alpha = 30°$ 时输出电压 u_d 与晶闸管 VT_1 两端电压的理论波形

a) 输出电压 u_d 的理论波形 b) 晶闸管 VT_1 两端电压的理论波形

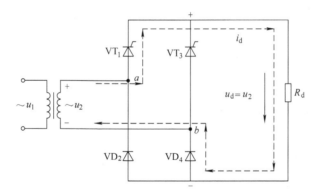

图 2-41 VT_1、VD_4 导通时的输出电压与电流

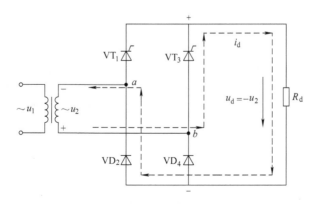

图 2-42 VT_3、VD_2 导通时的输出电压与电流

53

电源电压 u_2 过零重新变正 $\alpha = 30°$ 时，VT_1 再次被触发导通，同时 VD_4 也承受正向电压导通，VT_3 和 VD_2 截止关断。如此循环工作下去，在负载两端得到脉动的直流输出电压。

图 2-40b 为 $\alpha = 30°$ 时晶闸管 u_{VT1} 两端电压的理论波形。这里将一个周期内的波形分为 4 个部分来分析：在 $0 \sim \omega t_1$ 期间，电源电压 u_2 处于正半周，触发脉冲尚未加入，二极管 VD_4 承受正向电压处于导通状态，二极管 VD_2 反偏截止，晶闸管 VT_1 承受 u_2 的全部正向电压；在 $\omega t_1 \sim \omega t_2$ 期间，晶闸管 VT_1 导通，忽略管压降，管子两端的电压近似为零；在 $\omega t_2 \sim \omega t_3$ 期间，晶闸管 VT_1 关断，由于二极管 VD_2 承受正向电压处于导通状态，使得晶闸管 VT_1 两端不承受电压；$\omega t_3 \sim \omega t_4$ 期间，晶闸管 VT_3 被触发导通后，VT_1 承受 u_2 全部反向电压。

图 2-43 为 $\alpha = 30°$ 时输出电压和晶闸管 VT_1 两端电压的实测波形，可与理论波形对照比较。

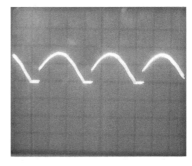

a)

由以上的测试和分析可以得出：

1）两个晶闸管 VT_1 和 VT_3 的阴极接在一起，触发脉冲同时送给两管的门极，能被触发导通的只能是承受正向电压的一只晶闸管。

2）两个二极管 VD_2 和 VD_4 的阳极接在一起，它们能否导通仅取决于电源电压的正负，也就是说，阴极电位低的二极管导通。

3）移相范围为 $0° \sim 180°$。

4）单相半控桥式整流带电阻性负载电路参数的计算。

① 输出电压平均值的计算公式为

$$U_d = 0.9 U_2 \frac{1 + \cos\alpha}{2}$$

② 负载电流平均值的计算公式为

$$I_d = \frac{U_d}{R_d} = 0.9 \frac{U_2}{R_d} \frac{1 + \cos\alpha}{2}$$

③ 流过晶闸管和二极管的电流的平均值为

$$I_{dT} = I_{dD} = \frac{1}{2} I_d$$

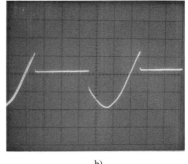

b)

图 2-43　$\alpha = 30°$ 时输出电压和晶闸管 VT_1

两端电压的实测波形

a）$\alpha = 30°$ 时输出电压的实测波形

b）$\alpha = 30°$ 时晶闸管 VT_1 两端电压的实测波形

④ 晶闸管可能承受的最大电压为

$$U_{TM} = \sqrt{2} U_2$$

2.4.2　电感性负载电路波形分析与电路参数计算

单相半控桥式整流大电感负载电路如图 2-44 所示。

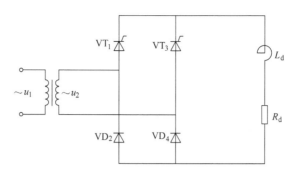

图 2-44　单相半控桥式整流大电感负载电路

改变触发延迟角 α 的大小即可改变输出电压的波形，图 2-45a 为 $\alpha = 30°$ 时输出电压的理论波形。

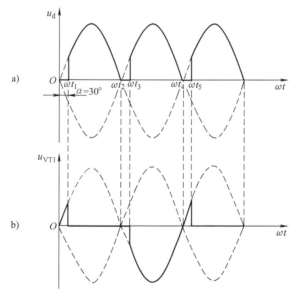

图 2-45　$\alpha = 30°$ 时输出电压 u_d 和晶闸管 VT_1 两端电压的理论波形
a) 输出电压 u_d 的理论波形　b) 晶闸管 VT_1 两端电压的理论波形

当电源电压 u_2 处于正半周时，在 $\alpha = 30°$ 时（ωt_1 时刻）触发晶闸管 VT_1 导通，此时二极管 VD_4 也因承受正向电压而导通，负载电流 i_d 的流向为电源 a 端→VT_1→负载→VD_4→电源 b 端，VT_1、VD_4 导通时的输出电压与电流如图 2-46所示；整流输出电压 $u_d = u_2$，晶闸管 VT_1 两端承受的电压 $u_{VT1} \approx 0$，其波形依然与横轴重合，VT_3 和 VD_2 截止。

当电源电压 u_2 过零进入负半周时（ωt_2 时刻），电感上产生的感应

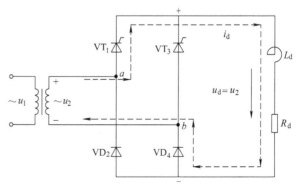

图 2-46　VT_1、VD_4 导通时的输出电压与电流

55

电动势 e_L 下"+"上"-"，在它的作用下，VT_1 依然处于导通状态，但此时 a 端的电位低于 b 端，二极管 VD_2 正偏导通；同时，使 VD_4 承受反向电压关断，负载电流 i_d 由 VT_1、VD_2 构成回路进行续流，这一过程称为自然续流，其换流过程称为自然换流，负载电流 i_d 由 VT_1、VD_2 构成回路进行续流如图 2-47 所示。

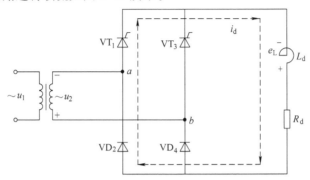

图 2-47　负载电流 i_d 由 VT_1、VD_2 构成回路进行续流

在自然续流期间（$\omega t_2 \sim \omega t_3$ 期间），忽略 VT_1、VD_2 的管压降，整流输出电压 $u_d \approx 0$，由于晶闸管 VT_1 仍处于导通状态，其两端电压的波形依然与横轴重合。

在电源电压 u_2 负半周的 ωt_3 时刻触发晶闸管 VT_3 导通，负载电流 i_d 的流向为电源 b 端→VT_3→负载→VD_2→电源 a 端，VT_3、VD_2 导通时的输出电压与电流（见图 2-48），在负载两端得到与 u_2 正半周时相同的输出电压，晶闸管 VT_1 因 VT_3 导通而承受反向电源电压 u_2，于是关断。

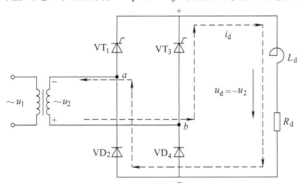

图 2-48　VT_3、VD_2 导通时的输出电压与电流

同样，当电源电压 u_2 过零进入正半周时（ωt_4 时刻），电感上产生的感应电动势 e_L 下"+"上"-"，使晶闸管 VT_3 继续保持导通，二极管 VD_4 自然换流导通；同时，VD_2 截止，电路进入自然续流状态，整流输出电压 $u_d \approx 0$，晶闸管 VT_1 承受正向电源电压 u_2。换流期间（$\omega t_4 \sim \omega t_5$）电路中电流流向，负载电流 i_d 由 VT_3、VD_4 构成回路进行续流如图 2-49

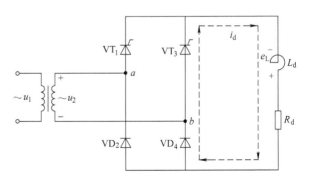

图 2-49　负载电流 i_d 由 VT_3、VD_4 构成回路进行续流

所示。

图 2-45b 为 $\alpha = 30°$ 时晶闸管 VT_1 两端电压的理论波形。在单相半控桥式整流大电感负载电路中，每只晶闸管导通 180°，当晶闸管 VT_1 导通时，忽略管压降，$u_{VT1} \approx 0$；当晶闸管 VT_1 处于截止状态时，VT_3 导通，VT_1 承受全部的反向电源电压 u_2。

图 2-50 为 $\alpha = 90°$ 时输出电压波形和晶闸管 VT_1 两端电压的实测波形。

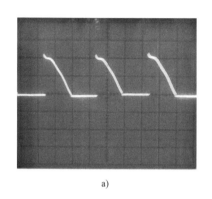 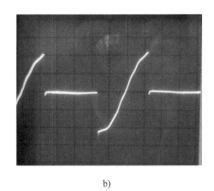

a)   b)

图 2-50 $\alpha = 90°$ 时输出电压波形和晶闸管 VT_1 两端电压的实测波形

a）$\alpha = 90°$ 时输出电压的实测波形   b）$\alpha = 90°$ 时晶闸管 VT_1 两端电压的实测波形

由以上的测试和分析可以得出：

1）在单相半控桥式整流，大电感负载电路中，两个晶闸管触发换流，两个二极管则在电源过零时进行换流。

2）电路内部有自然续流的作用，输出电压 u_d 没有负半周，负载电流 i_d 也不再流回电源，只要负载中的电感量足够大，则负载电流 i_d 连续。

3）移相范围为 0° ~ 180°。

4）单相半控桥式整流大电感负载电路中参数的计算。

① 输出电压平均值的计算公式为

$$U_d = 0.9 U_2 \frac{1 + \cos\alpha}{2}$$

② 负载电流平均值的计算公式为

$$I_d = \frac{U_d}{R_d} = 0.9 \frac{U_2}{R_d} \frac{1 + \cos\alpha}{2}$$

③ 流过晶闸管的电流的平均值为

$$I_{dT} = \frac{1}{2} I_d$$

④ 流过晶闸管的电流的有效值为

$$I_T = \frac{1}{\sqrt{2}} I_d$$

⑤ 晶闸管可能承受的最大电压为

$$U_{TM} = \sqrt{2} U_2$$

2.4.3 电感性带续流二极管负载电路波形分析与电路参数计算

在单相半控桥式整流大电感负载电路中不接续流二极管，电路也能正常工作，但工作的可靠性不高，在实际使用时容易出现失控现象。图 2-51 为单相半控桥式整流大电感负载电路失控时输出电压 u_d 的波形。

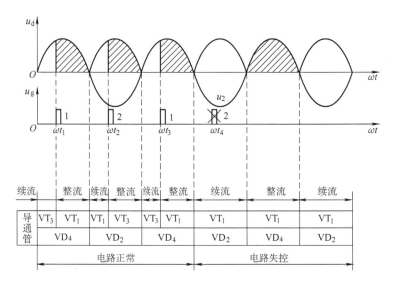

图 2-51　单相半控桥式整流大电感负载电路失控时输出电压 u_d 的波形

在 ωt_3 时刻，电源电压 u_2 处于正半周，触发电路正常送出触发脉冲 u_{g1} 使晶闸管 VT_1 被触发导通，此时 VT_1 和 VD_4 导通，电路处于整流状态，负载电流 i_d 的流向 VT_1 和 VD_4 导通，电路处于整流状态如图 2-52 中虚线所示。

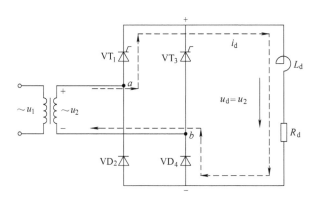

图 2-52　VT_1 和 VD_4 导通，电路处于整流状态

当电源电压 u_2 过零进入负半周时，负载电流 i_d 由 VD_4 换流到 VD_2，VT_1 和 VD_2 导通，电路进入自然续流状态，VT_1 和 VD_2 导通，电路处于续流状态如图 2-38 中虚线所示。

在 ωt_4 时刻，电源电压 u_2 处于负半周，触发电路本应送出触发脉冲 u_{g3} 使晶闸管 VT_3 被触发导通，同时使 VT_1 承受反向电压关断，但是由于某种原因造成触发脉冲 u_{g3} 突然丢失，则 VT_3 无法导通，只要电感 L_d 中储存的能量足够大，图 2-53 中的续流过程将继续进行，直

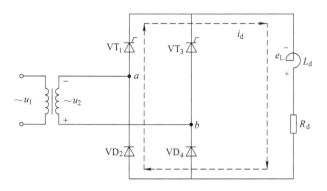

图 2-53   VT$_1$ 和 VD$_2$ 导通，电路处于续流状态

至电源电压 u_2 的负半周结束。

当电源电压 u_2 再次过零进入正半周时，VT$_1$ 承受正向电压继续导通，负载电流 i_d 由 VD$_2$ 换流到 VD$_4$，电路再次进入整流状态，负载电流 i_d 的流向再次如图 2-37 中虚线所示。如此循环下去，电路输出图 2-51 所示的电压波形。

也就是说，在单相半控桥式整流大电感负载电路中出现触发延迟角 α 突然移到 180° 或脉冲突然丢失的情况，将会发生已导通的晶闸管持续导通无法关断而两个整流二极管轮流导通的不正常现象，这种现象被称为失控现象。在生产实际中，电路一旦出现失控，已经导通的晶闸管因过热而损坏，这是不允许的。

为了防止失控现象的产生，可以在负载两端并联一个二极管 VD（称为续流二极管），单相半控桥式整流大电感负载接续流二极管电路如图 2-54 所示。

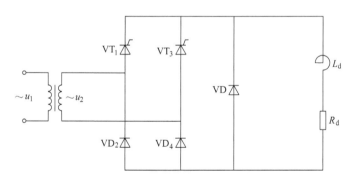

图 2-54   单相半控桥式整流大电感负载接续流二极管电路

在电源电压 u_2 正半周规定的控制时刻触发 VT$_1$，电路处于 VT$_1$ 和 VD$_4$ 同时导通的整流状态，负载电流 i_d 的流向如图 2-52 中虚线所示。

当电源电压 u_2 过零时，续流二极管 VD 导通，取代电路的自然续流。负载电流 i_d 经过 VD、R_d、L_d 构成通路，释放电感中储存的能量，续流二极管 VD 导通续流如图 2-55 所示。此时，晶闸管 VT$_1$ 因流过的电流为零而关断。

当电路工作于正常状态下，续流二极管 VD 将在触发电路送出脉冲 u_{g3}，使晶闸管 VT$_3$ 被触发导通后承受反向电压而关断，换流后负载电流方向，VT$_3$、VD$_2$ 导通整流如图 2-56 所示。

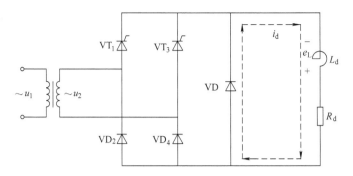

图 2-55　续流二极管 VD 导通续流

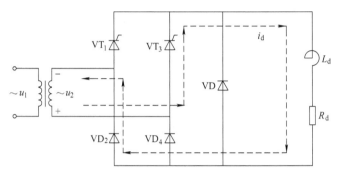

图 2-56　VT_3、VD_2 导通整流

如果电路出现触发脉冲 u_{g3} 突然丢失造成晶闸管 VT_3 无法导通的情况，则因续流二极管 VD 的导通，晶闸管 VT_1 在电源电压过零时已经关断，有效地避免了电路失控。

单相半控桥式整流大电感负载电路并接续流二极管后电路输出电压平均值的计算公式为

$$U_d = 0.9 U_2 \frac{1 + \cos\alpha}{2}$$

负载电流平均值的计算公式为

$$I_d = \frac{U_d}{R_d} = 0.9 \frac{U_2}{R_d} \frac{1 + \cos\alpha}{2}$$

流过晶闸管的电流的平均值、有效值为

$$I_{dT} = \frac{\pi - \alpha}{2\pi} I_d$$

$$I_T = \sqrt{\frac{\pi - \alpha}{2\pi}} I_d$$

流过续流二极管 VD 的电流的平均值、有效值为

$$I_{dD} = \frac{\alpha}{\pi} I_d$$

$$I_D = \sqrt{\frac{\alpha}{\pi}} I_d$$

晶闸管、续流二极管可能承受的最大电压为

$$U_{TM} = \sqrt{2} U_2$$

$$U_{DM} = \sqrt{2} U_2$$

触发延迟角 α 的移相范围为 $\alpha = 0° \sim 180°$。

【例2-2】 有一大电感负载采用单相半控桥式有续流二极管整流电路进行供电。负载电阻为 10Ω，输入电压为 $220V$，晶闸管触发延迟角 $\alpha = 60°$，求流过晶闸管、二极管的电流的平均值及有效值。

解：输出电压的平均值为

$$U_d = 0.9 U_2 \frac{1 + \cos\alpha}{2} = 0.9 \times 220 \times \frac{1 + \cos 60°}{2} V \approx 149 V$$

负载电流的平均值为

$$I_d = U_d / R_d = \frac{149}{10} A \approx 15 A$$

晶闸管和整流二极管每周期的导电角度为

$$\theta = 180° - \alpha = 180° - 60° = 120°$$

续流二极管每周期的导电角度为

$$360° - 2\theta = 360° - 2 \times 120° = 120°$$

电流的平均值和有效值分别为

$$I_{dT} = I_{dD} = \frac{120°}{360°} I_d = 5 A$$

$$I_T = I_D = \sqrt{\frac{120°}{360°}} I_d \approx 8.65 A$$

2.5 单结晶体管触发电路

2.5.1 对晶闸管触发电路的要求

各类电力电子器件的门（栅）极控制电路都应提供符合器件要求的触发电压与电流，对于全控器件还应提供符合一定要求的关断脉冲。触发信号可为直流、交流或脉冲电压。由于晶闸管触发导通后，门极触发信号即失去控制作用，为了减小门极的损耗，一般不采用直流或交流信号触发晶闸管，而广泛采用脉冲触发信号。

1. 触发信号应有足够的功率（电压与电流）

晶闸管是电流控制型器件，在门极必须注入足够的电流才能触发导通。触发电路提供的触发电压与电流必须大于产品参数提供的门极触发电压与触发电流值，但不得超过规定的门极最大允许峰值电压与峰值电流。由于触发信号是脉冲形式，只要触发功率不超过规定值，触发电压、电流的幅值短时间内可大大超过铭牌规定值。

2. 对触发信号的波形要求

脉冲应有一定宽度以保证在触发期间阳极电流能达到擎住电流而维持导通，触发脉冲的前沿应尽可能陡。为了快速而可靠地触发大功率晶闸管，常在脉冲的前沿叠加一个强触发脉冲，触发信号的波形如图 2-57 所示。普通晶闸管的导通时间约为 $6\mu s$，故触发脉冲的宽度至少应有 $6\mu s$ 以上。对于电感性负载，由于电感会抵制电流上升，因而触发脉冲的宽度应更大一些，通常为 0.5～1ms。

3. 触发脉冲的同步及移相范围

为使晶闸管在每个周期都在相同的触发延迟角 α 触发导通，这就要求触发脉冲的频率与阳极电压的频率一致，且触发脉冲的前沿与阳极电压应保持固定的相位关系，这叫作触发脉冲与阳极电压同步。不同的电路或相同的电路在不同负载、不同用途时，要求 α 的变化范围（移相范围），亦即触发脉冲前沿与阳极电压的相位变化范围不同，所用触发电路的脉冲移相范围必须能满足实际的需要。

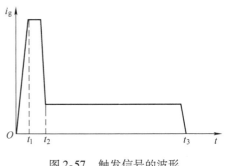

图 2-57　触发信号的波形

4. 防止干扰与误触发

晶闸管的误导通往往是由于干扰信号进入门极电路而引起的，因此需要对触发电路施加屏蔽、隔离等抗干扰措施。

2.5.2　单结晶体管的结构、图形符号及伏安特性曲线

单结晶体管又称为双基极二极管，具有一个 PN 结，其内部结构如图 2-58a 所示，其等效电路如图 2-58b 所示。单结晶体管的图形符号如图 2-59 所示。单结晶体管的三个引脚分别是由第一基极 b_1，第二基极 b_2 和发射极 e 组成。

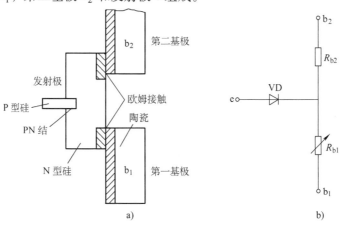

图 2-58　单结晶体管的内部结构与等效电路

a）单结晶体管的内部结构　b）单结晶体管的等效电路

将单结晶体管接成图 2-60 所示试验电路，S 接通时两个基极之间的电压 U_{bb} 由 R_{b1}、R_{b2} 分压，管子内部 A 点电压为

$$U_A = \frac{R_{b1}}{R_{b1} + R_{b2}} U_{bb} = \eta U_{bb}$$

式中，η 为单结晶体管的分压比，它由内部结构决定，通常在 0.3～0.9之间。

图 2-59　单结晶体管的图形符号

单结晶体管的伏安特性曲线如图 2-61 所示。电压 U_e 从零开始增大，当 $U_e < U_A$ 时，二极管 VD 反偏，只有很小的反向漏电流，I_e 为负值，如图 2-61 中 ab 段曲线所示。

当 U_e 增大到与 U_A 相等时，二极管 VD 零偏，I_e 为零，如图 2-61 中的 b 点所示。

当 $U_A < U_e < U_A + U_D = U_A + 0.7\text{V}$ 时，二极管 VD 开始正偏，但未完全导通，I_e 大于零，但数值很小。

当 $U_e > U_A + U_D = U_A + 0.7\text{V}$ 时，二极管导通，I_e 流入发射极，由于发射极 P 区的空穴不断注入 N 区，使 N 区 R_{b1} 段中的载流子增加，R_{b1} 阻值减小，导致 U_A 值下降，使 I_e 进一步增大。I_e 增大使 R_{b1} 进一步减小，因此在器件内部形成强烈正反馈，使单结晶体管瞬时导通。当 R_{b1} 值的下降超过 I_e 的增大时，从器件 eb_1 端观察，U_e 随 I_e 增加而减小，即动态电阻 $\Delta R_{eb1}\left(=\dfrac{\Delta U_e}{\Delta I_e}\right)$ 为负值，这就是单结晶体管所特有的负阻特性。

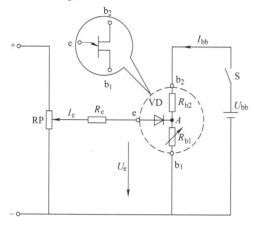

图 2-60　单结晶体管试验电路

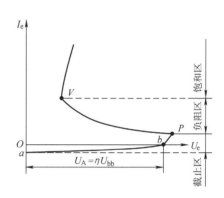

图 2-61　单结晶体管的伏安特性曲线

当 U_e 增大到 $U_P(=U_A+U_D$，称为峰点电压）时单结晶体管进入负阻状态，当 I_e 再继续增大，注入 N 区的空穴来不及复合，剩余空穴使 R_{b1} 值增大，管子由负阻进入正阻饱和状态。U_V 称为谷点电压，是维持管子导通的最小发射电压，一旦 $U_e < U_V$ 管子重新截止。

2.5.3　单结晶体管触发电路及元件选择

1. 单结晶体管触发电路

利用单结晶体管的负阻特性和 RC 电路的充放电特性，可以组成单结晶体管自激振荡电路，如图 2-62 所示。

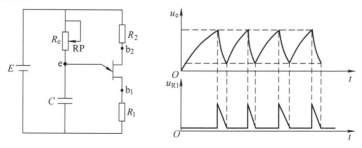

图 2-62　单结晶体管自激振荡电路

假定接通直流电源之前，电容上没有电压，一旦接通电源，电源立即对电容充电，电容两端的电压按指数规律上升。

当电容两端的电压上升到峰值电压时，单结晶体管进入负阻区，发射极电流由几微安剧增到几十毫安，单结晶体管立即导通，于是电容就向输出电阻放电，由于输出电阻很小，所以放电非常快，在输出电阻上形成尖脉冲电压。电容两端的电压随着放电而迅速减小。

当电容电压下降到谷点电压后，如果再降，单结晶体管流过的电流小于谷点电流，无法维持导通而关断，发射极电流突降到几乎为零，输出尖脉冲停止。

如此周而复始，在电容两端就形成了类似锯齿的波形成锯齿波，而在输出电阻两端形成了一系列的尖脉冲。

在整流电路中，应设法使触发电路与主电路能够通过一定的方式联系，使步调一致起来。这种联系方式称为触发电路与主电路取得同步。

常用单结晶体管触发电路如图 2-63 所示。

图 2-63 中 a 点的波形是由与主电路同一电源的同步变压器二次电压经单相桥式整流后脉动电压的理论波形，如图 2-64 所示。

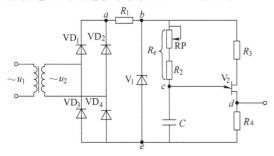

图 2-63　常用单结晶体管触发电路

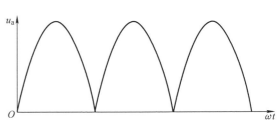

图 2-64　单相桥式整流后脉动电压的理论波形

图 2-63 中 b 点的波形是整流后的脉动波形经稳压管削波而得到的梯形波。削波的目的在于增大移相范围，同时还使输出的触发脉冲的幅度基本一样。稳压管削波后得到的梯形电压的理论波形如图 2-65 所示。

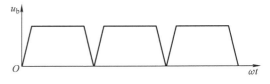

图 2-65　稳压管削波后得到的梯形电压的理论波形

图 2-63 中 c 点的波形是电容两端充放电波形，电容充放电形成的锯齿波如图 2-66 所示。由于电容每半个周期在电源电压过零点从零开始充电，当电容两端的电压上升到单结晶体管峰点电压时，单结晶体管导通，触发电路送出脉冲，电容的容量和充电电阻 R_e 的大小决定了电容两端的电压从零上升到单结晶体管峰点电压的时间。调节电位器 RP，可改变电容充放电时间。

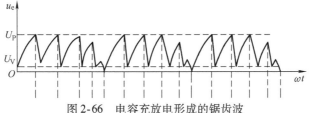

图 2-66　电容充放电形成的锯齿波

图 2-63 中 d 点的波形是输出脉冲的波形，理论上的脉冲波形如图 2-67 所示。由单结晶体管组成的触发电路，电容充电的速度越快，其两端所形成的锯齿波就越密，送出的第一个

触发脉冲的时间就越早，即移相角就越小。反之，移相角变大。

图 2-67　理论上的脉冲波形

综上所述，单结晶体管触发电路具有电路简单、调试方便、脉冲前沿陡以及抗干扰能力强等优点，但存在着脉冲较窄、触发功率小以及移相范围小等缺点，所以它多用于 50A 以下晶闸管、小容量单相可控整流电路中。

2. 触发电路各元件的选择

（1）充电电阻 R_e 的选择

改变充电电阻 R_e 的大小，就可以改变自激振荡电路的频率，但是频率的调节有一定的范围，如果充电电阻 R_e 选择不当，将使单结晶体管自激振荡电路无法形成振荡。

充电电阻 R_e 的取值范围为

$$\frac{U - U_V}{I_V} < R_e < \frac{U - U_P}{I_P}$$

式中，U 为加于图 2-63 中 b—e 两端的触发电路电源电压；U_V 为单结晶体管的谷点电压；I_V 为单结晶体管的谷点电流；U_P 为单结晶体管的峰点电压；I_P 为单结晶体管的峰点电流。

（2）电阻 R_3 的选择

电阻 R_3 是用来补偿温度对峰点电压 U_P 的影响，取值范围通常为 $200 \sim 600\Omega$。

（3）输出电阻 R_4 的选择

输出电阻 R_4 的大小将影响输出脉冲的宽度与幅值，取值范围通常为 $50 \sim 100\Omega$。

（4）电容 C 的选择

电容 C 的大小与脉冲宽窄和 R_e 的大小有关，取值范围通常为 $0.1 \sim 1\mu F$。

2.5.4　单结晶体管的外观与测试

单结晶体管的引脚分布如图 2-68 所示，面对单结晶体管的引脚，从凸起处顺时针旋转，其三个引脚分别为发射极 e、第一基极 b_1、第二基极 b_2。

国产单结晶体管的型号主要有 BT31、BT33、BT35 等。

采用指针式万用表来测试管子的 3 个电极，通过各引脚之间的相互关系对管子的好坏进行简单的辨别，常用的方法是万用表置于 $R \times 1k$ 档，将万用表红表笔接 e 端，黑表笔接 b_1 端，测量 e—b_1 两端的电阻，如图 2-69 所示。再将万用表黑表笔接 b_2 端，红表笔接 e 端，测量 b_2—e 两端的电阻，如图 2-70 所示。若单结晶体管正常，两次测量的电阻值均较大，通常在几十千欧。

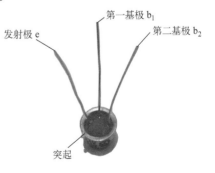

图 2-68　单结晶体管的引脚分布

将万用表黑表笔接 e 端，红表笔接 b_1 端，再次测量 b_1—e 两端的电阻，如图 2-71 所示。再将万用表黑表笔接 e 端，红表笔接 b_2 端，再次测量 b_2—e 两端的电阻，如图 2-72 所示。若单结晶体管正常，两次测量的电阻值均较小，通常在几千欧，且 $R_{b1} > R_{b2}$。

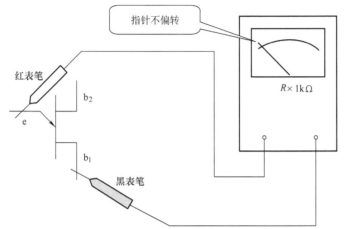

图 2-69　万用表红表笔接 e 端、黑表笔接 b_1 端进行测量

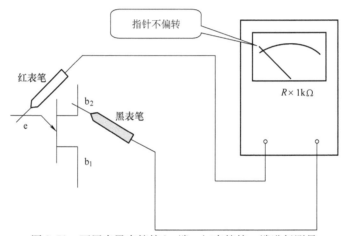

图 2-70　万用表黑表笔接 b_2 端、红表笔接 e 端进行测量

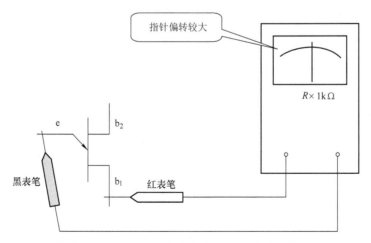

图 2-71　万用表黑表笔接 e 端、红表笔接 b_1 端进行测量

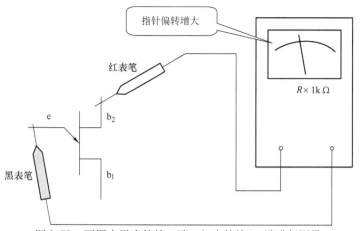

图 2-72　万用表黑表笔接 e 端、红表笔接 b_2 端进行测量

　　将万用表红表笔接 b_1 端，黑表笔接 b_2 端，测量 b_1—b_2 两端的电阻，测量结果如图 2-73 所示。再将万用表黑表笔接 b_1 端，红表笔接 b_2 端，再次测量 b_1—b_2 两端的电阻，测量结果如图 2-74 所示。若单结晶体管正常，b_1—b_2 间的电阻 R_{bb} 应为固定值。

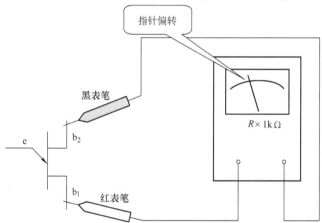

图 2-73　万用表红表笔接 b_1 端、黑表笔接 b_2 端进行测量

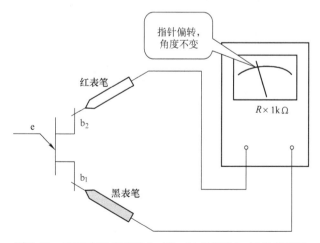

图 2-74　万用表黑表笔接 b_1 端、红表笔接 b_2 端进行测量

2.6 锯齿波触发电路

2.6.1 锯齿波触发电路的工作原理

同步信号为锯齿波的触发电路及其工作波形如图 2-75、图 2-76 所示。锯齿波触发电路由锯齿波形成、同步移相环节与脉冲放大两部分组成，具有强触发、双脉冲和脉冲封锁功能。由于采用锯齿波作为同步电压，不直接受电网波动影响，锯齿波触发电路在中大容量晶闸管系统中广泛使用。

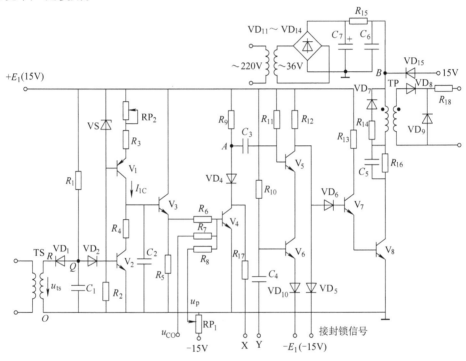

图 2-75　同步信号为锯齿波的触发电路

1. 锯齿波形成、同步移相环节

（1）锯齿波形成

锯齿波形成电路由 V_1、V_2、V_3 和 C_2 等元器件组成，其中 V_1、VS、RP_2 和 R_3 为一恒流源电路。V_2 截止时，恒流源电流 I_{1C} 对电容 C_2 充电，如图 2-77 所示。

当 V_2 导通时，由于 R_4 阻值很小，所以 C_2 迅速放电，使 u_{b3} 迅速降到零，当 V_2 导通时电容 C_2 放电如图 2-78 所示。当 V_2 周期性地导通和关断时，u_{b3} 便形成一锯齿波，同样 u_{e3} 也是一个锯齿波电压，射极跟随器 V_3 的作用是减小控制回路的电流对锯齿波电压的影响。调节电位器 RP_2，即改变 C_2 的恒定充电电流 I_{1C}，可调节锯齿波的斜率。

（2）同步移相环节

V_4 的基极电位由锯齿波电压 u_h、控制电压 u_{CO}、直流偏移电压 u_p 三者共同决定。如果 $u_{CO} = 0$，u_p 为负值，u_{b4} 点的波形由 $u_h + u_p$ 确定。当 u_{CO} 为正值时，u_{b4} 点的波形由 $u_h + u_p +$

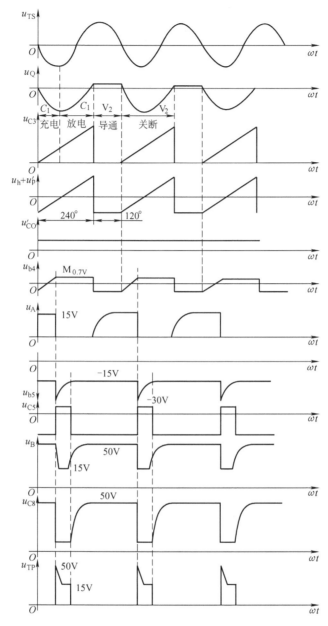

图 2-76　同步信号为锯齿波的触发电路的工作波形

u_{CO}确定。

u_{b4}电压等于 0.7V 后，V_4 导通，V_4 经过 M 点时使电路输出脉冲。之后，u_{b4} 一直被钳位在 0.7V。M 点是 V_4 由截止到导通的转折点，也就是脉冲的前沿。

因此，当 u_p 为某固定值时，改变 u_{CO} 便可改变 M 点的时间坐标，即改变了脉冲产生的时刻，脉冲被移相。可见，加 u_p 的目的是为了确定控制电压 $u_{CO}=0$ 时脉冲的初始相位。

2. 同步环节

同步环节是由同步变压器 TS 和做同步开关用的晶体管 V_2 组成的。

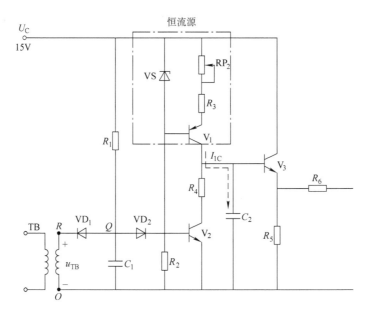

图 2-77 恒流源电流 I_{1C} 对电容 C_2 充电

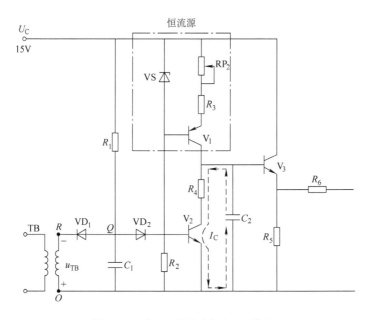

图 2-78 当 V_2 导通时电容 C_2 放电

同步变压器 TS 的二次电压经二极管 VD_1 间接加在 V_2 的基极上。当二次电压波形在负半周的下降段时，VD_1 导通，电容 C_1 被迅速充电。因 O 点接地为零电位，R 点为负电位，Q 点电位与 R 点相近，故在这一阶段 V_2 基极因反向偏置而截止。在负半周的上升段，15V电源通过 R_1 给电容 C_1 反向充电，其上升速度比输入波形慢，故 VD_1 截止。

当 Q 点电位达1.4V 时，V_2 导通，Q 点电位被钳位在1.4V。直到 TS 二次电压的下一个负半周到来时，VD_1 重新导通，C_1 迅速放电后又被充电，V_2 截止。如此周而复始。在一个正弦波周期内，V_2 包括截止与导通两个状态，对应锯齿波波形恰好是一个周期，与主电路电源频率和相位完全同步，达到同步的目的。

可以看出，Q 点电位从同步电压负半周上升段开始时刻到达 1.4V 的时间越长，V_2 截止时间就越长，锯齿波就越宽。锯齿波的宽度是由充电时间常数 R_1C_1 决定的，可达 240°，其波形如图 2-76 中 u_Q 所示。

3. 脉冲形成、放大环节

脉冲形成环节由 V_4、V_5 组成，V_7、V_8 组成脉冲放大电路。

控制电压 u_{CO} 加在 V_4 的基极上。$u_{CO}=0$ 时，V_4 截止，V_5 饱和导通。V_7、V_8 处于截止状态，脉冲变压器 TP 的二次侧无脉冲输出。电容 C_3 充电，充满后电容两端电压接近 $+2E_1$（30V），电容 C_3 充电如图 2-79 所示。

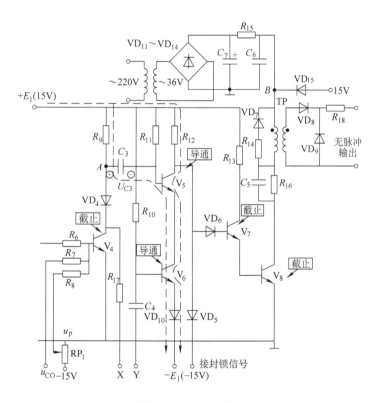

图 2-79　电容 C_3 充电

当 V_4 导通，A 点电位由 $+E_1$（15V）下降到 1.0V 左右，由于 C_3 两端的电压不能突变，V_5 的基极电位迅速降至 $-2E_1$（-30V），V_5 立即截止。V_5 的集电极电压由 $-E_1$（-15V）上升到钳位电压 2.1V（VD_6、V_7、V_8 三个 PN 结正向压降之和），V_7、V_8 导通，脉冲变压器 TP 的二次侧输出触发脉冲。与此同时，电容 C_3 经 15V、R_{11}、VD_4、V_4 放电和反向充电，使 V_5 的基极电位上升，直到 $u_{b5} > -E_1$（-15V），V_5 又重新导通。使 V_7、V_8 截止，输出脉冲终止，电容 C_3 放电和反向充电如图 2-80 所示。

输出脉冲前沿由 V_4 导通时刻确定，脉冲宽度与反向充电回路时间常数 $R_{11}C_3$ 有关。

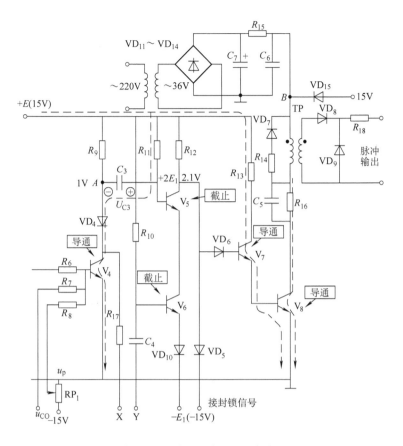

图 2-80 电容 C_3 放电和反向充电

4. 双窄脉冲形成环节

V_5、V_6 构成或门。V_5、V_6 无论哪一个截止都会使 V_7、V_8 导通输出脉冲。

第一个脉冲由本相触发单元的 u_{CO} 对应的触发延迟角 α 所产生，使 V_4 由截止变为导通，造成 V_5 瞬时截止，于是 V_8 导通输出脉冲。

第二个脉冲是由滞后 $60°$ 相位的后一相触发单元产生（通过 V_6），在其生成第一个脉冲时刻将其信号引至本相触发单元的基极，使 V_6 瞬时截止，于是本相触发单元的 V_8 又导通，第二次输出一个脉冲，因而得到间隔 $60°$ 的双脉冲。其中 VD_4 和 R_{17} 的作用主要是防止双脉冲信号互相干扰。

5. 强触发环节

单相桥式整流获得近似 $50V$ 直流电压做电源。在 V_8 导通前，$50V$ 直流电源经 R_{15} 对 C_6 充电，B 点电位为 $50V$。

当 V_8 导通时，C_6 经脉冲变压器 TP 一次侧、R_{16}、V_8 迅速放电，由于放电回路电阻很小，B 点电位迅速下降，当 B 点电位下跳到 $14.3V$ 时 VD_{15} 导通。脉冲变压器 TP 改由 $15V$ 稳压电源供电。这时，虽然 $50V$ 电源也在向 C_6 再充电使它电压回升，但由于充电回路时间常数较大，B 点电位只能被 $15V$ 电源钳位在 $14.3V$。电容 C_5 的作用是为了提高强触发脉冲前沿。

加强触发后，脉冲变压器 TP 的一次电压 u_{TP} 如图 2-76 所示。晶闸管采用强触发可缩短开通时间，提高管子承受电流上升率的能力。

2.6.2　KJ001（KC01）集成触发器

KJ001（KC01）集成触发器采用双列直插 18 脚封装形式，其电路由锯齿波形成环节、移相与偏置综合比较放大环节、脉冲宽度调节环节等三个环节组成。表 2-1 为 KJ001（KC01）的引脚功能表。

表 2-1　KJ001（KC01）的引脚功能表

引脚号	功　　能	引脚号	功　　能
1	悬空	10	悬空
2	悬空	11	悬空
3	同步锯齿波电压输出端，通过一个电阻接 15 脚	12	脉冲输出端
4	锯齿波电容连接端，通过电容接 3 脚，并通过一个电阻与可调电位器接负电源，可调整锯齿波的斜率	13	微分电容连接端，两端之间接电容，电容的大小决定了输出脉冲的宽度
		14	
5	同步电源信号输入端，两端分别通过一个电阻接大于等于 10V 的同步信号	15	移相、偏移及同步信号综合端，分别通过一等值电阻接移相、偏移控制端及 3 脚
6			
7	悬空	16	电源负端，接 -15V 电源
8	悬空	17	悬空
9	接地端	18	电源正端，接 15V 电源

图 2-81 为 KJ001（KC01）的外部接线图。对不同的控制电压 U_c，只要改变电阻 R_1、R_2 的比例，调节相应的偏移电压 U_b，同时调节锯齿波斜率电位器 RP_1，可使不同的移相电压获得整个移相范围。移相控制电压增大，则触发延迟角 α 减小，输出平均电压提高。

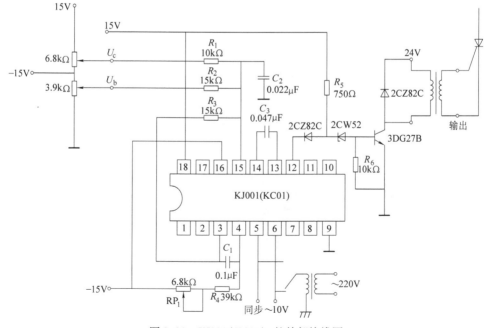

图 2-81　KJ001（KC01）的外部接线图

73

KJ001（KC01）各引脚对应的电压波形如图2-82所示，在维修时可对照比较。

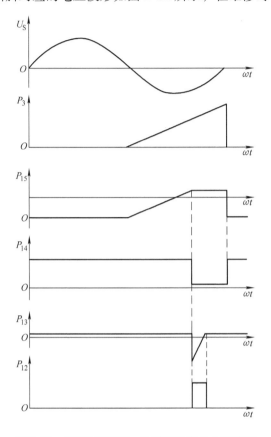

图2-82　KJ001（KC01）各引脚对应的电压波形

2.6.3　脉冲变压器的结构及功能

在触发电路的输出级中常采用脉冲变压器，常见脉冲变压器如图2-83所示，其主要作用是：①与阻抗匹配，降低脉冲电压增大输出电流，更好触发晶闸管；②可改变脉冲正负极性或同时送出两组独立脉冲，实现两个晶闸管同时触发；③实现触发电路与主电路、触发脉冲之间的电气上隔离有利于防干扰，更安全。

图2-83　常见脉冲变压器

脉冲变压器传递的脉冲信号与一般的变压器传递的交流正弦电压信号不同，脉冲信号是前沿陡峭的单方向电压信号，尤其是矩形波脉冲信号的前后沿在谐波展开中相当于高次谐波分量，而矩形波脉冲信号的平顶是直流分量或属于极低频分量，由此可见，需要脉冲变压器不仅有很宽的工作频带，而且在铁心材料的选择上要选用高导磁材料，在一般要求不高的场合也可以选用热轧硅钢片。

在实际工程应用上，如果主电路的电压超过了 500V，则应选择耐压强度不低于 3kV 的脉冲变压器。脉冲变压器在设计上有专门的要求，以满足实际应用中体积小，结构紧凑、漏感小，且一次侧和二次侧之间的耐压高的要求。

2.7 "1 + X" 实践操作训练

2.7.1 训练1 安装、调试单结晶体管触发电路

1. 实践目的

1）双踪慢扫描示波器两个探头的地线端应接在电路的同电位点，以防通过两探头的地线造成被测电路短路。示波器探头地线与外壳相连，使用时应注意安全。

2）实践报告应当以事实为依据，不得随意更改实测数据和实验结果。

3）在操作的过程中应当注意安全，接线完毕后必须经带班教师检查无误后方可通电，严禁私自通电。

4）能够针对电路中出现的现象进行电路调整。

2. 实践要求

1）根据给定的设备和仪器仪表，在规定时间内完成接线、调试、测量工作。

① 检测电子元器件，判断是否合格。

② 按照单结晶体管触发电路原理图进行安装。

③ 安装后，通电调试，并根据要求画出波形。

2）时间：90min。

3. 实践设备

1）原件明细表：

序 号	符 号	名 称	型号与规格	件 数
1	$V_1 \sim V_4$、$V_9 \sim V_{11}$	二极管	1N4001	7
2	V_5	稳压管	2CW64（18~21V）	1
3	V_6	单结晶体管	BT33A	1
4	V_7	晶体管	3CG5C	1
5	V_8	晶体管	3DG6	1
6	R_1	电阻	RT、2（或1.2）kΩ、1W	1
7	R_2	电阻	RT、360Ω、1/8W	1
8	R_3	电阻	RT、100Ω、1/8W	1
9	R_4、R_6、R_8	电阻	RT、1kΩ、1/8W	3
10	R_5、R_7	电阻	RT、5.1kΩ、1/8W	2
11	RP	电位器	WT、6.8kΩ、0.25W	1
12	C_1	电容	0.22μF / 16V	1
13	C_2	电容	200μF / 25V	1

2）电工常用工具、电烙铁、万用表、示波器及印制电路板。

3）连接导线若干。

4. 实践内容及步骤

（1）电路原理图

单结晶体管触发电路的实际电路与电路原理图如图 2-84 所示，图 2-84a 为实际电路，图 2-84b 为电路原理图。

a)

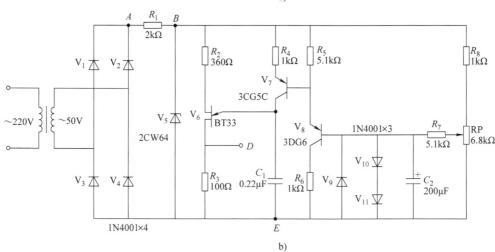

b)

图 2-84　单结晶体管触发电路的实际电路与电路原理图

a）实际电路　b）电路原理图

（2）安装步骤

1）进行元器件的简单测试，确保能够正常使用后，按照焊接工艺的要求将各元器件固定在铆钉板上。

2）按照焊接工艺的要求用导线将进行线路的连接，完成电路的安装。

（3）调试步骤及波形记录

1）接通单结晶体管触发电路的电源，观察波形的情况是否正常。在单结晶体管触发电路的调试和使用过程中的检修主要是通过几个点的典型波形来进行判断，可以用示波器分别对图 2-84b 中的 A、B、C、D 4 个点的波形进行测量。其方法是：将示波器 Y_1 探头的接地端接于"E"点，测试端分别接于 A、B、C、D 点，调节旋钮"t/div"和"V/div"，使示波器稳定显示至少一个周期的完整波形，测得的波形如图 2-85 ~ 图 2-89 所示。

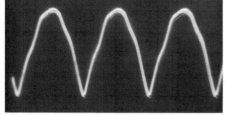

图 2-85　A 点桥式整流后脉动电压的波形

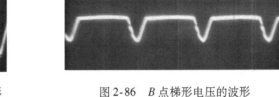

图 2-86　B 点梯形电压的波形

图 2-87　C 点电容充放电形成的锯齿波

图 2-88　C 点调节电位器后得到
电容充放电形成的锯齿波

码 2-1　单结晶体管
触发电路的调试
与测量操作

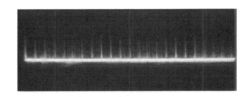

图 2-89　D 点的脉冲波形

2）器件的选择对电路的影响。在单结晶体管触发电路中，当所选的稳压二极管的限流电阻阻值太大或稳压二极管容量太小，就会造成触发电路在单结晶体管未导通时稳压二极管可以正常削波，其两端的波形为梯形波，而当单结晶体管导通时，稳压二极管的工作就不正常了。

当电路中电阻 R_4 的阻值过大，在调节电压为最大值时会出现电容 C 两端的锯齿波底宽较大和数量较少的现象，这说明单结晶体管的可供移相范围没有得到充分利用；如果电阻 R_4 的阻值过小，会使电容的充电时间常数太小，在同步电压刚过零上升时，电容 C 两端的电压就已经充到单结晶体管的峰点电压，单结晶体管导通，所产生脉冲的幅度无法触发晶闸管导通；还会使单结晶体管的引脚 e 和 b_1 之间的电流过大，易烧毁管子。

3）波形分析。调节触发电路板的电位器旋钮，观察各点波形正常工作后，在活页中完成实训报告。

2.7.2　训练 2　安装、调试单相全控桥式整流电路

1. 实践目的

1）熟悉单相全控桥式整流电路的接线，观察电阻性负载、电感性负载的输出电压、电

流以及晶闸管两端电压的波形。

2）进一步理解触发电路的工作原理，并能够掌握触发电路与主电路的同步调试，使电路能够正常工作。

2. 实践要求

1）根据给定的设备和仪器仪表，在规定时间内完成接线、调试、测量工作。

① 按照电路原理图进行接线。

② 安装后，通电调试，并根据要求画出波形。

2）时间：90min。

3. 实践设备

1）单结晶体管触发脉冲板。

2）晶闸管操作板 I 和 II。

3）电阻负载箱。

4）示波器。

5）连接导线若干。

4. 实践内容及步骤

1）单相全控整流电路的原理图如图 2-90 所示。

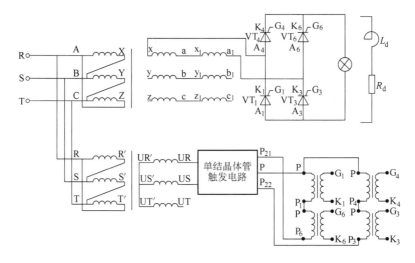

图 2-90 单相全控整流电路的原理图

2）按照原理图，在操作板上分别进行主电路和触发电路的线路连接。其中，主电路先接入电阻性负载。

3）单结晶体管触发电路的调试。接通单结晶体管触发电路的电源，观察波形的情况是否正常。单结晶体管触发电路的调试方法在实践 1 中已经详细叙述，恕不赘述。

4）主电路的调试。在实际操作中，主电路与触发电路采用统一的电源电压，而且整流变压器与同步变压器的一次侧接法一致。但是，主电路是将整流变压器二次侧的相电压作为输入电压，而单结晶体管触发电路是将同步变压器二次侧的线电压作为输入电压，因同步变压器二次侧的线电压超前整流变压器二次侧的相电压 30° 整流变压器二次侧与同步变压器二次侧的矢量图（见图 2-91），这样便可保证触发电路能够在主电路电压过零点（$\alpha = 30°$）时输出脉冲。但也是由于这个原因，触发电路无法送出 $\alpha \geqslant 150°$ 的脉冲，因此负载的两端无法测到触发延迟角大于 $150°$ 的输出电压波形。

5）测量输出电压 u_d 和晶闸管两端承受的电压 u_{VT} 的波形，测得的结果可以和理论波形进行对照比较。

① 将示波器探头接于负载两端，探头的测试端接高电位，探头的接地端接低电位，旋转触发电路的调节旋钮，观察荧光屏上显示的单相全控桥式整流电路触发脉冲在 $180° \sim 0°$ 范围内变化时输出电压 u_d 波形的变化。

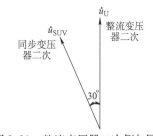

图 2-91　整流变压器二次侧与同步变压器二次侧的矢量图

② 将示波器探头接于晶闸管两端，探头的测试端接管子的阳极，接地端接管子的阴极，旋转触发电路的调节旋钮，观察触发延迟角 α 从 $180° \sim 0°$ 变化时对应的晶闸管两端电压 u_{VT} 波形的变化。

③ 将负载改接成电感性负载，重复进行测量。

6）波形分析。调节触发电路板的电位器旋钮，分别观察电阻性负载和电感性负载。波形正常后，在活页中完成实训报告。

2.7.3　训练3　安装、调试单相半控桥式整流电路

1. 实践目的

1）熟悉单相半控桥式整流电路的接线，观察电阻性负载、电感性负载输出电压、电流以及晶闸管两端电压的波形。

2）进一步理解触发电路的工作原理，并能够掌握触发电路与主电路的同步调试，使电路能够正常工作。

2. 实践要求

1）根据给定的设备和仪器仪表，在规定时间内完成接线、调试、测量工作。

① 按照电路原理图进行接线。

② 安装后，通电调试，并根据要求画出波形。

2）时间：90min。

3. 实践设备

1）单结晶体管触发脉冲板。

2）晶闸管操作板Ⅰ和Ⅱ。

3）电阻负载箱。

4）示波器。

5）连接导线若干。

4. 实践内容及步骤

1）单相半控整流电路的原理图如图 2-92 所示。

2）按照原理图，分别进行主电路和触发电路的线路连接。其中，主电路先接入电阻性负载，晶闸管调光灯电路也常采用此电路。

3）单结晶体管触发电路的调试。接通单结晶体管触发电路的电源，观察波形的情况是否正常。单结晶体管触发电路的调试方法在实践1中已经详细叙述，恕不赘述。

4）主电路的调试。主电路与触发电路的电压相位关系与单相全控桥式整流电路是一致

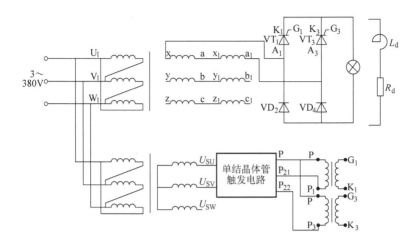

图 2-92 单相半控整流电路的原理图

的，即：同步变压器二次侧的线电压超前整流变压器二次侧的相电压 30°，以保证在主电路电压过零点时有脉冲输出，但触发电路无法送出 $\alpha \geqslant 150°$ 的脉冲。

码 2-2 晶闸管调光灯
电路调试与测量

5）测量输出电压 u_d 和晶闸管两端电压 u_{VT} 的波形，测试结果可以和理论波形进行对照比较。

① 将示波器探头接于负载两端，探头的测试端接高电位，探头的接地端接低电位，旋转触发电路的调节旋钮，观察荧光屏上显示的单相全控桥式整流电路触发脉冲在 180° ~0° 范围内变化时输出电压 u_d 波形的变化。

② 将示波器探头接于晶闸管两端，探头的测试端接管子的阳极，接地端接管子的阴极，旋转触发电路的调节旋钮，观察触发延迟角 α 从 180° ~0° 变化时对应的晶闸管两端电压 u_{VT} 波形的变化。

③ 将负载改接成电感性负载，重复进行测量。

6）波形分析。调节触发电路板的电位器旋钮，分别观测电阻性负载和电感性负载。波形正常后，在活页中完成实训报告。

2.8 思考题

1. 什么叫作触发延迟角？什么叫作导通角？

2. 单相半波可控整流电路电阻负载 $R = 10\Omega$，输入交流电压 $U_2 = 220V$。求：计算触发延迟角 $\alpha = 0°$ 和 $\alpha = 60°$ 时输出电压和负载的电流的大小。

3. 某电阻炉，要求直流平均电压为 60V，平均电流 30A，采用单相全控桥式整流电路，由 220V 交流电网供电，计算晶闸管的触发延迟角 α、流过晶闸管的电流 I_{dT} 的大小。

4. 单相全桥式整流电路，大电感负载，$R = 10\Omega$，输入交流电压 $U_2 = 220V$，触发延迟角 $\alpha = 60°$。求：1）输出电压和负载的电流的大小；2）流过晶闸管的电流是多少？3）晶闸管两端承受的最大电压 U_{TM}，考虑两倍的裕量选择晶闸管。

5. 分别画出单相全控桥式整流，电阻性负载和电感性负载，触发延迟角 $\alpha = 30°$、$60°$、$90°$时的输出平均电压 U_d、晶闸管两端 U_{VT1} 的波形。

6. 单相半控桥式整流电路，大电感负载，$R = 10\Omega$，输入交流电压 $U_2 = 220V$，触发延迟角 $\alpha = 60°$。求：1）输出电压和负载的电流的大小；2）流过晶闸管的电流是多少？3）晶闸管两端承受的最大电压 U_{TM}。

7. 单相半控桥式整流电路，大电感负载带续流二极管，$R = 10\Omega$，输入交流电压 $U_2 = 220V$，触发延迟角 $\alpha = 60°$。求：1）输出电压和负载的电流的大小；2）流过晶闸管和续流二极管的电流平均值和有效值是多少？3）晶闸管两端承受的最大电压 U_{TM}；4）考虑两倍裕量选择晶闸管。

8. 分别画出单相半控桥式整流，电阻性负载和电感性负载，触发延迟角 $\alpha = 15°$、$45°$、$75°$时的输出平均电压 u_d、晶闸管两端 u_{VT1}、u_{VT3} 的波形。

9. 如图 2-93 所示，某电阻性负载的单相半控桥式整流电路，若其中一只晶闸管的阳、阴极之间被烧断，试画出 $\alpha = 60°$ 负载电阻两端和晶闸管两端的电压波形。

10. 简述对晶闸管触发电路的要求。

11. 单结晶体管触发电路的工作原理是什么？画出关键点的波形。

12. 简述单结晶体管的简单测试方法。

13. 锯齿波触发电路主要由哪几部分构成？

14. 简述脉冲变压器的主要作用。

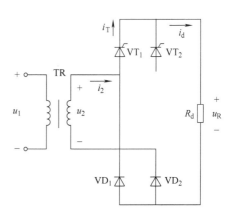

图 2-93 思考题 9 图

第3章 三相可控整流电路

教学目标：

通过本章的学习可以达到：

1）理解三相半波可控整流电路的工作原理，能够根据要求对电路的工作情况进行分析。

2）能够掌握波形分析的方法，能够运用理论知识对实测波形进行分析。

3）理解参数计算的目的，能够进行整流器件的选择。

3.1 共阴极接法三相半波可控整流电路

3.1.1 电阻性负载电路波形分析与电路参数计算

图3-1为共阴极接法三相半波可控整流电阻性负载电路的原理图。三相半波可控整流电路的接法有两种：共阴极接法和共阳极接法。图3-1中三个晶闸管 VT_1、VT_3、VT_5 的阴极接在一起，这种接法叫作共阴极接法，由于共阴极接法的晶闸管有公共端，使用调试方便，所以共阴极接法的三相半波可控整流电路常被采用。

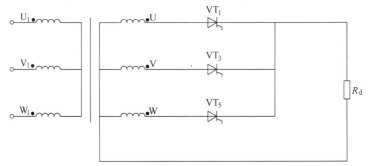

图3-1 共阴极接法三相半波可控整流电阻性负载电路的原理图

三相半波可控整流电路的电源由三相整流变压器供电，也可直接由三相四线制交流电网供电。二次侧相电压的有效值为 U_2（或 $U_{2\varphi}$），其表达式为

U 相 $\qquad\qquad u_U = \sqrt{2}U_2\sin\omega t$

V 相 $\qquad\qquad u_V = \sqrt{2}U_2\sin(\omega t - 2\pi/3)$

W 相 $\qquad\qquad u_W = \sqrt{2}U_2\sin(\omega t + 2\pi/3)$

三相电压的波形如图3-2所示，图中的1、3、5交点为电源相电压正半波的相邻交点，称为自然换相点，也就是三相半波可控整流电路各相晶闸管触发延迟角 α 的起始点，即 $\alpha = 0°$ 点。由于自然换相点距相电压原点为30°，所以触发脉冲距对应相电压的原点为30° + α。

1. $\alpha = 30°$ 时的波形分析

图3-3a、b 为 $\alpha = 30°$ 时输出电压 u_d 和晶闸管 VT_1 两端电压的理论波形。图3-4a、b 为

$\alpha=30°$时输出电压与晶闸管 VT_1 两端电压的实测波形。

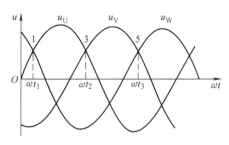

图 3-2　三相电压的波形

设电路已在工作，W 相 VT_5 已导通，经过自然换相点 1 时，虽然 U 相 VT_1 开始承受正向电压，但触发脉冲 u_{g1} 尚未送到，VT_1 无法导通，于是 VT_5 管仍承受 u_W 正向电压继续导通。当过 U 相自然换相点 $30°$，即 $\alpha=30°$ 时，触发电路送出触发脉冲 u_{g1}，VT_1 被触发导通，VT_5 则承受反向电压 u_{WU} 而关断，输出电压 u_d 的波形由 u_W 的波形换成 u_U 的波形，VT_1 被触发导通时的输出电压与电流方向如图3-5所示。

经过自然换相点 3 时，V 相的 VT_3 开始承受正向电压，但触发脉冲 u_{g3} 尚未送到，则 VT_3 无法导通，于是 VT_1 管仍承受 u_U 正向电压继续导通。当过 V 相自然换相点 $30°$，即 $\alpha=30°$ 时，触发电路送出触发脉冲 u_{g3}，VT_3 被触发导通，VT_1 则承受反向电压 u_{UV} 而关断，输出电压 u_d 的波形由 u_U 的波形换成 u_V 的波形，VT_3 被触发导通时的输出电压与电流方向如图 3-6 所示。

经过自然换相点 5 时，W 相的 VT_5 开始承受正向电压，触发脉冲 u_{g5} 尚未送到，则 VT_5 无法导通，于是 VT_3 仍承受 u_V 正向电压继续导通。当过 W 相自然换相点 $30°$，即 $\alpha=30°$ 时，触发电路送出触发脉冲 u_{g5}，VT_5 被触发导通，VT_3 则承受反向电压 u_{VW} 而关断，输出电压 u_d 的波形由 u_V 的波形换成 u_W 的波形，VT_5 被触发导通时的输出电压与电流方向如图 3-7 所示。这样就完成了一个周期的换流过程。

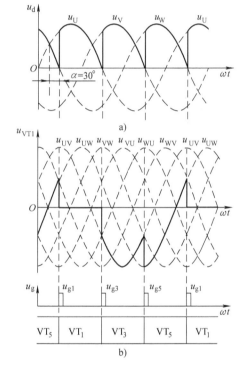

图 3-3　$\alpha=30°$时输出电压 u_d 和
晶闸管 VT_1 两端电压的理论波形
a）输出电压 u_d 的理论波形
b）晶闸管 VT_1 两端的理论波形

在图 3-3b 中，晶闸管 VT_1 两端电压的理论波形可分为 3 个部分：

在晶闸管 VT_1 导通期间，忽略晶闸管的管压降，$u_{VT1}\approx0$。

在晶闸管 VT_3 导通期间，$u_{VT1}\approx u_{UV}$。

在晶闸管 VT_5 导通期间，$u_{VT1}\approx u_{UW}$。

以上三段各为 $120°$，一个周期后波形重复。u_{VT3} 和 u_{VT5} 的波形与 u_{VT1} 相似，但相应依次互差 $120°$。

需要指出的是，当 $\alpha=30°$ 时，整流电路输出电压 u_d 的波形处于连续和断续的临界状态，各相晶闸管依然导通角 $120°$，一旦 $\alpha>30°$，电压 u_d 和波形将会间断，各相晶闸管的导通角将小于 $120°$。

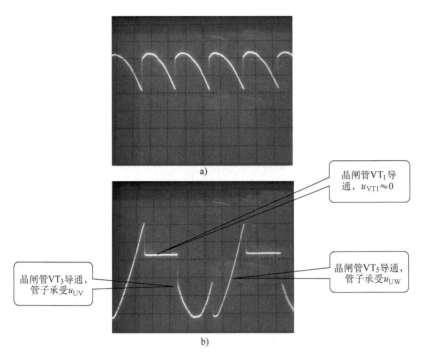

晶闸管VT$_1$导通，$u_{VT1} \approx 0$

晶闸管VT$_3$导通，管子承受u_{UV}

晶闸管VT$_5$导通，管子承受u_{UW}

a)

b)

图 3-4 $\alpha = 30°$时输出电压与晶闸管 VT$_1$ 两端电压的实测波形

a）$\alpha = 30°$时输出电压的实测波形 b）$\alpha = 30°$时晶闸管 VT$_1$ 两端电压的实测波形

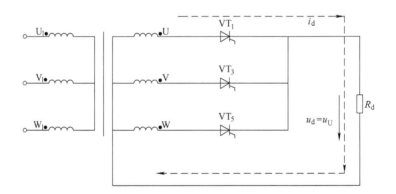

图 3-5 VT$_1$ 被触发导通时的输出电压与电流方向

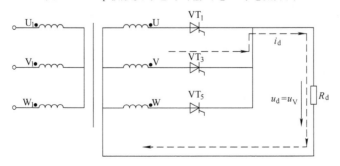

图 3-6 VT$_3$ 被触发导通时的输出电压与电流方向

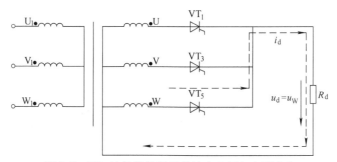

图 3-7　VT_5 被触发导通时的输出电压与电流方向

2. $\alpha = 60°$ 时的波形分析

图 3-8a 为 $\alpha = 60°$ 时整流电路输出电压 u_d 的理论波形。在 ωt_1 时 U 相晶闸管 VT_1 承受正向电压，被 u_{g1} 触发导通，$u_d = u_U$，到电压 u_U 过零变负（ωt_2）时关断。此时，VT_3 虽承受正向电压，但由于 u_{g3} 未到，不能导通。在 u_{g3} 来到之前，各管均不导通，输出电压 $u_d = 0$。同理，晶闸管 VT_3、VT_5 的工作过程与 VT_1 相同，输出电压的波形出现断续。

$\alpha = 60°$ 时晶闸管 VT_1 阳极承受的电压 u_{VT1} 的波形可分为 4 个部分，如图 3-8b 所示。

在晶闸管 VT_1 导通期间，忽略晶闸管的管压降，$u_{VT1} \approx 0$。

在晶闸管 VT_3 导通期间，$u_{VT1} \approx u_{UV}$。

在晶闸管 VT_5 导通期间，$u_{VT1} \approx u_{UW}$。

在波形断续期间，3 个晶闸管均不导通，$u_{VT1} \approx u_U$。

图 3-9a、b 为 $\alpha = 60°$ 时输出电压与晶闸管 VT_1 两端电压的实测波形。

显然，当触发脉冲后移到 $\alpha = 150°$ 时，由于晶闸管已不再承受正向电压，无法导通，所以 $\alpha = 150°$ 时，输出电压 $u_d = 0$。

由以上的分析和测试可以得出：

1）改变对晶闸管施加脉冲的时间，就能改变整流电路输出电压 u_d 的波形：当 $\alpha = 0°$ 时，输出电压最大；α 角增大，输出电压减小；$\alpha = 150°$ 时，输出电压为零。三相半波可控整流电路的移相范围是 $\alpha = 0° \sim 150°$。

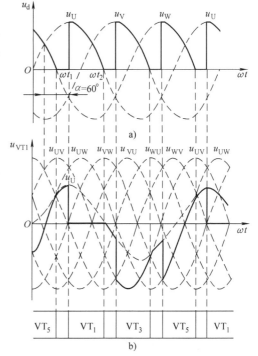

图 3-8　$\alpha = 60°$ 时输出电压 u_d 和晶闸管 VT_1 两端电压的理论波形

a）输出电压 u_d 的理论波形

b）晶闸管 VT_1 两端电压的理论波形

2）当 $\alpha \leqslant 30°$ 时，u_d 的波形连续，各相晶闸管的导通角均为 $\theta = 120°$；当 $\alpha > 30°$ 时，u_d 的波形出现间断，晶闸管关断点均在各自相电压过零处，各相晶闸管的导通角 $\theta < 120°$（$\theta = 150° - \alpha$）。

3）在波形连续时，晶闸管阳极承受的电压 u_{VT} 的波形由 3 段组成：晶闸管导通时，$u_{VT} = 0$（忽略管压降），其他任一相导通时，都使晶闸管承受相应的线电压；在波形间断期

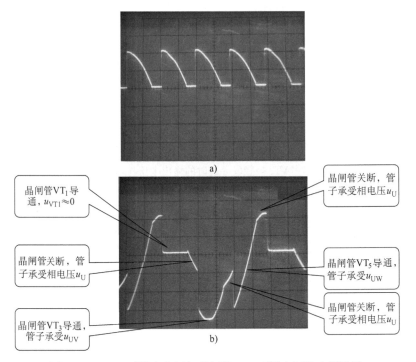

图 3-9　α = 60°时输出电压与晶闸管 VT₁ 两端电压的实测波形

a）α = 60°时输出电压实测波形　b）晶闸管 VT₁ 两端电压实测波形

间，各相晶闸管均不导通，管子承受的电压为所在相的相电压。

3. 三相半波可控整流电阻性负载电路参数的计算

1）输出电压平均值的计算公式：

① 0° ≤ α ≤ 30°时

$$U_d = 1.17 U_{2\varphi} \cos\alpha$$

② 30° < α ≤ 150°时

$$U_d = 1.17 U_{2\varphi} \frac{1 + \cos(30° + \alpha)}{\sqrt{3}}$$

2）负载电流平均值的计算公式为

$$I_d = U_d / R_d$$

3）晶闸管的平均电流 I_{dT} 为

$$I_{dT} = \frac{1}{3} I_d \qquad (0° \leq \alpha \leq 150°)$$

4）晶闸管可能承受的最大电压为

$$U_{TM} = \sqrt{6} U_{2\varphi}$$

【例 3-1】　已知三相半波可控整流电路带电阻性负载，输入相电压为 220V，负载电阻为 10Ω，设晶闸管最小触发延迟角分别为 α = 20°、α = 60°时，求输出平均电压和平均电流各为多少？流过每个晶闸管的平均电流是多少？管子承受最大的反向电压是多少？

解题思路：本题第一个求解的是输出平均电压 U_d，根据前面所讲解的公式可以看出，只要在 U_d、$U_{2\varphi}$、α 这 3 个参数中知道其中的两个就可以求出第 3 个参数。本题已知条件分

别是 $U_{2\varphi}=220\text{V}$，$\alpha=20°$、$\alpha=60°$，也就是说，只要将已知条件按角度要求分别代入相应的公式就可以求出输出电压了。平均电流可以根据已经求出的输出电压的大小，利用欧姆定律除以电阻即可求出平均电流，然后再根据晶闸管的平均电流和承受的反向电压的公式求出相应的数值。

解：触发延迟角 $\alpha=20°$ 时，输出平均电压为

$$U_{\text{d}}=1.17U_{2\varphi}\cos\alpha=1.17\times220\times\cos20°\text{V}\approx242\text{V}$$

输出平均电流为

$$I_{\text{d}}=\frac{U_{\text{d}}}{R_{\text{d}}}=\frac{242}{10}\text{A}=24.2\text{A}$$

$$I_{\text{dT}}=\frac{1}{3}I_{\text{d}}=\frac{1}{3}\times24.2\text{A}=8.07\text{A}$$

$$U_{\text{TM}}=\sqrt{6}U_{2\varphi}=\sqrt{6}\times220\text{V}=539\text{V}$$

触发延迟角 $\alpha=60°$ 时，平均电压为

$$U_{\text{d}}=1.17U_{2\varphi}\frac{1+\cos(30°+\alpha)}{\sqrt{3}}=1.17\times220\times\frac{1+\cos(30°+60°)}{\sqrt{3}}\text{V}\approx149\text{V}$$

输出平均电流为

$$I_{\text{d}}=\frac{U_{\text{d}}}{R_{\text{d}}}=\frac{149}{10}\text{A}=14.9\text{A}$$

$$I_{\text{dT}}=\frac{1}{3}I_{\text{d}}=\frac{1}{3}\times14.9\text{A}=4.97\text{A}$$

$$U_{\text{TM}}=\sqrt{6}\times U_{2\varphi}=\sqrt{6}\times220\text{V}=539\text{V}$$

3.1.2　电感性负载电路波形分析与电路参数计算

图 3-10 为三相半波可控整流大电感负载电路的原理图。三相半波可控整流大电感负载电路采用 3 个晶闸管 VT_1、VT_3、VT_5 的阴极接在一起的共阴极接法，电感 L_{d} 足够大，且满足 $\omega L_{\text{d}}\gg R_{\text{d}}$，各相晶闸管触发延迟角 α 的起始点（即 $\alpha=0°$）在自然换相点。

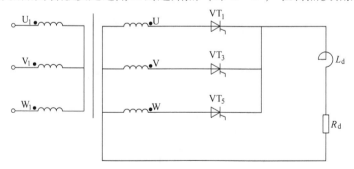

图 3-10　三相半波可控整流大电感负载电路的原理图

当 $\alpha\leqslant30°$ 时，输出电压 u_{d} 和晶闸管两端电压的波形的分析方法与电阻性负载相同，这里不再重复分析。

1. $\alpha=60°$ 时的波形分析

图 3-11 为 $\alpha=60°$ 时输出电压 u_{d} 和晶闸管 VT_1 两端电压的理论波形。图 3-12 为 $\alpha=60°$ 时输出电压与晶闸管 VT_1 两端电压的实测波形。

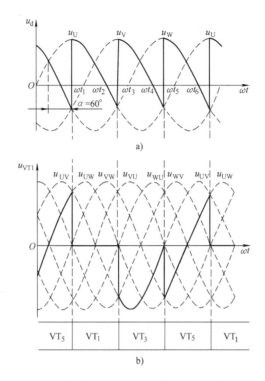

a)

b)

图 3-11　$\alpha = 60°$ 时输出电压 u_d 和晶闸管 VT_1 两端电压的理论波形

a）输出电压 u_d 理论波形　b）晶闸管 VT_1 两端电压理论波形

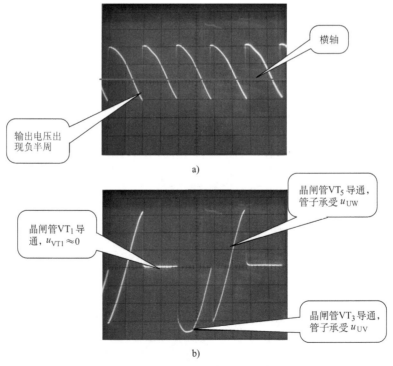

横轴

输出电压出现负半周

a)

晶闸管 VT_5 导通，管子承受 u_{UW}

晶闸管 VT_1 导通，$u_{VT1} \approx 0$

晶闸管 VT_3 导通，管子承受 u_{UV}

b)

图 3-12　$\alpha = 60°$ 时输出电压与晶闸管 VT_1 两端电压的实测波形

a）$\alpha = 60°$ 时输出电压实测波形　b）$\alpha = 60°$ 时晶闸管 VT_1 两端电压实测波形

在 ωt_1 时刻 U 相晶闸管 VT_1 承受正向电压，被 u_{g1} 触发导通，$u_d = u_U$，$u_{VT1} \approx 0$，负载电流 i_d 的方向，VT_1 被触发导通时的输出电压与电流方向如图 3-13 所示。

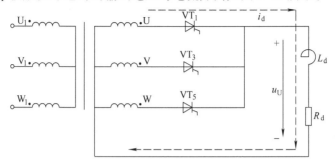

图 3-13　VT_1 被触发导通时的输出电压与电流方向

当电压 u_U 过零变负时（ωt_2 时刻），流过负载的电流 i_d 减小，在大电感 L_d 上产生感应电动势 e_L，电压 u_U 过零变负、管子继续导通时的输出电压与电流方向如图 3-14 所示。在 e_L 的作用下，流过晶闸管 VT_1 的电流大于维持电流，管子处于导通状态，负载电压 u_d 出现负半周，将电感 L_d 中的能量返送回电源。

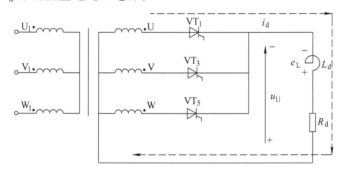

图 3-14　电压 u_U 过零变负、管子继续导通时的输出电压与电流方向

在 ωt_3 时刻 V 相触发晶闸管 VT_3 导通，VT_1 承受反向电压被关断，$u_d = u_V$，$u_{VT1} \approx u_{UV}$，负载电流 i_d 的方向 VT_3 被触发导通时的输出电压与电流方向如图 3-15 所示。

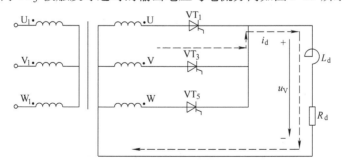

图 3-15　VT_3 被触发导通时的输出电压与电流方向

当电压 u_V 过零变负时（ωt_4 时刻），同样在大电感 L_d 上产生感应电动势 e_L，电压 u_V 过零变负、管子继续导通时的输出电压与电流方向如图 3-16 所示。晶闸管 VT_3 维持导通状态，负载电压 u_d 出现负半周，将电感 L_d 中的能量返送回电源。

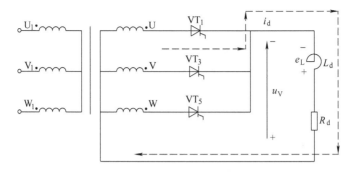

图 3-16　电压 u_V 过零变负、管子继续导通时的输出电压与电流方向

在 ωt_5 时刻 W 相触发晶闸管 VT_5 导通，VT_3 承受反向电压被关断，$u_d = u_W$，$u_{VT1} \approx u_{UW}$，负载电流 i_d 的方向 VT_5 被触发导通时的输出电压与电流方向如图 3-17 所示。

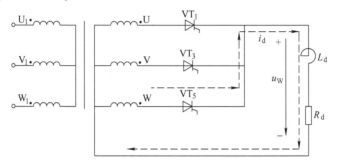

图 3-17　VT_5 被触发导通时的输出电压与电流方向

当电压 u_W 过零变负时（ωt_6 时刻），同样在大电感 L_d 上产生感应电动势 e_L，电压 u_W 过零变负、管子继续导通时的输出电压与电流方向如图 3-18 所示。晶闸管 VT_5 维持导通状态，负载电压 u_d 出现负半周，将电感 L_d 中的能量返送回电源。如此完成一个周期的循环，在负载上得到一个完整的波形。

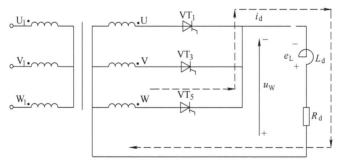

图 3-18　电压 u_W 过零变负、管子继续导通时的输出电压与电流方向

改变触发延迟角 α 的大小，$\alpha = 90°$ 时输出电压 u_d 和晶闸管 VT_1 两端电压的理论波形如图 3-19 所示。

图 3-20 为触发延迟角 $\alpha = 90°$ 时输出电压与晶闸管 VT_1 两端电压的实测波形。

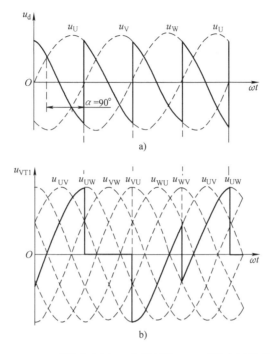

图 3-19　$\alpha = 90°$时输出电压 u_d 和晶闸管 VT_1 两端电压的理论波形

a）输出电压 u_d 理论波形　b）晶闸管 VT_1 两端电压理论波形

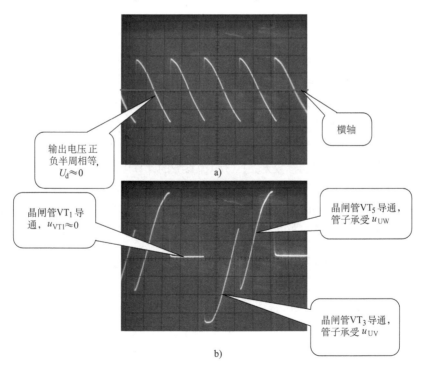

图 3-20　$\alpha = 90°$时输出电压与晶闸管 VT_1 两端电压的实测波形

a）$\alpha = 90°$时输出电压实测波形　b）$\alpha = 90°$时晶闸管 VT_1 两端电压实测波形

显然，当触发脉冲后移到 $\alpha = 90°$ 时，u_d 波形的正压部分与负压部分近似相等，输出电压平均值 $U_d \approx 0$。

由以上的分析和测试可以得出：

1）三相半波可控整流大电感负载电路，在不接续流管的情况下，当 $\omega L_d >> R_d$，$\alpha \leqslant 90°$，u_d、i_d 波形连续，在一个周期内各相晶闸管轮流导通 120°。

2）移相范围为 $\alpha = 0° \sim 90°$。

3）在触发延迟角 $\alpha = 0° \sim 90°$ 范围内变化时，晶闸管阳极承受的电压 u_{VT} 的波形分为 3 段：晶闸管导通时，$u_{VT} \approx 0$（忽略管压降），其他任一相导通时，都使晶闸管承受相应的线电压。

2. 三相半波可控整流大电感负载电路参数的计算

1）输出电压平均值的计算公式为

$$U_d = 1.17 U_{2\varphi} \cos\alpha \qquad (0° \leqslant \alpha \leqslant 90°)$$

2）负载电流平均值的计算公式为

$$I_d = U_d / R_d$$

3）晶闸管的平均电流 I_{dT} 为

$$I_{dT} = \frac{1}{3} I_d \qquad (0° \leqslant \alpha \leqslant 90°)$$

4）晶闸管的有效值电流 I_T 为

$$I_T = \sqrt{\frac{1}{3}} I_d = 0.577 I_d$$

5）晶闸管可能承受的最大电压为

$$U_{TM} = \sqrt{6} U_{2\varphi}$$

【例 3-2】 三相半波可控整流电路中，变压器二次侧的相电压为 200V，带大电感负载，无续流二极管，求最小触发延迟角 $\alpha = 45°$ 时的输出电压；如负载电流为 200A，求晶闸管上的最高电压和晶闸管电流的平均值 I_{dT}、有效值 I_T。试选择晶闸管的型号。

解题思路：本题的考察重点有 3 点。①输出电压的计算有别于电阻性负载电路，无论触发延迟角的大小是多少都只用一个共同的公式；②晶闸管上承受的最大电压值与变压器二次侧的相电压（即 $U_{2\varphi}$）有关，而与其他的参数无关；③电流参数的计算可以根据已知条件直接计算。

晶闸管的选择主要考虑两个参数：额定电压和通态平均电流。这里需要注意的是：在确定电压参数时，要使所选择的晶闸管的额定电压大于或等于电路中可能出现的最大电压的 $2 \sim 3$ 倍；在确定电流参数时，首先应将流过管子的实际电流的平均值转换为有效值，然后再按照公式 $I_{T(AV)} \geqslant (1.5 \sim 2) \dfrac{I_T}{1.57}$ 求出管子允许的通态平均电流的范围，从而确定管子电流等级；由以上的两个量就可以最终确定晶闸管的型号了。

解：

输出电压为

$$U_d = 1.17 U_{2\varphi} \cos\alpha = 1.17 \times 200 \times \cos 45° V = 165V$$

晶闸管上的最高电压为

$$U_{TM} = \sqrt{6} U_{2\varphi} = \sqrt{6} \times 200V = 490V$$

晶闸管电流的平均值 I_{dT} 为

$$I_d = 200\text{A}$$
$$I_{dT} = I_d/3 = 200/3\,\text{A} = 66.7\,\text{A}$$

有效值 I_T 为

$$I_T = I_d/\sqrt{3} = 200/\sqrt{3}\,\text{A} = 115.5\,\text{A}$$

选择晶闸管：

$$U_{TN} \geqslant (2 \sim 3)\,U_{TM} = (2 \sim 3) \times 490\text{V} = 980 \sim 1470\text{V}$$

$$I_{T(AV)} \geqslant (1.5 \sim 2)\frac{I_T}{1.57} = (1.5 \sim 2) \times \frac{115.5}{1.57}\,\text{A} = 110.4 \sim 147\text{A}$$

选择晶闸管型号为 KP200 – 10。

3.1.3 电感性带续流二极管负载电路波形分析与电路参数计算

1. 波形分析

三相半波可控整流大电感负载电路，当 $\alpha > 30°$ 时，输出电压 u_d 的波形出现负值，使平均电压 U_d 下降，可在大电感负载两端并接续流管 VD，这样不仅可以提高输出平均电压 U_d 的值，而且可以扩大移相范围并使负载电流 i_d 更平稳。三相半波可控整流大电感负载两端并接续流二极管电路的原理图如图 3-21 所示。

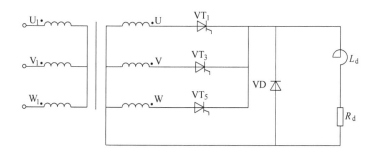

图 3-21 三相半波可控整流大电感负载两端并接续流二极管电路的原理图

其工作过程分析如下。

当 $\alpha \leqslant 30°$ 时，输出电压 u_d 的波形和各电量计算与大电感负载不接续流二极管时相同，且连续均为正压，续流二极管 VD 不起作用，每相晶闸管导通 $120°$。

当 $\alpha > 30°$ 时，图 3-22 为 $\alpha = 60°$ 时的理论波形。

当三相电源电压每相过零变负时，电感 L_d 中的感应电动势使续流二极管 VD 承受正向电压而导通进行续流，续流电流的方向如图 3-23 所示。

续流期间输出电压 $u_d = 0$，使得 u_d 的波形不出现负压，但已出现断续。当电感性负载并接续流管二极管时，整流电压的波形与电阻性负载时相同，晶闸管的导通角由 $120°$ 变为 $\theta_T = 150° - \alpha$。续流二极管在一个周期将内导通 3 次，总的导通角为 $\theta_D = 3(\alpha - 30°) = 3\alpha - 90°$。

2. 三相半波可控整流大电感负载并接续流二极管电路参数的计算

1）输出电压平均值的计算公式：

① $0° \leqslant \alpha \leqslant 30°$ 时

$$U_d = 1.17 U_{2\varphi}\cos\alpha$$

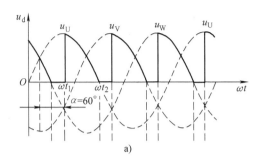

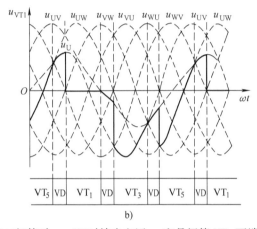

图 3-22 带续流二极管时 $\alpha = 60°$ 时输出电压 u_d 和晶闸管 VT$_1$ 两端电压的理论波形

a) 输出电压 u_d 理论波形 b) 晶闸管 VT$_1$ 两端电压的理论波形

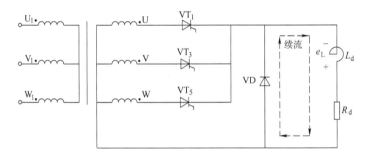

图 3-23 续流二极管 VD 承受正向电压导通进行续流

② $30° < \alpha \leqslant 150°$ 时

$$U_d = 1.17U_{2\varphi}\frac{1 + \cos(30° + \alpha)}{\sqrt{3}}$$

2）负载电流平均值的计算公式为

$$I_d = U_d / R_d$$

3）晶闸管的平均电流 I_{dT} 和有效值电流 I_T 为

$$I_{dT} = \frac{\theta_T}{360°}I_d = \begin{cases} \dfrac{1}{3}I_d & (\alpha \leqslant 30°) \\[2mm] \dfrac{150° - \alpha}{360°}I_d & (30° < \alpha \leqslant 150°) \end{cases}$$

$$I_{\mathrm{T}} = \sqrt{\frac{\theta_{\mathrm{T}}}{360°}} I_{\mathrm{d}} = \begin{cases} \sqrt{\dfrac{1}{3}} I_{\mathrm{d}} & (\alpha \leqslant 30°) \\[3mm] \sqrt{\dfrac{150° - \alpha}{360°}} I_{\mathrm{d}} & (30° < \alpha \leqslant 150°) \end{cases}$$

4）当 $\alpha > 30°$ 时，流过续流二极管的平均电流 I_{dD} 和有效值电流 I_{D} 为

$$I_{\mathrm{dD}} = \frac{\theta_{\mathrm{D}}}{360°} I_{\mathrm{d}} = \frac{\alpha - 30°}{120°} I_{\mathrm{d}}$$

$$I_{\mathrm{D}} = \sqrt{\frac{\theta_{\mathrm{D}}}{360°}} I_{\mathrm{d}} = \sqrt{\frac{\alpha - 30°}{120°}} I_{\mathrm{d}}$$

5）晶闸管两端承受的最大电压 U_{TM} 为

$$U_{\mathrm{TM}} = \sqrt{6} U_{2\varphi}$$

【例3-3】 三相半波可控整流电路中，变压器二次侧的相电压为 200V，带大电感负载且有续流二极管，求最小触发延迟角 $\alpha = 45°$ 时的输出电压；如负载电流为 200A，求晶闸管上的最高电压，晶闸管电流的平均值 I_{dT}、有效值 I_{T} 以及续流二极管电流的平均值 I_{dD}、有效值 I_{D}；并选择晶闸管和续流二极管的型号。

解题思路： 本题与例3-2的区别在于增加了续流二极管，这样就使得在 $\alpha = 45°$ 时的计算公式与电阻性负载同样角度的公式相同，这是需要注意的；由于添加了续流二极管，不仅工作原理与纯电感性负载时不同，而且在进行器件选择时，除了要进行晶闸管的选择，还必须要对续流二极管的型号进行选择，其电压与电流参数的计算公式分别为 $U_{\mathrm{RRM}} \geqslant 2U_{\mathrm{DM}}$ 和 $I_{\mathrm{F(AV)}} \geqslant (1.5 \sim 2) \dfrac{I_{\mathrm{D}}}{1.57}$。

解：

输出电压为

$$\begin{aligned} U_{\mathrm{d}} &= 1.17 U_{2\varphi} \frac{1 + \cos(30° + \alpha)}{\sqrt{3}} \\ &= 1.17 \times 200 \times \frac{1 + \cos(30° + 45°)}{\sqrt{3}} \mathrm{V} \\ &= 170\mathrm{V} \end{aligned}$$

晶闸管上的最高电压为

$$U_{\mathrm{TM}} = \sqrt{6} U_{2\varphi} = \sqrt{6} \times 200\mathrm{V} = 490\mathrm{V}$$

晶闸管电流的平均值 I_{dT} 为

$$I_{\mathrm{d}} = 200\mathrm{A}$$

$$I_{\mathrm{dT}} = \frac{150° - \alpha}{360°} I_{\mathrm{d}} = \frac{150° - 45°}{360°} \times 200\mathrm{A} = 58.3\mathrm{A}$$

晶闸管电流的有效值 I_{T} 为

$$I_{\mathrm{T}} = \sqrt{\frac{150° - \alpha}{360°}} I_{\mathrm{d}} = \sqrt{\frac{150° - 45°}{360°}} \times 200\mathrm{A} = 108\mathrm{A}$$

续流二极管电流的平均值 I_{dT} 为

$$I_{dD} = \frac{\alpha - 30°}{120°}I_d = \frac{45° - 30°}{120°} \times 200A = 25A$$

续流二极管电流的有效值 I_T 为

$$I_D = \sqrt{\frac{\alpha - 30°}{120°}}I_d = \sqrt{\frac{45° - 30°}{120°}} \times 200A = 70.7A$$

选择晶闸管为

$$U_{TN} \geqslant (2 \sim 3)U_{TM} = (2 \sim 3) \times 490V = 980 \sim 1470V$$

$$I_{T(AV)} \geqslant (1.5 \sim 2)\frac{I_T}{1.57} = (1.5 \sim 2) \times \frac{108}{1.57}A = 103.2 \sim 137.6A$$

选择晶闸管型号为 KP200 - 10。

选择续流二极管为

$$U_{RRM} \geqslant 2U_{DM} = 2 \times 490V = 980V$$

$$I_{F(AV)} \geqslant (1.5 \sim 2)\frac{I_D}{1.57} = (1.5 \sim 2) \times \frac{70.7}{1.57}A = 67.5 \sim 90.1A$$

选择晶闸管型号为 ZP100 - 10。

3.1.4 常见故障分析

从前面的分析已经可以清楚地知道，正常工作状态下三相半波可控整流电路输出电压的波形是相电压的外包络线的三个波头，晶闸管两端则根据管子的导通情况承受相应的线电压。当电路出现异常时，电路输出电压和晶闸管两端电压的波形都会发生相应的变化，这里以三相半波可控整流电路电阻性负载 $\alpha = 0°$、电流连续为例，分析如何运用示波器测试整流电路的输出电压波形和晶闸管两端电压波形检查电路异常的原因的方法。

在整流电路实际运行中，如果发生桥臂断路现象，就会出现整流电路断相运行，最明显的现象就是输出电压下降，这时候用示波器测量输出电压的波形，根据波形的变化情况再作进一步检查，判断故障的位置。

1. 一个晶闸管损坏或一个桥臂断路

故障现象：当电路中出现一个晶闸管没有导通或电路中熔断器熔断、连接线松动等都会造成对应的桥臂不能正常工作。用示波器测量三相半波可控整流电路输出电压的波形，发现在一个周期中缺少了一个波头，如图 3-24a 所示。

现象分析：在三相半波可控整流电路中，电路正常工作情况下，当波形连续时每个晶闸管在一个周期内的导通角为 120°，晶闸管的工作情况与输出电压波头的对应关系为：VT_1 对应于相电压 u_U；VT_3 对应于相电压 u_V；VT_5 对应于相电压 u_W。在能够确定丢失的是哪个的波头的情况下，就可以很快地找出现问题的桥臂。

如果不能确定波头，则通过示波器测量晶闸管两端的波形进行故障分析。图 3-24b 为晶闸管 VT_1 两端的电压波形，图 3-24c 为晶闸管 VT_3 两端电压的波形。通过两张图的对比，可以看出在晶闸管 VT_3 两端电压波形的实测照片中有一条直线，这条直线表明晶闸管曾经导通过，也就是说晶闸管能够正常工作；在图 3-24b 中，可以看到晶闸管 VT_1 两端电压的波形中没有直线段，说明晶闸管 VT_1 在一个周期内没有导通过，也就是故障点所在的位置。

2. 触发脉冲滞后

故障现象：用示波器测量三相半波可控整流电路输出电压的波形，发现输出电压的波头有两个是完整的，剩下的一个波头只有一半，如图 3-25a 所示。

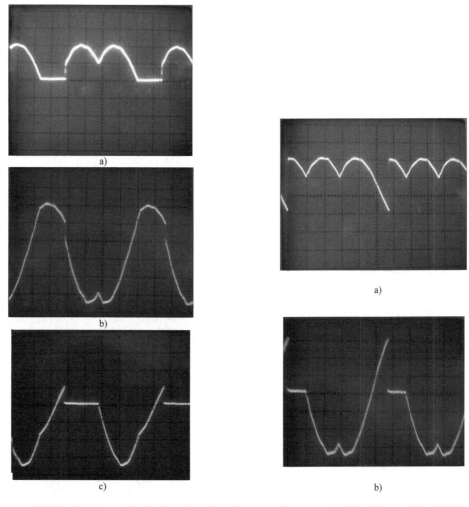

图 3-24　一个晶闸管损坏或一个桥臂断路时的波形情况
　a）输出电压的波形　　b）不导通晶闸管的波形
　c）其他导通晶闸管的波形

图 3-25　触发脉冲滞后时的波形分析
　a）输出电压的波形
　b）触发脉冲滞后后的晶闸管波形

现象分析：从输出电压的波形可以很肯定地得出，在三相半波可控整流电路中的 3 个晶闸管都可以正常工作，只是其中的两只晶闸管导通了 120°，剩下的一个晶闸管只导通 60°，这可以从晶闸管两端电压的波形得到进一步确定。图 3-25b 为晶闸管 VT_5 两端电压的波形，从图中可以看到代表导通的横线只有正常工作状态下的一半，即 60°。由以上分析，基本上可以排除主电路的故障，而引起电路无法正常工作的主要原因是触发脉冲工作异常，也就是说晶闸管 VT_5 的触发脉冲出现了延迟的问题。

3.2 共阳极接法三相半波可控整流电路

3.2.1 电阻性负载电路波形分析与电路参数计算

三相半波可控整流电路除了共阴极接法外，还可以采用共阳极接法，即将 3 个晶闸管的阳极接在一起，而 3 个阴极分别接通三相交流电。图 3-26 所示为共阳极接法三相半波可控整流电阻性负载电路原理图。

在图 3-26 中，3 个晶闸管 VT_2、VT_4、VT_6 的阳极接在一起；阴极分别是晶闸管 VT_4 与 U 相连接，晶闸管 VT_6 与 V 相连接，晶闸管 VT_2 与 W 相连接。由于共阳极接法的晶闸管触发脉冲没有公共端，因此 3 个触发电源必须相互绝缘。共阳极接法中，晶闸管只能在相电压的负半周工作，其阴极电位为负且有触发脉冲时导通，换相总是换到阴极电位更负的那一相去。

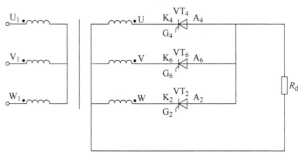

图 3-26 共阳极接法三相半波可控
整流电阻性负载电路原理图

三相交流电相电压的波形和半周自然换相点如图 3-27 所示，图中的 2、4、6 交点为电源相电压负半波的相邻交点，称为共阳极接法的自然换相点。每个自然换相点就是共阳极接法的三相半波共阳极可控整流对应编号晶闸管的移相触发延迟角 α 的起始点，即 $\alpha = 0°$ 点。

1. $\alpha = 30°$ 时的波形分析

图 3-28a、b 所示为 $\alpha = 30°$ 的输出电压 u_d 和晶闸管 VT_2 两端电压的理论波形。图 3-29a、b 所示为 $\alpha = 30°$ 的输出电压 u_d 和晶闸管 VT_2 两端电压的实测波形。

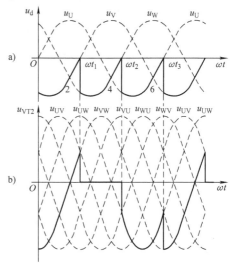

图 3-28　$\alpha = 30°$ 时输出电压 u_d 和晶闸管 VT_2 两端
电压的理论波形
a）输出电压 u_d 的理论波形　b）晶闸管 VT_2 两端电压的理论波形

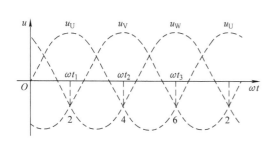

图 3-27　三相交流电相电压的波形和
半周自然换相点

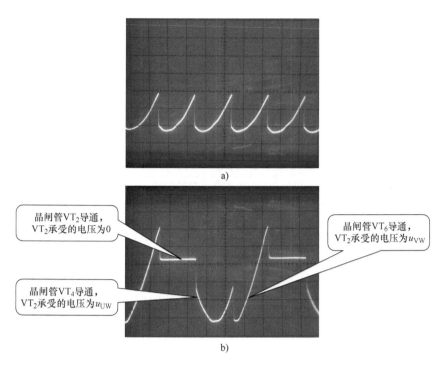

图 3-29 $\alpha = 30°$ 时输出电压 u_d 和晶闸管 VT_2 两端电压的实测波形

a) 输出电压 u_d 的实测波形　b) 晶闸管 VT_2 两端电压的实测波形

设电路已在工作，V 相 VT_6 已导通，经过自然换相点 2 时，虽然 W 相 VT_2 开始承受正向电压，但触发脉冲 u_{g2} 尚未送到，VT_2 无法导通，于是 VT_6 仍承受 u_V 正向电压继续导通。当过 W 相自然换相点30°，即 $\alpha = 30°$ 时，触发电路送出触发脉冲 u_{g2}，VT_2 被触发导通，VT_6 则承受反向电压 u_{WV} 而关断，输出电压 u_d 波形由 u_V 波形换成 u_W 波形，负载电流回路如图 3-30 虚线部分所示。

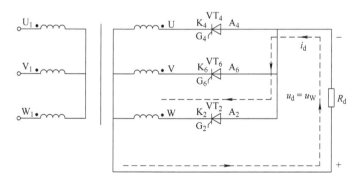

图 3-30　VT_2 被触发导通时的输出电压与电流

经过自然换相点 4 时，U 相的 VT_4 开始承受正向电压，但触发脉冲 u_{g4} 尚未送到，则 VT_4 无法导通，于是 VT_2 仍承受 u_W 正向电压继续导通。当过 U 相自然换相点30°，即 $\alpha = 30°$ 时，触发电路送出触发脉冲 u_{g4}，VT_4 被触发导通，VT_2 则承受反向电压 u_{UW} 而关断，输出电压 u_d 波形由 u_W 波形换成 u_U 波形，负载电流回路如图 3-31 虚线部分所示。

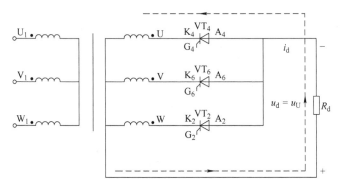

图 3-31　VT$_4$ 被触发导通时的输出电压与电流

经过自然换相点 6 时，V 相的 VT$_6$ 开始承受正向电压，触发脉冲 u_{g6} 尚未送到，则 VT$_6$ 无法导通，于是 VT$_4$ 仍承受 u_U 正向电压继续导通。当过 V 相自然换相点30°，即 $\alpha = 30°$ 时，触发电路送出触发脉冲 u_{g6}，VT$_6$ 被触发导通，VT$_4$ 则承受反向电压 u_{VU} 而关断，输出电压 u_d 波形由 u_U 波形换成 u_V 波形，负载电流回路如图 3-32 虚线部分所示。这样就完成了一个周期的换相过程。

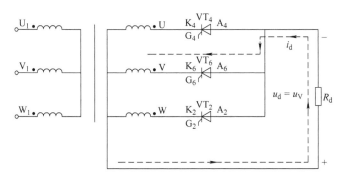

图 3-32　VT$_6$ 被触发导通时的输出电压与电流

在图 3-28b 中，晶闸管 VT$_2$ 两端的理论波形可分为 3 个部分：

在晶闸管 VT$_2$ 导通期间，忽略晶闸管的管压降，$u_{VT2} \approx 0$。

在晶闸管 VT$_4$ 导通期间，$u_{VT2} \approx u_{UW}$。

在晶闸管 VT$_6$ 导通期间，$u_{VT2} \approx u_{VW}$。

以上 3 段各为120°，一个周期后波形重复。u_{VT4} 和 u_{VT6} 的波形与 u_{VT2} 相似，但相应依次互差120°。需要指出的是，当 $\alpha = 30°$ 时，整流电路输出电压 u_d 波形处于连续和断续的临界状态，各相晶闸管依然导通120°，一旦 $\alpha > 30°$，当电压过零变正时，与三相半波共阴极电路道理相同，波形出现断续情况。

图 3-33 所示为三相半波可控整流电路电阻性负载 $\alpha = 60°$ 时输出电压 u_d 和晶闸管 VT$_2$ 两端电压的理论波形。在 ωt_1 时刻 W 相 VT$_2$ 承受正向电压，触发电路送出触发脉冲 u_{g2}，VT$_2$ 被触发导通，$u_d = u_W$，到电压 u_W 过零变正（ωt_2）时关断。此时，U 相 VT$_4$ 承受正向电压，但由于 u_{g4} 未到，不能导通。在 u_{g4} 来之前，所有的晶闸管均处于关断状态，输出电压 $u_d = 0$。VT$_4$ 和 VT$_6$ 的工作过程与 VT$_2$ 相同，输出电压的波形出现断续。

$\alpha = 60°$时晶闸管 VT_2 阳极承受的电压 u_{VT} 的波形可分为 4 个部分，如图 3-33b 所示。

在晶闸管 VT_2 导通期间，忽略晶闸管的管压降，$u_{VT2} \approx 0$。

在晶闸管 VT_4 导通期间，$u_{VT2} \approx u_{UW}$。

在晶闸管 VT_6 导通期间，$u_{VT2} \approx u_{VW}$。

在波形断续期间，三个晶闸管均不导通，$u_{VT2} \approx -u_W$。

由以上的分析和测试可以得出：

1）三相半波共阳极可控整流电阻性负载电路，输出电压 u_d 是三相交流电相电压的负半周，其移相范围为 0°~150°。

2）在一个周期内各相晶闸管轮流导通，当 $\alpha \leq 30°$ 时，u_d 波形连续，各相晶闸管的导通角均为 $\theta = 120°$；当 $\alpha > 30°$ 时，u_d 波形断续，晶闸管关断点均在各自相电压过零变正处，各相晶闸管的导通角 $\theta < 120°(\theta = 120° - \alpha)$。

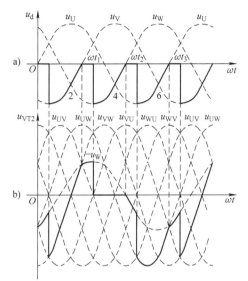

图 3-33 $\alpha = 60°$时输出电压 u_d 和
晶闸管 VT_2 两端电压的理论波形

a）输出电压 u_d 的理论波形

b）晶闸管 VT_2 两端电压的理论波形

3）在输出电压波形连续时，晶闸管阳极承受的电压 u_{VT} 的波形由 3 段组成：晶闸管导通时，$u_{VT} = 0$（忽略管压降），其他任一相导通时，都使晶闸管承受相应的线电压；在波形间断期间，各相晶闸管均不导通，晶闸管承受的电压为所在相的相电压的反相值。

2. 三相半波共阳极可控整流电阻性负载电路参数的计算

1）输出电压平均值的计算公式：

① 0°≤α≤30°时

$$U_d = -1.17 U_{2\varphi} \cos\alpha$$

②30°<α≤150°时

$$U_d = -1.17 U_{2\varphi} \frac{1 + \cos(30° + \alpha)}{\sqrt{3}}$$

2）负载电流平均值的计算公式为

$$I_d = U_d / R_d$$

3）晶闸管的平均电流 I_{dT} 和有效值电流 I_T 为

$$I_{dT} = \frac{\theta_T}{360°} I_d = \begin{cases} \dfrac{1}{3} I_d & (\alpha \leq 30°) \\ \dfrac{150° - \alpha}{360°} I_d & (30° < \alpha \leq 150°) \end{cases}$$

$$I_T = \sqrt{\frac{\theta_T}{360°}} I_d = \begin{cases} \sqrt{\dfrac{1}{3}} I_d & (\alpha \leq 30°) \\ \sqrt{\dfrac{150° - \alpha}{360°}} I_d & (30° < \alpha \leq 150°) \end{cases}$$

4）晶闸管两端承受的最大电压 U_{TM} 为

$$U_{TM} = \sqrt{6}U_{2\varphi}$$

3.2.2 电感性负载电路波形分析与电路参数计算

图 3-34 所示为三相半波共阳极可控整流大电感负载电路的原理图。电感 L_d 足够大，且满足 $\omega L_d \gg R_d$，各相晶闸管移相触发延迟角 α 的起始点（即 $\alpha = 0°$）在自然换相点。

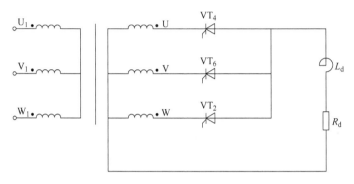

图 3-34 三相半波共阳极可控整流大电感负载电路的原理图

当 $\alpha \leqslant 30°$ 时，负载两端的输出电压 u_d 波形、晶闸管两端电压波形分析方法与电阻性负载相同，这里不再重复分析。

1. $\alpha = 60°$ 时的波形分析

图 3-35a 所示为 $\alpha = 60°$ 的输出电压 u_d 的理论波形，图 3-35b、c、d 所示分别为晶闸管 VT_2、VT_4 和 VT_6 两端的理论波形。

在 ωt_1 时刻 W 相晶闸管 VT_2 承受正向电压，被 u_{g2} 触发导通，$u_d = u_W$，$u_{VT2} \approx 0$，负载电流 i_d 的方向如图 3-36 所示。

当电压 u_W 过零变正（ωt_2 时刻）时，流过负载的电流 i_d 减小，在大电感 L_d 上产生感应电动势 e_L，方向如图 3-37 所示。在 e_L 的作用下，流过晶闸管 VT_2 的电流大于维持电流，使晶闸管处于导通状态，负载电压 u_d 出现正半周，将电感 L_d 中的能量反送回电源。

在 ωt_3 时刻 U 相触发晶闸管 VT_4 导通，VT_2 承受反压被关断，$u_d = u_U$，$u_{VT2} \approx u_{UW}$，负载电流 i_d 的方向如图 3-38 所示。

当电压 u_U 过零变负（ωt_4 时刻）时，同样在大电感 L_d 上产生感应电动势 e_L，其方向如图 3-39 所示，晶闸管 VT_4 维持导通状态，负载电压 u_d 出现负半周，将电感 L_d 中的能量反送回电源。

在 ωt_5 时刻 V 相触发晶闸管 VT_6 导通，VT_4 承受反相电压被关断，$u_d = u_V$，$u_{VT2} \approx u_{VW}$，负载电流 i_d 的方向如图 3-40 所示。

当电压 u_V 过零变负（ωt_6 时刻）时，同样在大电感 L_d 上产生感应电动势 e_L，其方向如图 3-41 所示，晶闸管 VT_6 维持导通状态，负载电压 u_d 出现正半周，将电感 L_d 中的能量反送回电源，直到 VT_2 再次被触发导通，如此完成一个周期的循环，在负载上得到一个完整的波形。

图 3-42 所示为 $\alpha = 60°$ 的输出电压 u_d 和晶闸管 VT_2 两端电压的实测波形。

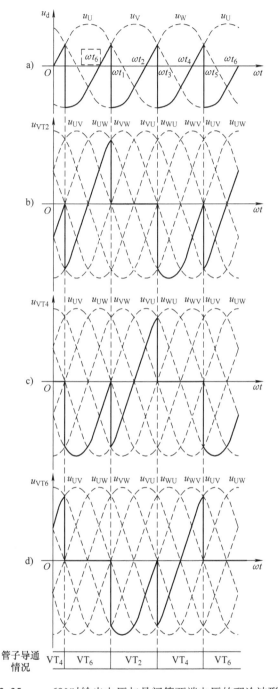

管子导通 情况	VT$_4$	VT$_6$	VT$_2$	VT$_4$	VT$_6$

图 3-35 $\alpha = 60°$时输出电压与晶闸管两端电压的理论波形

a)输出电压理论波形 b)晶闸管 VT$_2$ 两端电压理论波形 c)晶闸管 VT$_4$ 两端电压理论波形

d)晶闸管 VT$_6$ 两端电压理论波形

改变触发延迟角 α 的大小,就可以改变输出电压的大小,图 3-43 所示为 $\alpha = 90°$时输出电压 u_d 的理论波形,图 3-43b、c、d 所示分别为晶闸管 VT$_2$、VT$_4$ 和 VT$_6$ 两端的理论波形。

从图 3-43 中可以看出,当触发脉冲后移到 $\alpha = 90°$时,u_d 波形正压部分与负压部分近似

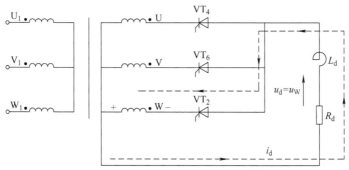

图 3-36　VT$_2$ 被触发导通时的输出电压与电流

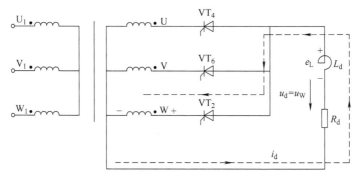

图 3-37　电压 u_W 过零变负管子继续导通时的输出电压与电流

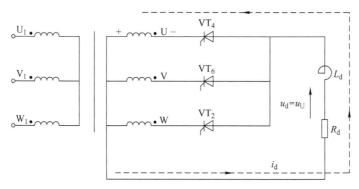

图 3-38　VT$_4$ 被触发导通时的输出电压与电流

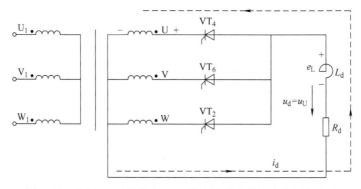

图 3-39　电压 u_U 过零变负 VT$_4$ 继续导通时的输出电压与电流

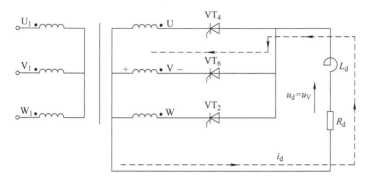

图 3-40　VT$_6$ 被触发导通时输出的电压与电流

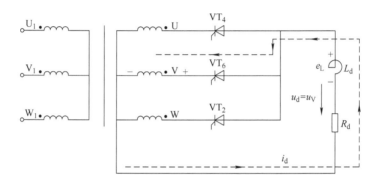

图 3-41　电压 u_V 过零变负 VT$_6$ 继续导通时的输出电压与电流

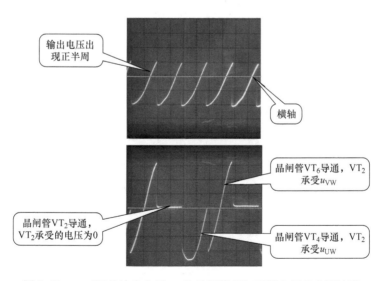

图 3-42　$\alpha = 60°$ 的输出电压 u_d 和晶闸管 VT$_2$ 两端电压的实测波形

相等，输出电压平均值 $U_d \approx 0$。

由以上的分析和测试可以得出：

1）三相半波可控整流共阳极接法时，输出电压的波形为三相交流电负半周的外包络

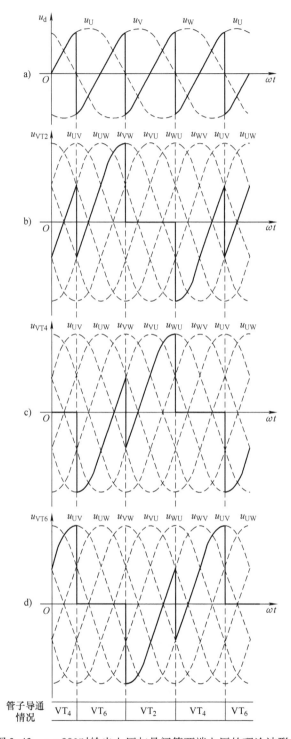

图 3-43　$\alpha = 90°$ 时输出电压与晶闸管两端电压的理论波形

a）输出电压理论波形　　b）晶闸管 VT_2 两端电压理论波形

c）晶闸管 VT_4 两端电压理论波形　　d）晶闸管 VT_6 两端电压理论波形

线。在负载为大电感负载（$\omega L_d \gg R_d$）不接续流管的情况下，若 $\alpha \leqslant 90°$，u_d、i_d 波形连续，在一个周期内各相晶闸管轮流导电 120°。

2）移相范围为 $\alpha = 0° \sim 90°$。

3）当触发延迟角在 $\alpha = 0° \sim 90°$ 范围内变化时，输出电压波形连续，晶闸管阳极承受的电压 u_{VT} 的波形分为 3 段：晶闸管导通时，$u_{VT} \approx 0$（忽略管压降），其他任一相导通时，都使晶闸管承受相应的线电压。

2. 三相半波共阳极可控整流大电感负载电路参数的计算

1）输出电压平均值的计算公式为

$$U_d = -1.17U_{2\varphi}\cos\alpha \qquad (0° \leqslant \alpha \leqslant 90°)$$

2）负载电流平均值的计算公式为

$$I_d = U_d / R_d$$

3）晶闸管平均电流为

$$I_{dT} = \frac{1}{3}I_d \qquad (0° \leqslant \alpha \leqslant 90°)$$

4）晶闸管有效值电流为

$$I_T = \sqrt{\frac{1}{3}}I_d = 0.577I_d$$

5）晶闸管可能承受的最大电压为

$$U_{TM} = \sqrt{6}U_{2\varphi}$$

3.2.3 电感性带续流二极管负载电路波形分析与电路参数计算

1. 波形分析

三相半波共阳极可控整流大电感性负载，当 $\alpha > 30°$ 时，输出电压 u_d 的波形出现正半周，使平均电压 U_d 下降，可在大电感负载两端并接续流管 VD，这样不仅可以提高输出平均电压 U_d 值，而且可以扩大移相范围并使负载电流 i_d 更平稳。电路如图 3-44 所示。

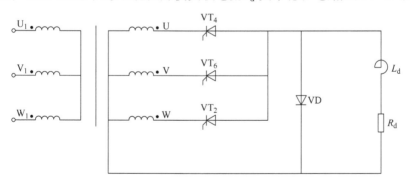

图 3-44 三相半波共阳极可控整流大电感性负载两端并接续流二极管主电路原理图

工作过程分析如下。

当 $\alpha \leqslant 30°$ 时，输出电压 u_d 的波形和各电量的计算与大电感负载不接续流二极管时相同，且连续均为正压，续流管 VD 不起作用，每相晶闸管导通120°。

当 $\alpha > 30°$ 时，当三相电源电压每相过零变负时，电感 L_d 中的感应电动势使续流管 VD 承受正向电压而导通进行续流，续流电流方向如图 3-45 所示。

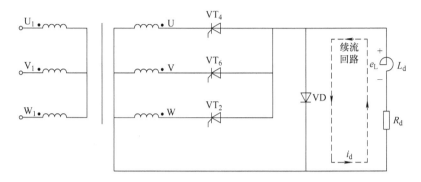

图 3-45　续流管 VD 承受正向电压导通进行续流

续流期间输出电压 $u_d = 0$，使得 u_d 波形不出现负压，但输出电压的波形已出现断续。电感性负载并接续流管时，电路输出电压 u_d 和晶闸管两端的电压 u_{VT} 的波形与三相半波可控整流电阻性负载的波形一致，晶闸管的导通角由120°变为 $\theta_T = 150° - \alpha$。续流二极管在一个周期内将导通 3 次，总的导通角为 $\theta_D = 3(\alpha - 30°) = 3\alpha - 90°$。

2. 三相半波共阳极可控整流大电感负载并接续流二极管电路参数的计算

1）输出电压平均值的计算公式：

① $0° \leqslant \alpha \leqslant 30°$ 时

$$U_d = -1.17 U_{2\varphi} \cos\alpha$$

② $30° < \alpha \leqslant 150°$ 时

$$U_d = -1.17 U_{2\varphi} \frac{1 + \cos(30° + \alpha)}{\sqrt{3}}$$

2）负载电流平均值的计算公式为

$$I_d = U_d / R_d$$

3）晶闸管的平均电流 I_{dT} 和有效值电流 I_T 为

$$I_{dT} = \frac{\theta_T}{360°} I_d = \begin{cases} \dfrac{1}{3} I_d & (\alpha \leqslant 30°) \\ \dfrac{150° - \alpha}{360°} I_d & (30° < \alpha \leqslant 150°) \end{cases}$$

$$I_T = \sqrt{\frac{\theta_T}{360°}} I_d = \begin{cases} \sqrt{\dfrac{1}{3}} I_d & (\alpha \leqslant 30°) \\ \sqrt{\dfrac{150° - \alpha}{360°}} I_d & (30° < \alpha \leqslant 150°) \end{cases}$$

4）当 $\alpha > 30°$ 时，流过续流二极管的平均电流 I_{dD} 和有效值电流 I_D 为

$$I_{dD} = \frac{\theta_D}{360°} I_d = \frac{\alpha - 30°}{120°} I_d$$

$$I_D = \sqrt{\frac{\theta_D}{360°}} I_d = \sqrt{\frac{\alpha - 30°}{120°}} I_d$$

5）晶闸管两端承受的最大电压为

$$U_{TM} = \sqrt{6}U_{2\varphi}$$

3.3　三相全控桥式整流电路

3.3.1　电阻性负载电路波形分析与电路参数计算

图 3-46 为三相全控桥式整流电阻性负载电路的原理图。其中，晶闸管 VT_1、VT_3、VT_5 的阴极接在一起，构成共阴极接法；VT_2、VT_4、VT_6 的阳极接在一起，构成共阳极接法。任何时刻，电路中都必须在共阴极组和共阳极组中各有一个晶闸管导通，才能使负载端有输出电压。可见，三相全控桥式整流电阻性负载电路实质上是由一组共阴极组与一组共阳极组的三相半波整流电路相串联构成的。

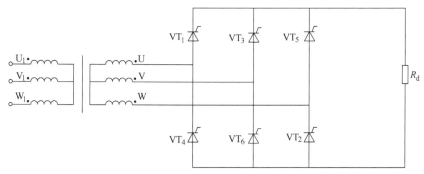

图 3-46　三相全控桥式整流电阻性负载电路的原理图

三相电路中相电压与线电压的对应关系波形如图 3-47 所示，各线电压正半波的交点 1~6 就是三相全控桥式整流电路 6 个晶闸管（VT_1~VT_6）的 $\alpha = 0°$ 的点。为了分析方便，将以线电压为主进行介绍。

注意：三相全控桥式整流电路在任何时刻都必须有两个晶闸管同时导通，而且其中一个是在共阴极组，另一个在共阳极组。为了保证电路能启动工作或在电流断续后再次导通工作，必须对两组中应导通的两个晶闸管同时加触发脉冲，通常采用的触发方式有双窄脉冲触发和单宽脉冲触发两种。

（1）采用双窄脉冲触发

图 3-48 为双窄脉冲。触发电路送出的是窄的矩形脉冲（宽度一般为 18°~

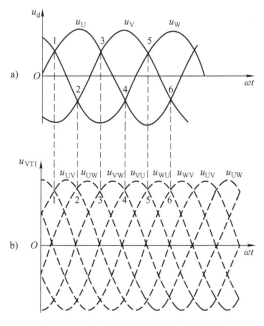

图 3-47　相电压与线电压的对应关系
a）相电压波形　b）线电压波形

20°）。在送出某一相晶闸管脉冲的同时，向前一相晶闸管补发一个触发脉冲，称为补脉冲（或辅脉冲）。例如，在送出 u_{g3} 触发 VT$_3$ 的同时，触发电路也向 VT$_2$ 送出 u'_{g2} 辅脉冲，故 VT$_3$ 与 VT$_2$ 同时被触发导通，输出电压 $u_d = u_{VW}$。

（2）采用单宽脉冲触发

图 3-49 为单宽脉冲，每一个触发脉冲的宽度大于 60°而小于 120°（一般取 80°～90°为宜），这样在相隔 60°要触发换相时，当后一个触发脉冲出现时，前一个触发脉冲还未消失，这样就保证在任一换向时刻都有相邻的两个晶闸管有触发脉冲。例如，在送出 u_{g3} 触发 VT$_3$ 的同时，由于 u_{g2} 还未消失，故 VT$_3$ 与 VT$_2$ 同时被触发导通，整流电路的输出电压 $u_d = u_{VW}$。

显然，双窄脉冲的作用和宽脉冲的作用是一样的，但是双窄脉冲触发可减少触发电路的功率和脉冲变压器铁心的体积。

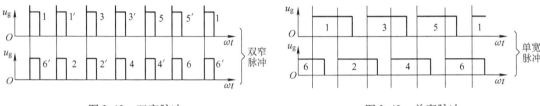

图 3-48 双窄脉冲 　　　　　　　　图 3-49 单宽脉冲

1. $\alpha = 30°$时的波形分析

图 3-50a、b 为 $\alpha = 30°$时输出电压 u_d 和晶闸管 VT$_1$ 两端电压的理论波形。图 3-51a、b 为 $\alpha = 30°$时输出电压与晶闸管 VT$_1$ 两端电压的实测波形。

图 3-50 所示波形中，设电路已在工作，VT$_5$、VT$_6$ 已导通，输出电压 u_{WV} 经过自然换相点 1 时，虽然 U 相的 VT$_1$ 开始承受正向电压，但触发脉冲 u_{g1} 尚未送到，VT$_1$ 无法导通，于是 VT$_5$ 仍承受正向电压继续导通。当过 U 相（1 号管）自然换相点 30°（即 $\alpha = 30°$）时，触发电路送出触发脉冲 u_{g1}、u'_{g6}，触发 VT$_1$、VT$_6$ 导通，VT$_5$ 则承受反向电压而关断，输出电压 u_d 的波形由 u_{WV} 的波形换成 u_{UV} 的波形，负载电流的方向如图 3-52 所示。

经过自然换相点 2 时，虽然 W 相的 VT$_2$ 开始承受正向电压，但触发脉冲 u_{g2} 尚未送到，VT$_1$ 无法导通，于是 VT$_6$ 仍承受正向电压继续导通。当过 2 号管自然换相点 30°时，触发电路送出触发脉冲 u_{g2}、u'_{g1}，触发 VT$_1$、VT$_2$ 导通，VT$_6$ 则承受反向电压而关断，输出电压 u_d 的波形由 u_{UV} 的波形换成 u_{UW} 的波形，负载电流的方向如图 3-53 所示。

经过自然换相点 3 时，V 相的 VT$_3$ 开始承受正向电压，但触发脉冲 u_{g3} 尚未送到，VT$_3$ 无法导通，于是 VT$_1$ 仍承受正向电压继续导通。当过 3 号管自然换相点 30°时，触发电路送出触发脉冲 u_{g3}、u'_{g2}，触发 VT$_3$、VT$_2$ 导通，VT$_1$ 则承受反向电压而关断，输出电压 u_d 的波形由 u_{UW} 的波形换成 u_{VW} 的波形，负载电流的方向如图 3-54 所示。

经过自然换相点 4 时，U 相的 VT$_4$ 开始承受正向电压，但触发脉冲 u_{g4} 尚未送到，VT$_3$ 无法导通，于是 VT$_2$ 仍承受正向电压继续导通。当过 4 号管自然换相点 30°时，触发电路送出触发脉冲 u_{g4}、u'_{g3}，触发 VT$_3$、VT$_4$ 导通，VT$_2$ 则承受反向电压而关断，输出电压 u_d 的波形由 u_{VW} 的波形换成 u_{VU} 的波形，负载电流的方向如图 3-55 所示。

经过自然换相点 5 时，W 相的 VT$_5$ 开始承受正向电压，但触发脉冲 u_{g5} 尚未送到，VT$_5$ 无法导通，于是 VT$_3$ 仍承受正向电压继续导通。当过 5 号管自然换相点 30°时，触发电路送

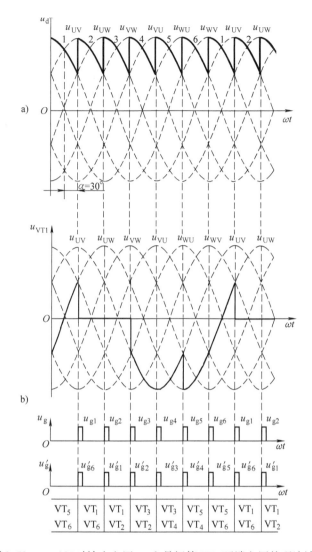

图 3-50　$\alpha = 30°$时输出电压 u_d 和晶闸管 VT_1 两端电压的理论波形

a）输出电压 u_d 的理论波形　b）晶闸管 VT_1 两端电压的理论波形

出触发脉冲 $u_{\mathrm{g}5}$、$u'_{\mathrm{g}4}$，触发 VT_5、VT_4 导通，VT_3 则承受反向电压而关断，输出电压 u_d 的波形由 u_{VU} 的波形换成 u_{WU} 的波形，负载电流的方向如图 3-56 所示。

经过自然换相点 6 时，V 相的 VT_6 开始承受正向电压，但触发脉冲 $u_{\mathrm{g}6}$ 尚未送到，VT_6 无法导通，于是 VT_4 仍承受正向电压继续导通。当过 6 号管自然换相点 30° 时，触发电路送出触发脉冲 $u_{\mathrm{g}6}$、$u'_{\mathrm{g}5}$，触发 VT_5、VT_6 导通，VT_4 则承受反向电压而关断，输出电压 u_d 的波形由 u_{WU} 的波形换成 u_{WV} 的波形，负载电流的方向如图 3-57 所示。这样就完成了一个周期的换流过程。电路中 6 只晶闸管导通的顺序与输出电压的对应关系如图 3-58 所示。

在图 3-50b 中晶闸管 VT_1 两端电压的理论波形可分为 3 个部分：在晶闸管 VT_1 导通期间，忽略晶闸管的管压降，$u_{\mathrm{VT}1} \approx 0$；在晶闸管 VT_3 导通期间，$u_{\mathrm{VT}1} \approx u_{\mathrm{UV}}$；在晶闸管 VT_5 导通期间，$u_{\mathrm{VT}1} \approx u_{\mathrm{UW}}$。以上 3 段各为 120°，一个周期后波形重复。

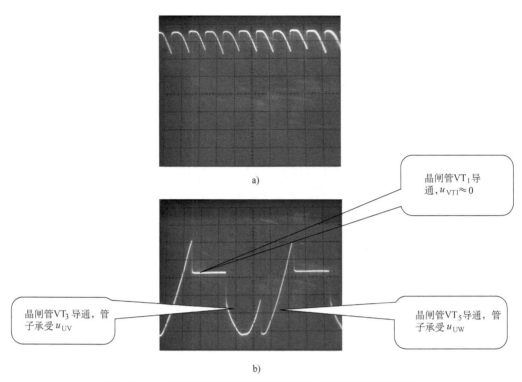

a)

b)

图 3-51 $\alpha = 30°$ 时输出电压与晶闸管 VT_1 两端电压的实测波形

a) $\alpha = 30°$ 时输出电压实测波形 b) $\alpha = 30°$ 时晶闸管 VT_1 两端电压实测波形

晶闸管 VT_1 导通,$u_{VT1} \approx 0$

晶闸管 VT_3 导通,管子承受 u_{UV}

晶闸管 VT_5 导通,管子承受 u_{UW}

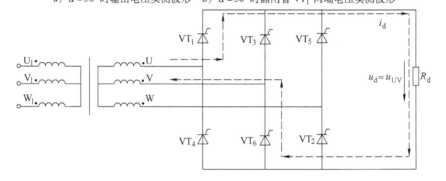

图 3-52 VT_1、VT_6 触发导通时的输出电压与电流方向

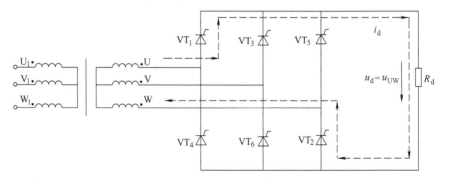

图 3-53 VT_1、VT_2 触发导通时的输出电压与电流方向

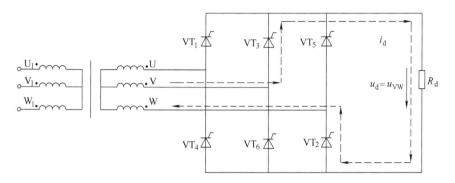

图 3-54　VT₃、VT₂ 触发导通时的输出电压与电流方向

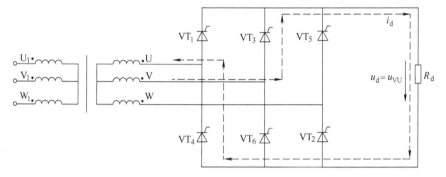

图 3-55　VT₃、VT₄ 被触发导通时的输出电压与电流方向

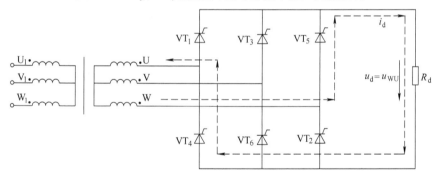

图 3-56　VT₅、VT₄ 被触发导通时的输出电压与电流方向

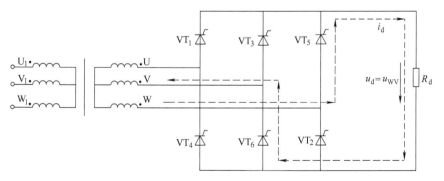

图 3-57　VT₅、VT₆ 被触发导通时的输出电压与电流方向

$u_{VT2} \sim u_{VT6}$ 的波形与 u_{VT1} 相似，但相应依次互差 $60°$。$\alpha = 30°$ 时输出电压 u_d 和晶闸管 VT_2 两端电压的理论波形如图 3-59 所示，晶闸管 VT_2 两端电压的理论波形同样可分为 3 个部分：在晶闸管 VT_2 导通期间，忽略晶闸管的管压降，$u_{VT2} \approx 0$；在晶闸管 VT_4 导通期间，$u_{VT2} \approx u_{UW}$；在晶闸管 VT_6 导通期间，$u_{VT2} \approx u_{VW}$。其他管子的波形读者可自行分析。

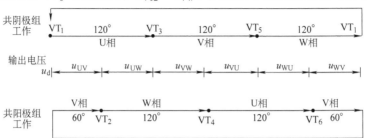

图 3-58 6 只晶闸管导通的顺序与输出电压的对应关系

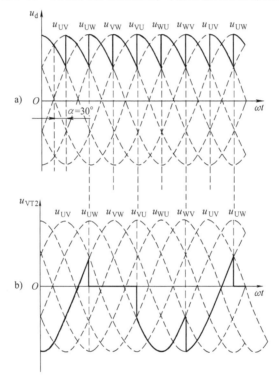

图 3-59 $\alpha = 30°$ 时输出电压 u_d 和晶闸管 VT_2 两端电压的理论波形

a) 输出电压 u_d 理论波形 b) 晶闸管 VT_2 两端电压理论波形

需要指出的是，当 $\alpha = 60°$ 时，整流电路输出电压 u_d 的波形处于连续和断续的临界状态，各相晶闸管依然导通 $120°$，一旦 $\alpha > 60°$，电压 u_d 和波形将会间断，各相晶闸管的导通角将小于 $120°$。

图 3-60a、b 分别为 $\alpha = 90°$ 时输出电压的理论波形和实测波形。

2. 三相全控桥式整流电阻性负载电路参数的计算

1）输出电压平均值的计算公式：

① $\alpha \leqslant 60°$，$\theta_T = 120°$ 时

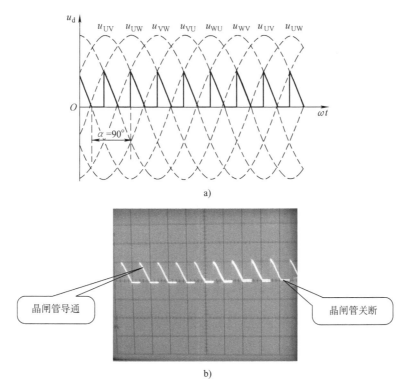

图 3-60 $\alpha = 90°$时输出电压的理论波形和实测波形

a）输出电压的理论波形　b）输出电压的实测波形

$$U_d = 2.34 U_{2\varphi} \cos\alpha$$

② $\alpha > 60°$，$\theta_T < 120°$时

$$U_d = 2.34 U_{2\varphi} [1 + \cos(\pi/3 + \alpha)]$$

2）负载电流平均值的计算公式为

$$I_d = U_d / R_d$$

3）晶闸管的平均电流 I_{dT} 为

$$I_{dT} = \frac{1}{3} I_d \qquad (0° \leqslant \alpha \leqslant 120°)$$

4）晶闸管可能承受的最大电压为

$$U_{TM} = \sqrt{6} U_{2\varphi}$$

【例 3-4】 已知三相全控桥式整流电路带电阻性负载，输入相电压为 220V，负载电阻为 10Ω，求晶闸管最小触发延迟角分别为 $\alpha = 60°$、$\alpha = 90°$时，输出平均电压和平均电流各为多少？流过每个晶闸管的平均电流是多少？管子在电路中承受的最大电压是多少？

解题思路：本题第一个求解的是输出平均电压 U_d，根据前面所讲解的公式可以看出，只要在 U_d、$U_{2\varphi}$、α 这 3 个参数中知道其中的两个就可以求出第 3 个参数。本题已知条件分别是 $U_{2\varphi} = 220V$、$\alpha = 60°$、$\alpha = 90°$，也就是说，只要将已知条件按角度要求分别代入相应的公式就可以求出输出电压了。平均电流可以根据已经求出的输出电压的大小，利用欧姆定律除以电阻即可求出 I_d；然后再根据公式计算 I_{dT} 和 U_{TM}。

解：触发延迟角 $\alpha = 60°$时，输出平均电压为

$$U_d = 2.34 U_{2\varphi} \cos\alpha = 2.34 \times 220 \times \cos 60° \text{V} \approx 257.4 \text{V}$$

输出平均电流为

$$I_d = \frac{U_d}{R_d} = \frac{257.4}{10}A = 25.74A$$

$$I_{dT} = \frac{1}{3}I_d = \frac{1}{3} \times 25.74A = 8.58A$$

$$U_{TM} = \sqrt{6}U_{2\varphi} = \sqrt{6} \times 220V \approx 539V$$

触发延迟角 $\alpha = 90°$ 时，平均电压为

$$U_d = 2.34U_{2\varphi}\left[1 + \cos(\pi/3 + \alpha)\right] = 2.34 \times 220 \times \left[1 + \cos(60° + 90°)\right]V \approx 68.9V$$

输出平均电流为

$$I_d = \frac{U_d}{R_d} = \frac{68.9}{10}A = 6.89A$$

$$I_{dT} = \frac{1}{3}I_d = \frac{1}{3} \times 6.89A = 2.3A$$

3.3.2 电感性负载电路波形分析与电路参数计算

图 3-61 为三相全控桥式整流大电感负载电路的原理图。电路中，电感 L_d 足够大，且满足 $\omega L_d \gg R_d$，各相晶闸管移相触发延迟角 α 的起始点（即 $\alpha = 0°$）在自然换相点。

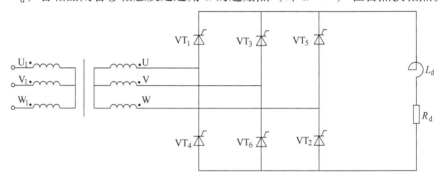

图 3-61 三相全控桥式整流大电感负载电路的原理图

当 $\alpha \leqslant 60°$ 时，输出电压 u_d 和晶闸管两端电压的波形的分析方法与电阻性负载相同，这里不再重复分析。

1. $\alpha = 90°$ 时的波形分析

图 3-62 为 $\alpha = 90°$ 时输出电压 u_d 和晶闸管 VT_1 两端电压的理论波形。图 3-63 为 $\alpha = 90°$ 时输出电压与晶闸管 VT_1 两端电压的实测波形。

在 ωt_1 时刻加入触发脉冲触发晶闸管 VT_1 导通。晶闸管 VT_6 此时也处于导通状态，忽略管压降，负载上得到的输出电压 u_d 为 u_{UV}，负载电流的方向如图 3-64 所示。

当线电压 u_{UV} 过零变负时，由于 L_d 自感电动势的作用，导通的晶闸管不会关断，将 L_d 释放的能量回馈给电网，输出电压 u_d 的波形出现负半周，负载电流的方向依然如图 3-64 所示。

在 ωt_2 时刻触发晶闸管 VT_2 导通，晶闸管 VT_6 承受反向电压关断，负载上得到的输出电压 u_d 为 u_{UW}，负载电流的方向如图 3-65 所示。

同样，当线电压 u_{UW} 过零变负时，由于自感电动势的作用，使晶闸管持续导通，将 L_d 释放的能量回馈给电网，输出电压 u_d 的波形出现负半周，负载电流的方向依然如图 3-65 所示。

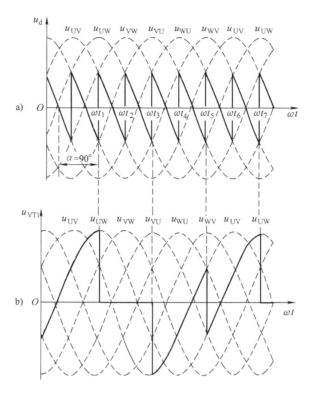

图 3-62　$\alpha = 90°$ 时输出电压 u_d 和晶闸管 VT_1 两端电压的理论波形

a）输出电压 u_d 理论波形　b）晶闸管 VT_1 两端电压理论波形

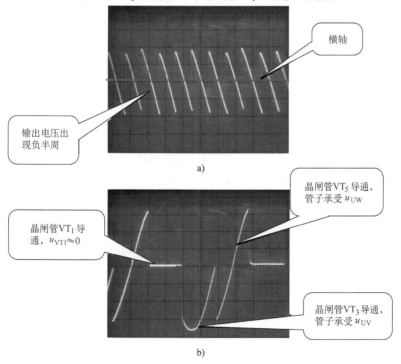

图 3-63　$\alpha = 90°$ 时输出电压和晶闸管 VT_1 两端电压的实测波形

a）$\alpha = 90°$ 时输出电压实测波形　b）$\alpha = 90°$ 时晶闸管 VT_1 两端电压实测波形

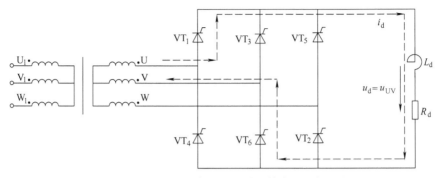

图 3-64 VT$_1$、VT$_6$ 触发导通时的输出电压与电流

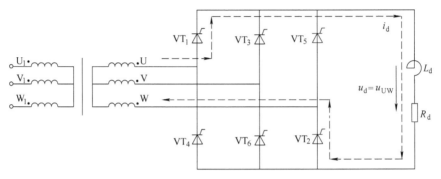

图 3-65 VT$_1$、VT$_2$ 触发导通时的输出电压与电流方向

在 ωt_3 时刻触发晶闸管 VT$_3$ 导通，晶闸管 VT$_1$ 承受反向电压关断，输出电压 u_d 为 u_{VW}，负载电流的方向如图 3-66 所示。

当线电压 u_{VW} 过零变负时，在自感电动势的作用下，输出电压 u_d 的波形出现负半周，负载电流的方向依然如图 3-66 所示。

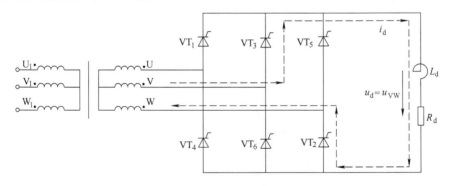

图 3-66 VT$_2$、VT$_3$ 导通时的输出电压与电流方向

在 ωt_4 时刻触发晶闸管 VT$_4$ 导通，晶闸管 VT$_2$ 承受反向电压关断，输出电压 u_d 为 u_{VU}，负载电流的方向如图 3-67 所示。

当线电压 u_{VU} 过零变负时，在自感电动势的作用下，输出电压 u_d 的波形出现负半周，负载电流的方向依然如图 3-67 所示。

在 ωt_5 时刻触发晶闸管 VT$_5$ 导通，晶闸管 VT$_3$ 承受反向电压关断，输出电压 u_d 为 u_{WU}，

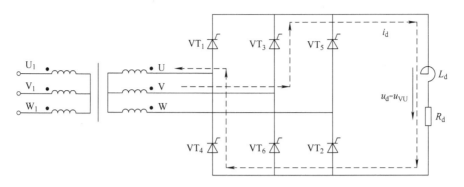

图 3-67　VT_3、VT_4 导通时的输出电压与电流方向

负载电流的方向如图 3-68 所示。

当线电压 u_{WU} 过零变负时，在自感电动势的作用下，输出电压 u_d 的波形出现负半周，负载电流的方向依然如图 3-68 所示。

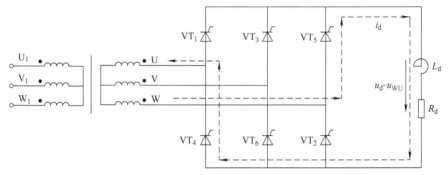

图 3-68　VT_4、VT_5 导通时的输出电压与电流方向

在 ωt_6 时刻触发晶闸管 VT_6 导通，晶闸管 VT_4 承受反向电压关断，输出电压 u_d 为 u_{WV}，负载电流的方向如图 3-69 所示。

当线电压 u_{WV} 过零变负时，在自感电动势的作用下，输出电压 u_d 的波形出现负半周，负载电流的方向依然如图 3-69 所示。

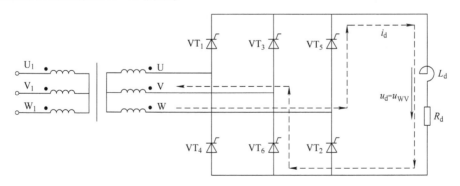

图 3-69　VT_5、VT_6 导通时的输出电压与电流方向

在 ωt_7 时刻再次触发晶闸管 VT_1 导通，输出电压 u_d 为 u_{UV}，至此完成一个周期的工作，在负载上得到一个完整的波形。

显然，当触发脉冲后移到 $\alpha = 90°$ 时，u_d 波形的正向电压部分与负向电压部分近似相等，输出电压的平均值 $U_\mathrm{d} \approx 0$。

由以上的分析和测试可以得出：

1）三相全控桥式整流大电感负载电路在不接续流二极管的情况下，当 $\omega L_\mathrm{d} >> R_\mathrm{d}$，$\alpha \leqslant 90°$，$u_\mathrm{d}$、$i_\mathrm{d}$ 波形连续时，在一个周期内各相晶闸管轮流导通120°。

2）移相范围为 $\alpha = 0° \sim 90°$。

3）输出电压 u_d 在 $0° \leqslant \alpha \leqslant 90°$ 范围内波形连续，当 $\alpha > 60°$ 时，波形出现负半周。

4）触发延迟角在 $\alpha = 0° \sim 90°$ 范围内变化时，晶闸管阳极承受的电压 u_VT 的波形分为 3 段：闸管导通时，$u_\mathrm{VT} \approx 0$（忽略管压降），其他任一相导通时，都使晶闸管承受相应的线电压。

2. 三相全控桥式整流大电感负载电路参数的计算

1）输出电压平均值的计算公式为

$$U_\mathrm{d} = 2.34 U_{2\varphi} \cos\alpha \qquad (0° \leqslant \alpha \leqslant 90°)$$

2）负载电流平均值的计算公式为

$$I_\mathrm{d} = U_\mathrm{d} / R_\mathrm{d}$$

3）晶闸管的平均电流 I_dT 为

$$I_\mathrm{dT} = \frac{1}{3} I_\mathrm{d} \qquad (0° \leqslant \alpha \leqslant 90°)$$

4）晶闸管的有效值电流 I_T 为

$$I_\mathrm{T} = \sqrt{\frac{1}{3}} I_\mathrm{d} = 0.577 I_\mathrm{d}$$

5）晶闸管可能承受的最大电压为

$$U_\mathrm{TM} = \sqrt{6} U_{2\varphi}$$

【例 3-5】 三相全控桥式整流电路中，变压器二次侧的相电压为200V，带大电感负载，无续流二极管，求最小触发延迟角 $\alpha = 45°$ 时的输出电压；如负载电流为200A，求晶闸管上的最高电压和晶闸管电流的平均值 I_dT、有效值 I_T。试选择晶闸管的型号。

解题思路：本题的考察重点有 3 点。①输出电压的计算有别于电阻性负载，无论触发延迟角的大小是多少都只用一个共同的公式；②晶闸管上承受的最大电压值与变压器二次侧的相电压（即 $U_{2\varphi}$）有关，而与其他的参数无关；③电流参数的计算可以根据已知条件直接计算。

晶闸管的选择主要考虑两个参数：额定电压和通态平均电流。这里需要注意的是，在确定电压参数时要使所选择晶闸管的额定电压大于或等于电路中可能出现的最大电压的 $2 \sim 3$ 倍；在确定电流参数时，首先应将流过管子的实际电流的平均值转换为有效值，然后再按照公式 $I_\mathrm{T(AV)} \geqslant (1.5 \sim 2) \dfrac{I_\mathrm{T}}{1.57}$ 求出管子允许的通态平均电流的范围，从而确定管子的电流等级；由以上的两个量就可以最终确定晶闸管的型号了。

解：

输出电压为

$$U_\mathrm{d} = 2.34 U_{2\varphi} \cos\alpha = 2.34 \times 200 \times \cos 45° \mathrm{V} \approx 331\mathrm{V}$$

晶闸管上可承受的最高电压为

$$U_\mathrm{TM} = \sqrt{6} U_{2\varphi} = \sqrt{6} \times 200\mathrm{V} = 490\mathrm{V}$$

晶闸管电流的平均值 I_{dT} 为

$$I_d = 200A$$
$$I_{dT} = I_d/3 = 200/3A = 66.7A$$

晶闸管电流的有效值 I_T 为

$$I_T = I_d/\sqrt{3} = 200/\sqrt{3}A = 115.5A$$

选择晶闸管：

$$U_{TN} \geqslant (2 \sim 3) U_{TM} = (2 \sim 3) \times 490V = 980 \sim 1470V$$

$$I_{T(AV)} \geqslant (1.5 \sim 2) \frac{I_T}{1.57} = (1.5 \sim 2) \times \frac{115.5}{1.57}A = 110.4 \sim 147A$$

选择晶闸管型号为 KP200 - 10。

3.3.3 电感性带续流二极管负载电路波形分析与电路参数计算

1. 波形分析

三相全控桥式整流大电感负载电路中，当 $\alpha > 60°$ 时，输出电压 u_d 的波形出现负值，使平均电压 U_d 下降，可在大电感负载两端并接续流二极管 VD，这样不仅可以提高输出平均电压 U_d 的值，而且可以扩大移相范围并使负载电流 i_d 更平稳。三相全控桥式整流大电感负载两端并接续流二极管电路的原理图如图 3-70 所示。

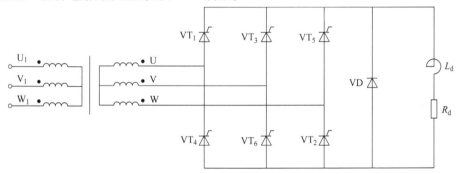

图 3-70　三相全控桥式整流大电感负载两端并接续流二极管电路的原理图

其工作过程分析如下：

当 $\alpha \leqslant 60°$ 时，输出电压 u_d 的波形和各电量计算与大电感负载不接续流二极管时相同，且连续均为正压，续流二极管 VD 不起作用，每相晶闸管导通 $120°$。

当 $\alpha > 60°$ 时，图 3-71 为 $\alpha = 90°$ 时输出电压 u_d 的理论波形。

当三相电源电压每相过零变负时，电感 L_d 中的感应电动势使续流二极管 VD 承受正向电压而导通进行续流，续流电流的方向如图 3-72 所示。

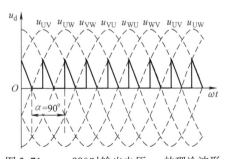

图 3-71　$\alpha = 90°$ 时输出电压 u_d 的理论波形

续流期间输出电压 $u_d = 0$，使得 u_d 波形不出现负向电压，但已出现断续。当电感性负载并接续流管后，整流电路输出电压的波形与电阻性负载电路时相同，晶闸管导通角 $\theta_T < 120°$。

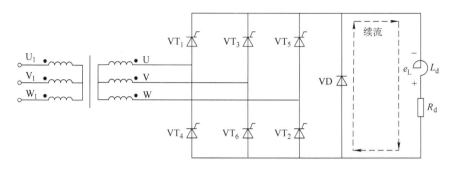

图 3-72 续流二极管 VD 承受正向电压导通进行续流

2. 三相全控桥式整流大电感负载并接续流二极管电路参数的计算

1）输出电压平均值的计算公式：

① $\alpha \leqslant 60°$时，$\theta_T = 120°$

$$U_d = 2.34 U_{2\varphi} \cos\alpha$$

② $\alpha > 60°$时，$\theta_T < 120°$

$$U_d = 2.34 U_{2\varphi} [1 + \cos(\pi/3 + \alpha)]$$

2）负载电流平均值的计算公式为

$$I_d = U_d / R_d$$

3）晶闸管的平均电流 I_{dT} 和有效值电流 I_T 为

$$I_{dT} = \frac{\theta_T}{360°} I_d = \begin{cases} \dfrac{1}{3} I_d & (\alpha \leqslant 60°) \\ \dfrac{120° - \alpha}{360°} I_d & (60° < \alpha \leqslant 120°) \end{cases}$$

$$I_T = \sqrt{\frac{\theta_T}{360°}} I_d = \begin{cases} \sqrt{\dfrac{1}{3}} I_d & (\alpha \leqslant 60°) \\ \sqrt{\dfrac{120° - \alpha}{180°}} I_d & (60° < \alpha \leqslant 120°) \end{cases}$$

4）当 $\alpha > 60°$时，流过续流二极管的平均电流 I_{dD} 和有效值电流 I_D 为

$$I_{dD} = \frac{\theta_D}{360°} I_d = \frac{\alpha - 60°}{60°} I_d$$

$$I_D = \sqrt{\frac{\theta_D}{360°}} I_d = \sqrt{\frac{\alpha - 60°}{60°}} I_d$$

5）晶闸管两端承受的最大电压为

$$U_{TM} = \sqrt{6} U_{2\varphi}$$

3.3.4 常见故障分析

从前面的分析已经可以清楚地知道，正常工作状态下三相全控桥式整流电路输出电压的波形是 6 个对称的波头，晶闸管两端则根据管子的导通情况承受相应的线电压。当电路出现异常时，输出电压和晶闸管两端电压的波形都会发生相应的变化，通过运用示波器测试整流电路输出电压和晶闸管两端电压的波形就可以初步知道电路异常的原因，然后逐步缩小范围，查处故障点。以三相全控桥式整流电路电感性负载、$\alpha = 60°$电流连续为例，介绍在三

相全控桥式整流电路中常见故障的检查分析方法。

1. 一个晶闸管损坏或一个桥臂断路

故障现象：用示波器测量三相全控桥式整流电路输出电压 u_d 的波形，发现在 ωt_1 时刻电路无法完成正常的换相，直到 ωt_2 时刻电路才恢复了正常的工作状态，与正常波形相比缺少了两个波头。图 3-73a 为晶闸管 VT_5 断路时输出电压的实测波形。由图可见，$\omega t_1 \sim \omega t_2$ 为 120°，波形中出现的负值是由电感中的能量释放回馈给电源所致。

现象分析：电路正常工作时，每一个晶闸管的导通角为 120°，晶闸管的工作情况与输出电压波头的对应关系为：VT_1 对应于 u_{UV} 和 u_{UW}；VT_2 对应于 u_{UW} 和 u_{VW}；VT_3 对应于 u_{VW} 和 u_{VU}；VT_4 对应于 u_{VU} 和 u_{WU}；VT_5 对应于 u_{WU} 和 u_{WV}；VT_6 对应于 u_{WV} 和 u_{UV}。如果能够确定丢失的波头是哪两个，就可以很快地找出出现问题的桥臂。

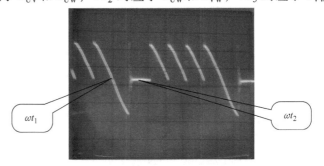

但是，在实际情况下输出电压 u_d 的波头上是没有符号说明的，这就需要通过示波器测量晶闸管两端的电压波形进行检查，具体确定出现故障的桥臂或管子。晶闸管正常工作的情况下，当管子导通时，其两端的电压降很小，就会在 u_{VT} 上出现一段接近横轴的一条直线，称为导通段。用示波器测量每个管子两端电压 u_{VT} 的波形，观察有无导通段，就可以很直接地判断出管子是否正常工作。如果哪一个管子的端电压波形没有导通段，说明这个晶闸管没有工作，故障范围就缩小到与该管子相关的元器件或接线。

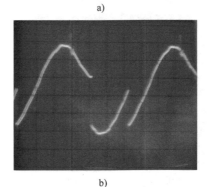

图 3-73　一个晶闸管损坏或一个桥臂
断路时的波形情况

a）输出电压的波形　b）不导通晶闸管的波形

图 3-73b 为三相全控桥式整流电路中晶闸管 VT_5 支路出现断路故障时的波形。

判断出哪个管子没有导通后就可以对该晶闸管进行检查以确定其好坏，同时对桥臂熔断器、连接线等进行检查，最终确定故障原因。

2. 两个晶闸管损坏或者两个桥臂断路

当电路的晶闸管中出现两个晶闸管损坏的情况时，其输出电压 u_d 的波形变化情况较为复杂，要根据不同的情况进行分析。

故障现象：用示波器测量三相全控桥式整流电路输出电压 u_d 的 6 个波头，发现在一个周期中只剩下连续两个波头，少了连续 4 个波头。

现象分析：在三相全控桥式整流电路输出电压 u_d 的 6 个波头分别是 u_{UV}、u_{UW}、u_{VW}、u_{VU}、u_{WU}、u_{WV}，当输出电压 u_d 的波形无论连续丢失哪 4 个波头都说明是属于同一连接组（VT_1、VT_3、VT_5 为共阴极组，VT_4、VT_6、VT_2 为共阳极组）的不同相的两个管子断路或没有导通，在无法确定波头的情况下，到底是哪一组的晶闸管出现了故障，还是要通过测量管子两端电压来具体确定故障范围及原因。图 3-74 为晶闸管 VT_3 和 VT_5 出现断路时输出电压 u_d 的波形。

故障现象：用示波器测量三相全控桥式整流电路输出电压 u_d 的波形每个周期少了 4 个波头，但不是连续少 4 个波头，而是每半个周期有一个，再连续少两个。

现象分析：如果输出电压的波形出现上述情况，就说明故障的原因是交流侧有一相断路或是同一相

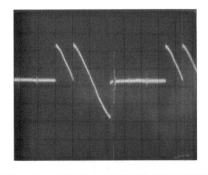

图 3-74　同组两个管子损坏或两个桥臂断路时输出电压的波形

上的两个晶闸管同时断路，这时可以通过检查交流侧的三相电是否断相和通过示波器测量晶闸管两端电压的波形进一步确定故障所在。图 3-75 为晶闸管 VT_5 和 VT_2 出现断路时输出电压 u_d 的波形。

此外，当电路中不同组、不同相的两个晶闸管出现断路时，其输出电压的波形就会出现连续缺少 3 个波头的情况。图 3-76 为晶闸管 VT_2 和 VT_3 所在的桥臂断路时输出电压的波形，其输出电压的波形缺少了 u_{UW}、u_{VW} 和 u_{VU} 3 个波头。

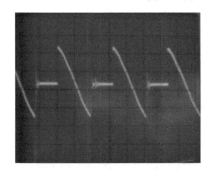

图 3-75　不同组、不同相两个管子损坏或两个桥臂断路时输出电压的波形

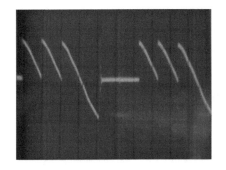

图 3-76　同相两个管子损坏或两个桥臂断路时输出电压的波形

3. 晶闸管短路

在三相全控桥式整流电路中，如果有一个晶闸管短路，例如共阴极组中的一根二管子短路，与之同组的其他两个管子中的任意一个被触发导通，都会造成电源线电压短路，使管子连续烧毁。在实际使用中应当避免出现短路事故，所以在每个晶闸管桥路中都必须串接快速熔断器来对晶闸管进行短路保护。

3.4　三相半控桥式整流电路

3.4.1　电阻性负载电路波形分析与电路参数计算

图 3-77 为三相半控桥式整流电阻性负载电路的原理图。其中，晶闸管 VT_1、VT_3、VT_5 的阴极接在一起，构成共阴极接法；VD_2、VD_4、VD_6 的阳极接在一起，构成共阳极接法。任何时刻，电路中都必须在共阴极组和共阳极组中各有一个管子导通，才能使负载端有输出

电压。可见，三相半控桥式整流电阻性负载电路实质上是由共阴极接法的三相半波可控整流电路与共阳极接法的三相半波不可控整流电路串联而成的，因此这种电路兼有可控与不可控两者的特性。

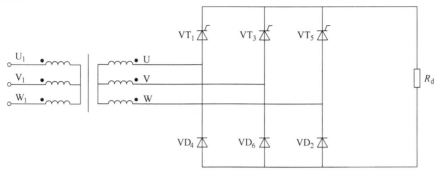

图 3-77　三相半控桥式整流电阻性负载电路的原理图

1. $\alpha = 30°$ 时的波形分析

图 3-78a、b 为 $\alpha = 30°$ 时输出电压 u_d 和晶闸管 VT_1 两端电压的理论波形。图 3-79a、b 为 $\alpha = 30°$ 时输出电压与晶闸管 VT_1 两端电压的实测波形。

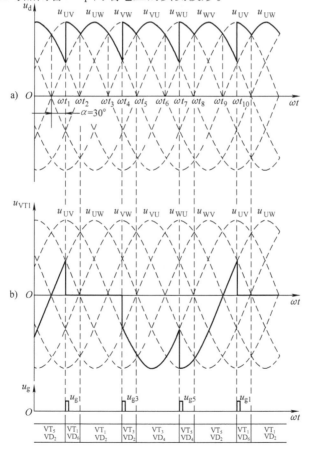

图 3-78　$\alpha = 30°$ 时输出电压 u_d 和晶闸管 VT_1 两端电压的理论波形

a）输出电压 u_d 理论波形　b）晶闸管 VT_1 两端电压理论波形

图 3-78 所示波形中，ωt_1 时刻 u_{g1} 触发 VT$_1$ 导通，此时 V 相电压最低，所以 VD$_6$ 导通，电源电压 u_{UV} 通过 VT$_1$、VD$_6$ 加于负载，输出电压 $u_d = u_{UV}$，负载电流的方向如图 3-80 所示。

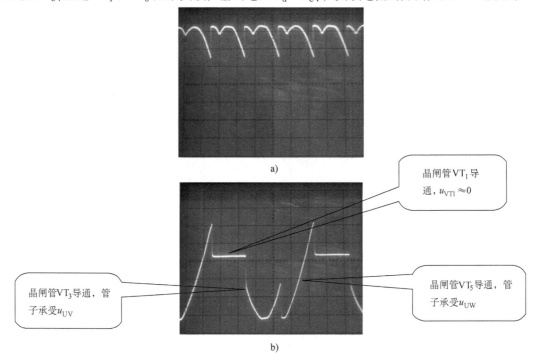

a)

晶闸管VT$_1$导通，$u_{VT1} \approx 0$

晶闸管VT$_3$导通，管子承受u_{UV}

晶闸管VT$_5$导通，管子承受u_{UW}

b)

图 3-79 $\alpha = 30°$时输出电压与晶闸管 VT$_1$ 两端电压的实测波形

a）$\alpha = 30°$时输出电压实测波形　b）$\alpha = 30°$时晶闸管 VT$_1$ 两端电压实测波形

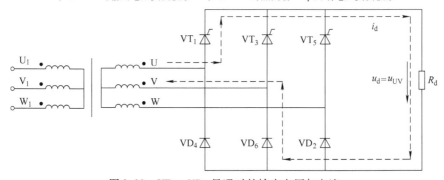

图 3-80   VT$_1$、VD$_6$ 导通时的输出电压与电流

ωt_2 时刻，W 相电压低于 V 相电压，电流从 VD$_6$ 换流到 VD$_2$，电源电压 u_{UW} 通过 VT$_1$、VD$_2$ 加于负载，输出电压 $u_d = u_{UW}$，负载电流的方向如图 3-81 所示。

ωt_3 时刻，由于 u_{g3} 还未出现，VT$_3$ 不能导通，VT$_1$、VD$_2$ 继续维持导通，输出线电压 $u_d = u_{UW}$。

ωt_4 时刻，u_{g3} 触发 VT$_3$ 导通后使 VT$_1$ 承受反向电压而关断，电路转为 VT$_3$ 与 VD$_2$ 导通，电源电压 u_{VW} 经 VT$_3$、VD$_2$ 加于负载，输出电压 $u_d = u_{VW}$，负载电流的方向如图 3-82 所示。

ωt_5 时刻，U 相电压低于 W 相电压，电流从 VD$_2$ 换流到 VD$_4$，电源电压 u_{VU} 通过 VT$_3$、VD$_4$ 加于负载，输出电压 $u_d = u_{VU}$，负载电流的方向如图 3-83 所示。

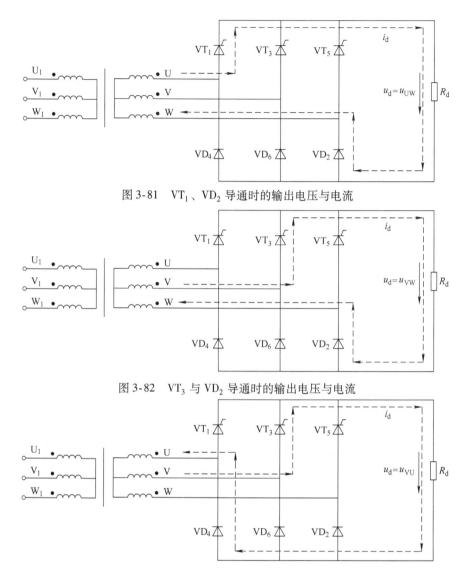

图 3-81　VT$_1$、VD$_2$ 导通时的输出电压与电流

图 3-82　VT$_3$ 与 VD$_2$ 导通时的输出电压与电流

图 3-83　VT$_3$、VD$_4$ 导通时的输出电压与电流

ωt_6 时刻，由于 u_{g5} 还未出现，VT$_5$ 不能导通，VT$_3$、VD$_4$ 继续维持导通，输出线电压 $u_d = u_{VU}$。

ωt_7 时刻，u_{g5} 触发 VT$_5$ 导通后使 VT$_3$ 承受反向电压而关断，电路转为 VT$_5$ 与 VD$_4$ 导通，电源电压 u_{WU} 经 VT$_5$、VD$_4$ 加于负载，输出电压 $u_d = u_{WU}$，负载电流的方向如图 3-84 所示。

ωt_8 时刻，V 相电压低于 U 相电压，电流从 VD$_4$ 换流到 VD$_6$，电源电压 u_{WV} 通过 VT$_5$、VD$_6$ 加于负载，输出电压 $u_d = u_{WV}$，负载电流的方向如图 3-85 所示。

ωt_9 时刻，由于 u_{g1} 还未出现，VT$_1$ 不能导通，VT$_5$、VD$_6$ 继续维持导通，输出线电压 $u_d = u_{WV}$。

ωt_{10} 时刻，晶闸管 VT$_1$ 再次被触发导通，至此完成了一个周期的工作，负载 R_d 上得到 3 个完整波头与 3 个间隔缺角的波形，每个晶闸管导通 120°。

$\alpha = 30°$ 时晶闸管两端电压的波形和三相全控桥式整流电路在 $\alpha = 30°$ 时相同，也是由 3 段组成。

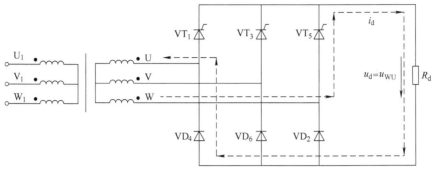

图 3-84 VT₅、VD₄ 导通时的输出电压与电流

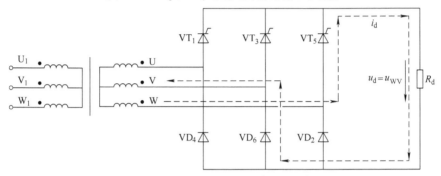

图 3-85 VT₅、VD₆ 导通时的输出电压与电流

在图 3-78b 中，晶闸管 VT₁ 两端电压的理论波形可分为：在晶闸管 VT₁ 导通期间，忽略晶闸管的管压降，$u_{VT1} \approx 0$；在晶闸管 VT₃ 导通期间，$u_{VT1} \approx u_{UV}$；在晶闸管 VT₅ 导通期间，$u_{VT1} \approx u_{UW}$。以上 3 段各为 120°，一个周期后波形重复。

2. $\alpha = 60°$ 时的波形分析

图 3-86a、b 为 $\alpha = 60°$ 时输出电压 u_d 和晶闸管 VT₁ 两端电压的理论波形。

在 ωt_1 时刻，u_{g1} 触发 VT₁ 导通，由于 W 相电压将低于 V 相电压，而使 VD₂ 导通，电源电压 u_{UW} 经 VT₁、VD₂ 加于负载上；ωt_2 时刻，由于 u_{g3} 还未出现，VT₃ 不能导通，VT₁、VD₂ 继续维持导通，输出电压仍为 u_{UW}；到 ωt_3 时刻，u_{g3} 触发 VT₃ 导通，VT₁ 承受反向电压关断，电流由 VT₁ 换到 VT₃，同时由于 U 相电压低于 W 相电压，使 VD₄ 导通而 VD₂ 关断，电流由 VD₂ 换流到 VD₄，电源电压 u_{VU} 经 VT₃、VD₄ 加于负载。依此类推，负载 R_d 上得到的 u_d 波形只剩 3 个波头，波形维持临界连续，每个晶闸管导通 120°。

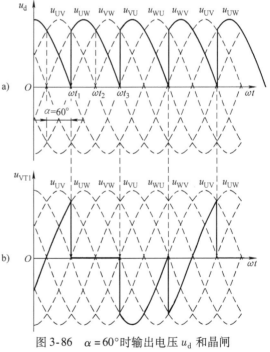

图 3-86 $\alpha = 60°$ 时输出电压 u_d 和晶闸管 VT₁ 两端电压的理论波形

a) 输出电压 u_d 理论波形 b) 晶闸管 VT₁ 两端电压理论波形

图 3-87a、b 为 $\alpha = 60°$ 时输出电压与晶闸管 VT_1 两端电压的实测波形，读者自行对照理论波形进行比较。

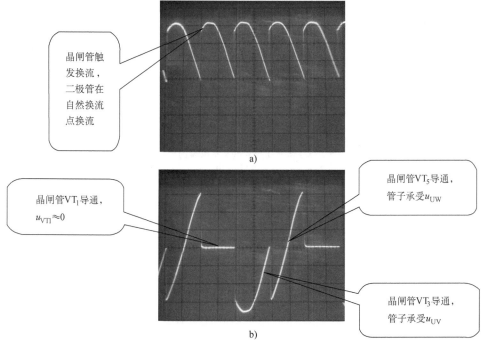

图 3-87　$\alpha = 60°$ 时输出电压与晶闸管 VT_1 两端电压的实测波形

a）输出电压的实测波形　b）晶闸管 VT_1 两端电压的实测波形

需要指出的是，当 $\alpha = 60°$ 时，整流电路输出电压 u_d 的波形处于连续和断续的临界状态，各相晶闸管依然导通 $120°$，一旦 $\alpha > 60°$，电压 u_d 的波形将会间断，各相晶闸管的导通角将小于 $120°$。

图 3-88a、b 分别为电阻性负载 $\alpha = 90°$ 时输出电压 u_d 和晶闸管 VT_1 两端电压的理论波形。

ωt_1 时刻，VT_1 在 u_{UW} 的作用下被触发导通，输出电压 $u_d = u_{VW}$；到 ωt_2 时刻 $u_{UW} = 0$ 时，VT_1 关断；在 $\omega t_2 \sim \omega t_3$ 期间，VT_3 虽受 u_{VU} 正向电压，但门极无触发脉冲，故 VT_3 不导通，波形出现断续；到 ωt_3 时刻，VT_3 才触发导通，$u_d = u_{VU}$，直到 u_{VU} 线电压为零时关断。依此类推，每个周期输出电压 u_d 为 3 个断续波头，每个晶闸管的导通角小于 $120°$。

随着 α 增大，输出电压随之下降，晶闸管导通时间减小，断流时间加大，当触发脉冲后移到 $\alpha = 180°$ 时，由于晶闸管已不再承受

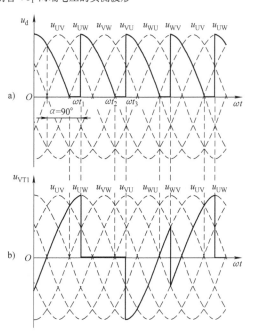

图 3-88　电阻性负载 $\alpha = 90°$ 时输出电压 u_d 和晶闸管 VT_1 两端电压的理论波形

a）输出电压 u_d 理论波形　b）晶闸管 VT_1 两端电压理论波形

正向电压，无法导通，所以 $\alpha = 180°$ 时，输出电压 $u_d = 0$。

由以上分析和测试可以得出：

1）三相半控桥式整流电路只用 3 个晶闸管，只需 3 套触发电路，不需要大于 60° 的宽脉冲或双脉冲触发，因此线路简单经济、调整方便。

2）三相半控桥式整流电阻性负载电路在 $\alpha \leqslant 60°$ 时波形连续，晶闸管导通角 $\theta_T = 120°$；$\alpha > 60°$ 时出现波形断续，晶闸管的导通角 $\theta_T < 120°$；$\alpha = 60°$ 为临界连续点。

3）移相范围为 $\alpha = 0° \sim 180°$。

3. 三相半控桥式整流电阻性负载电路参数的计算

1）输出电压平均值的计算公式为

$$U_d = 1.17U_{2\varphi}(1 + \cos\alpha)$$

2）负载电流平均值的计算公式为

$$I_d = U_d / R_d$$

3）晶闸管的平均电流 I_{dT} 为

$$I_{dT} = \frac{1}{3}I_d$$

4）晶闸管可能承受的最大电压为

$$U_{TM} = \sqrt{6}U_{2\varphi}$$

【例 3-6】 已知三相半控桥式整流电路带电阻性负载，输入相电压为 220V，求其输出电压平均值的调节范围为多少。

解题思路： 本题求解的是输出平均电压 U_d，根据前面所讲解的公式可以看出，只要在 U_d、$U_{2\varphi}$、α 这 3 个参数中知道其中的两个就可以求出第 3 个参数。本题已知条件分别是 $U_{2\varphi} = 220V$，而电压调节范围实际就是移相范围 $\alpha = 0° \sim 180°$，也就是说，只要将已知条件按角度要求分别代入相应的公式就可以求出输出电压的调节范围。

解： $\alpha = 0°$ 时输出电压为最高。

$$U_d = 1.17U_{2\varphi}(1 + \cos\alpha) = 1.17 \times 220 \times (1 + \cos 0°) V = 514.8V$$

$\alpha = 180°$ 时输出电压为最低。

$$U_d = 0V$$

所以输出电压平均值的调节范围为 $0 \sim 514.8V$。

3.4.2 电感性负载电路波形分析与电路参数计算

图 3-89 为三相半控桥式整流大电感负载电路的原理图。

当 $\alpha \leqslant 60°$ 时，输出电压 u_d 和晶闸管两端电压的波形的分析方法与电阻性负载相同，这里不再重复分析。

1. $\alpha = 90°$ 时的波形分析

图 3-90 为电感性负载 $\alpha = 90°$ 时输出电压 u_d 和晶闸管 VT_1 两端电压的理论波形。

VT_1 在 ωt_1 时刻被触发导通，且 VD_2 承受正向电压导通，输出电压 $u_d = u_{UW}$；当 u_{UW} 过零变负时 U 相相电压低于 W 相相电压，此时在电感 L_d 两端感应出的自感电动势的作用下，使导通的晶闸管 VT_1 不会关断，且二极管 VD_4 承受正向电压导通，进行自然续流，续流电流的方向如图 3-91 所示。

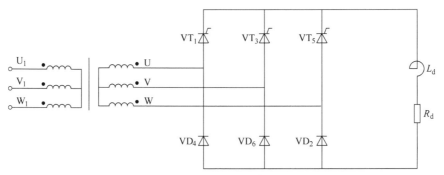

图 3-89　三相半控桥式整流大电感负载电路的原理图

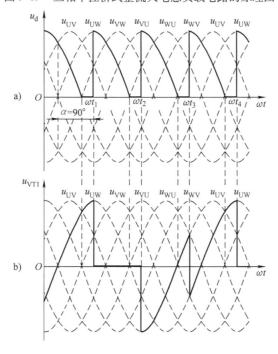

图 3-90　电感性负载 $\alpha = 90°$ 时输出电压 u_d 和晶闸管 VT_1 两端电压的理论波形

a）输出电压 u_d 理论波形　b）晶闸管 VT_1 两端电压理论波形

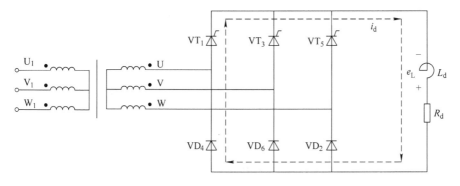

图 3-91　VT_1、VD_4 构成回路续流

由图 3-91 可以看出，电流不再流回电源，而是经 VT_1、VD_4 构成的回路续流，使电感

L_d 的能量有一个释放的通路，此时负载两端的输出电压接近于零，晶闸管 VT_1 两端电压 $u_{VT1} \approx 0$。

VT_3 在 ωt_2 时刻被触发导通，且 VD_4 承受正向电压导通，输出电压 $u_d = u_{VU}$；当 u_{VU} 过零变负时 V 相相电压低于 U 相相电压，在 L_d 两端的自感电动势的作用下，使导通的晶闸管 VT_3 不会关断，且二极管 VD_6 承受正向电压导通，进行自然续流，续流电流的方向如图 3-92 所示。

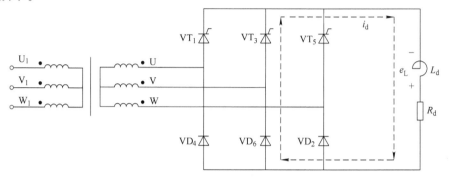

图 3-92　VT_3、VD_6 构成回路续流

VT_5 在 ωt_3 时刻被触发导通，且 VD_6 承受正向电压导通，输出电压 $u_d = u_{WV}$；当 u_{WV} 过零变负时 W 相相电压低于 V 相相电压，同样在 L_d 两端的自感电动势的作用下，使导通的晶闸管 VT_5 不会关断，且二极管 VD_2 承受正向电压导通，进行自然续流，续流电流的方向如图 3-93 所示。

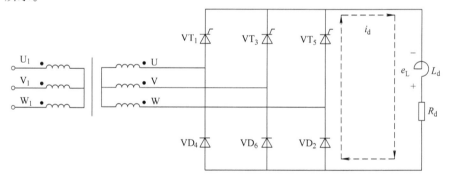

图 3-93　VT_5、VD_2 构成回路续流

ωt_4 时刻，VT_1 再次被触发导通，且 VD_2 也承受正向电压导通。至此，电路完成了一个周期的工作，在负载上得到输出电压 u_d 的波形只剩下 3 个完整波头，没有负半周，每只晶闸管依然导通 120°。

图 3-94a、b 为 $\alpha = 90°$ 时输出电压与晶闸管 VT_1 两端电压的实测波形。

由以上的分析和测试可以得出：

1）三相半控桥式整流大电感负载电路工作时，在电感的自感电动势的作用下，内部桥路二极管可以起到自然续流的作用，因此输出电压 u_d 的波形与三相半控桥式整流电阻性负载电路时相同。

2）当电感足够大时，负载电流连续，每个晶闸管在一个周期内导通 120°。

3）移相范围为 $\alpha = 0° \sim 180°$。

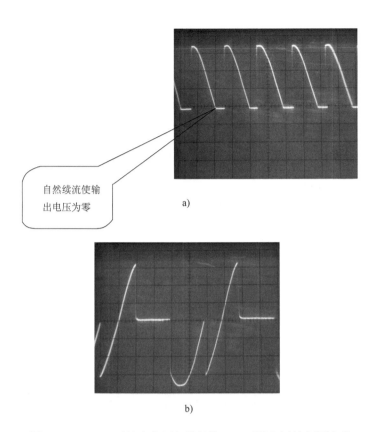

自然续流使输
出电压为零

a)

b)

图 3-94　$\alpha = 90°$ 时输出电压与晶闸管 VT_1 两端电压的实测波形

a）输出电压的实测波形　b）晶闸管 VT_1 两端电压的实测波形

2. 三相半控桥式整流大电感负载电路参数的计算

1）输出电压平均值的计算公式为

$$U_d = 1.17U_{2\varphi}(1 + \cos\alpha)$$

2）负载电流平均值的计算公式为

$$I_d = U_d/R_d$$

3）晶闸管的平均电流 I_{dT} 为

$$I_{dT} = \frac{1}{3}I_d$$

4）晶闸管的有效值电流 I_T 为

$$I_T = \sqrt{\frac{1}{3}}I_d = 0.577I_d$$

5）晶闸管可能承受的最大电压为

$$U_{TM} = \sqrt{6}U_{2\varphi}$$

【**例 3-7**】　有一三相半控桥式整流电路接电感性负载，变压器采用 D/Y 接法，一次侧接 380V 三相交流电。①触发延迟角 $\alpha = 0°$ 时，输出平均电压为 234V，求变压器的二次电压。②触发延迟角 $\alpha = 60°$ 时，输出平均电压 U_d 为多少？

解：① 触发延迟角 $\alpha = 0°$ 时，输出平均电压为 234V，变压器的二次电压为

$$U_d = 1.17 U_{2\varphi}(1 + \cos\alpha)$$

$$U_{2\varphi} = \frac{U_d}{1.17(1 + \cos\alpha)} = \frac{234}{1.17 \times (1 + \cos0°)}V = 100V$$

② 触发延迟角 $\alpha = 60°$时，输出平均电压为

$$U_d = 1.17 U_{2\varphi}(1 + \cos\alpha) = 1.17 \times 100 \times (1 + \cos60°)V = 175.5V$$

3.4.3 电感性带续流二极管负载电路波形分析与电路参数计算

1. 电路失控时的波形分析

和单相半控桥式整流大电感负载电路一样，三相半控桥式整流大电感负载电路在正常工作时，当触发脉冲突然丢失或把触发延迟角 α 突然调到180°以上时，将会出现导通的晶闸管不能关断，而和3个二极管轮流导通的现象，使整个电路处于失控状态。

以正常工作状态下晶闸管 VT_3 已经导通，触发脉冲突然丢失为例来进行分析，VT_3 触发脉冲突然丢失时输出电压 u_d 的波形如图3-95所示。

当 u_{VW} 或 u_{VU} 为正时，晶闸管 VT_3 维持导通；当 u_{VU} 过零变负时，在 L_d 两端的自感电动势的作用下，负载电流通过 VT_3 与 VD_6 进行续流，使 VT_3 仍维持导通状态，电路失控。

一旦电路出现失控现象，导通的晶闸管会因过载而烧毁，因此为了保证电路正常工作，避免失控现象的发生，必须采取必要的保护措施，其方法是在负载端并联续流二极管。三相半控桥式整流大电感负载并联续流二极管电路如图3-96所示。

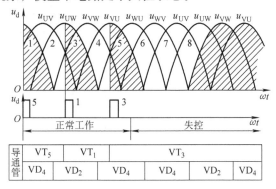

图 3-95 VT_3 触发脉冲突然丢失时
输出电压 u_d 的波形

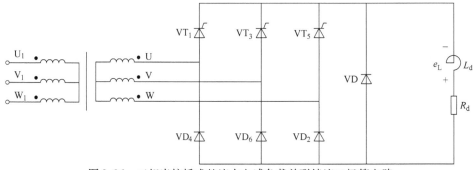

图 3-96 三相半控桥式整流大电感负载并联续流二极管电路

电路处于正常工作状态下，当 $\alpha < 60°$时，续流二极管 VD 在电路中不起作用，管子内没有电流流过；当 $\alpha > 60°$时，在线电压过零变负期间，续流二极管 VD 在电感的自感电动势的作用下导通进行续流，$\alpha > 60°$时续流电流的方向如图3-97所示。

此时，桥路中的晶闸管被关断，有效地防止了失控现象的发生。$\alpha = 90°$时输出电压波形及导通管情况如图3-98所示。从图中可以看出续流二极管每次导通 $\theta'_D = \alpha - \frac{\pi}{3}$ 一个周期

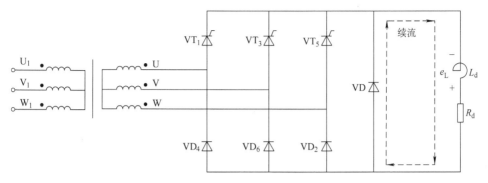

图 3-97　α > 60°时续流电流的方向

内导通续流三次，即

$$\theta_D = 3\theta'_D = 3 \times \left(\alpha - \frac{\pi}{3}\right) = 3\alpha - \pi$$

2. 三相桥式半控整流大电感负载并接续流二极管电路参数的计算

当 α < 60°时，各项参数与三相半控桥式整流大电感负载电路没有并联续流二极管时一样。当 α > 60°时：

1）输出电压平均值的计算公式为

$$U_d = 1.17U_{2\varphi}(1 + \cos\alpha)$$

2）负载电流平均值的计算公式为

$$I_d = U_d / R_d$$

3）晶闸管电流的平均值 I_{dT}、有效值 I_T 的计算公式为

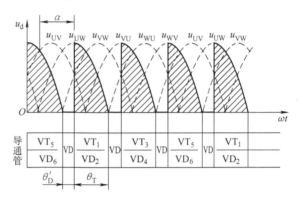

图 3-98　α = 90°时输出电压的波形及导通管情况

$$I_{dT} = \frac{\pi - \alpha}{2\pi}I_d \qquad (60° < \alpha \leqslant 180°)$$

$$I_T = \sqrt{\frac{\pi - \alpha}{2\pi}}I_d \qquad (60° < \alpha \leqslant 180°)$$

4）续流二极管中的平均电流 I_{dD}、有效值电流 I_D 的计算公式为

$$I_{dD} = \frac{(\alpha - \pi/3) \times 3}{2\pi}I_d = \frac{3\alpha - \pi}{2\pi}I_d \qquad (60° < \alpha \leqslant 180°)$$

$$I_D = \sqrt{\frac{3\alpha - \pi}{2\pi}}I_d \qquad (60° < \alpha \leqslant 180°)$$

5）晶闸管与续流二极管承受的最大电压为

$$U_{TM} = \sqrt{6}U_{2\varphi} = 2.45U_{2\varphi}$$

3.4.4　常见故障分析

在三相半控桥式整流电路中，其主电路的共阳极组是由 3 个晶闸管构成的，而共阴极组是由 3 个二极管构成的，这使得电路的工作过程与三相全控桥式整流电路有了很大的区别，主要体现在共阴极组 3 个二极管的导通过程，那么在故障状态下又会出现什么样的现象呢？

以电阻性负载在 $\alpha=0°$ 时为例，介绍在三相半控桥式整流电路中常见故障的检查分析方法。

1. 一个晶闸管损坏

在三相半控桥式整流电路当出现一个晶闸管损坏时，输出电压的波形将缺少两个波头，图 3-99 为晶闸管 VT_3 断路时输出电压的波形，下面将通过电路的工作原理来进行分析。

在主电路中，3 个晶闸管是依靠触发脉冲控制其导通的，而 3 个二极管则在自然换流点导通，主要原因是因为二极管是一个不控型器件，当阳极电压大于阴极电压时二极管就能够导通。通过前面的工作原理的分析可以知道，在一个工作周期中，输出电压的 6 个波头依次为：VT_1 和 VD_6 导通时对应的输出电压的波头是 u_{UV}；VT_1 和 VD_2 导通时对应的输出电压的波头是 u_{UW}；VT_3 和 VD_2 导通时对应的输出电压的波头是 u_{VW}；VT_3 和 VD_4 导通时对应的输出电压的波头是 u_{VU}；VT_5 和 VD_4 导通时对应的输出电压的波头是 u_{WU}；VT_5 和 VD_6 导通时对应的输出电压的波头是 u_{WV}。在电路中，晶闸管 VT_1 与 VD_2 正常导通后 $60°$，应该换流为 VT_3 和 VD_2 导通，如果晶闸管 VT_3 断路，就不能进行正常换流，此时晶闸管 VT_1 与 VD_2 将继续导通直到 u_{UW} 过零关断。下一个被触发导通的晶闸管是 VT_5，与之对应的输出电压的波头是 u_{WU} 和 u_{WV}。从 VT_1 关断到 VT_5 导通之间，由于 VT_3 的故障使输出电压的波形出现了一条横线，如图 3-99a 所示。

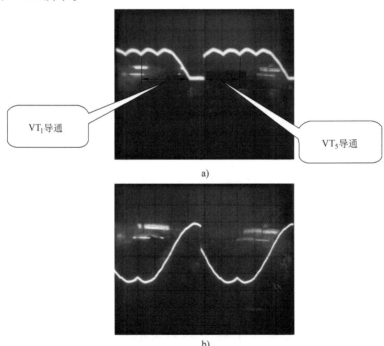

VT_1导通

VT_5导通

a)

b)

图 3-99　晶闸管 VT_3 断路时输出电压和故障晶闸管 VT_3 两端电压的波形

a）输出电压实测波形　b）故障晶闸管 VT_3 两端电压的波形

图 3-99b 为故障晶闸管 VT_3 两端电压的波形。在实际电路中，当无法从输出电压的波形中判断是哪个波头丢失的时候，可以通过测量晶闸管两端电压的波形来进行判断，通过晶闸管两端的波形中有无导通段来进行判断，这与前面的分析方法是一致的，在此恕不赘述。

2. 一个二极管损坏

在三相半控桥式整流电路中，当一个二极管断路时，输出电压的波形与晶闸管断路时输出电压的波形有很大的区别，主要原因是晶闸管需要触发脉冲才能导通，而二极管则不需要，只要承受正向电压就能导通。图 3-100 为 VD_4 断路时输出电压和故障二极管 VD_4 两端电压的波形。

在 ωt_1 时刻，触发晶闸管 VT_1 导通，连续输出两个波头——u_{UV} 和 u_{UW}；在 ωt_2 时刻，触发晶闸管 VT_3 导通，此时与它一起处于导通状态的是 VD_2，输出电压的波头为 u_{VW}；在 ωt_3 时刻，本应由 VD_2 换流为 VD_4，但由于 VD_4 断路，所以 VT_3 和 VD_2 继续导通；到 ωt_4 时刻，VT_5 被触发导通，与 VT_5 同时导通的是 VD_6，输出电压的波头为 u_{WV}。在这里需要说明的是，VD_6 提前了 60°换流，其原因是：当 VD_4 断路后，在 ωt_4 时刻，VD_6 的阴极电位比 VD_2 的阴极电位低，且两个管子是共阳极接法，因此 VD_6 导通。

在实际电路中检测管子时，还是通过观察管子两端有无导通段的方法来判断该管子是否故障管子的，请读者自行分析。

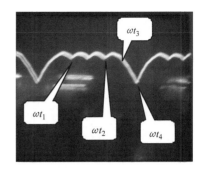

a)

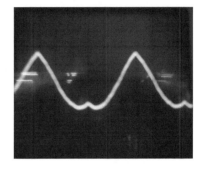

b)

图 3-100　VD_4 断路时输出电压和故障二极管 VD_4 两端电压的波形

a）输出电压实测波形　b）故障整流二极管波形

3.5　三相双反星形可控整流电路

3.5.1　不带平衡电抗器的双反星形可控整流电路

图 3-101 为不带平衡电抗器的双反星形可控整流电路的原理图。可见，三相双反星形整流电路实质上是由两组共阴极接法的三相半波可控整流电路并联而成，其中 6 个晶闸管通过两组变压器接成共阴极接法。

图 3-102 为 $\alpha = 30°$ 时输出电压 u_d 的理论波形。图 3-103 为 $\alpha = 30°$ 时输出电压的实测波形。

图 3-102 所示波形中，u_U、u_V、u_W 为一组变压器的输出电压，u_U'、u_V'、u_W' 为另一组变压器输出电压。由于 6 个晶闸管接成共阴极接法，因此在任何瞬间，只有阳极电压最高的晶闸管能被触发导通。由于变压器二次侧以 $u_U \rightarrow u_W' \rightarrow u_V \rightarrow u_U' \rightarrow u_W \rightarrow u_V'$ 的顺序依次到达最大值，所以管子以 $VT_1 \sim VT_6$ 的顺序依次触发导通。每只晶闸管流过负载电流的 1/6，为提高输出电流，引入带平衡电抗器的双反星形可控整流电路。

3.5.2　带平衡电抗器的双反星形可控整流电路

图 3-104 为带平衡电抗器的双反星形可控整流电路。

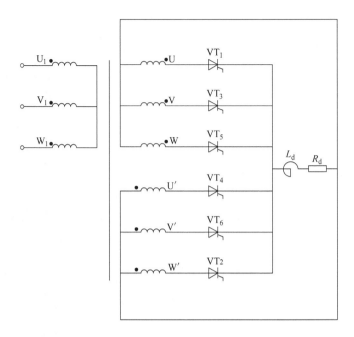

图 3-101　不带平衡电抗器的双反星形可控整流电路的原理图

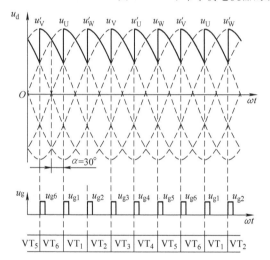

图 3-102　$\alpha = 30°$ 时输出电压 u_d 的理论波形

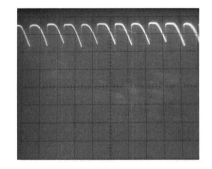

图 3-103　$\alpha = 30°$ 时输出电压的实测波形

现接入平衡电抗器，以 $\alpha = 0°$ 进行分析。设在图 3-105 中 $\omega t_1 \sim \omega t_2$ 期间合上变压器一次侧电源，此时相电压 u_{UN1} 最高，晶闸管 VT_1 导通。从图 3-104 可见，VT_1 导通后 K 点与 U 点同电位，其晶闸管承受反向电压而不导通。由于存在平衡电抗器，VT_1 导通后使电流 i_U 逐渐增大，在平衡电抗器 L_{B1} 与 L_{B2} 中感应出的电动势 e_B 阻碍电流增大，极性为上正下负。以 N 点为电位参考点，u_{B1} 削弱上面一组整流管子的阳极电压，在 $\omega t_1 \sim \omega t_2$ 期间是削弱 VT_1 的阳极电压；u_{B2} 增强下面一组整流管子的阳极电压。在 $\omega t_1 \sim \omega t_2$ 期间，除 u_{UN1} 最高外，下面一组管子 $u_{W'N2}$ 最高，在 u_{B2} 作用下，只要 u_B 的大小使 $u_{W'N2} + u_B > u_{UN1}$，则晶闸管 VT_2 亦可触发导通。因此，L_B 的存在使 VT_1、VT_2 能同时触发导通。当其同时导通时 $u_U = u_{W'}$，在此期间，$u_{UN1} > u_{W'N2}$，所以 VT_2 导通后，VT_1 不会关断。随着变压器二次侧相电压的变化，

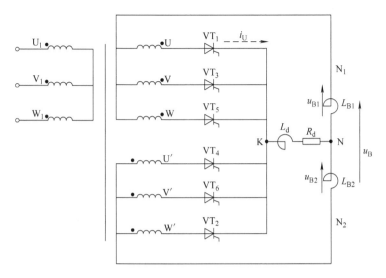

图 3-104　带平衡电抗器的双反星形可控整流电路

u_B 也相应变化，始终保持 u_U、$u_{W'}$ 电位相等，维持 VT_1、VT_2 同时导通。电抗器 L_B 起二相导通的平衡作用，所以称为平衡电抗器。$\alpha = 0°$ 时输出电压的波形如图 3-105 所示。

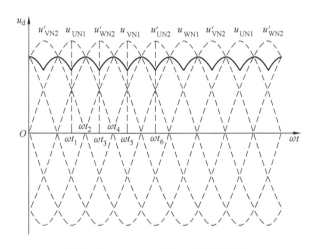

图 3-105　$\alpha = 0°$ 时输出电压的波形

$\omega t_2 \sim \omega t_3$ 期间，$u_{UN1} < u_{W'N2}$，由于 L_B 的作用，VT_1 也不会关断。因为当 i_U 开始减小时，L_B 上产生的 e_B 的极性与上述相反，N_1 点为正，N_2 点为负，使 VT_1、VT_2 仍能维持共同导通。ωt_3 时刻之后，由于 $u_{VN1} > u_{UN1}$，电流从 VT_1 换到 VT_3，与 $\omega t_1 \sim \omega t_2$ 情况相同，$\omega t_3 \sim \omega t_4$ 期间 VT_2、VT_3 同时导通，V 相的晶闸管 VT_3 从 ωt_3 时刻开始导通，由于电抗器 L_B 的平衡作用，一直要维持到 ωt_6 时刻因 VT_5 触发导通而关断。

由此可见，由于接入平衡电抗器 L_B，使两组三相半波整流电路能同时工作，即在任一瞬间，两组各有一个器件同时导通，共同负担负载电流，同时每个器件的导通角由 60° 扩大为 120°，每隔 60° 有一器件换流。平衡电抗器的作用使流过整流器件与变压器二次绕组的电流的波形系数 K_f 降低，在输出直流电流 I_d 时，可使晶闸管的额定电流减小并提高变压器的利用率；在大电流输出时，可少并联或不并联晶闸管。

　　由于两组三相半波整流电路并联运行，两者输出电压的瞬时值 u_{d1} 和 u_{d2} 不相等，因而会产生环流（即不经过负载的两相之间的电流），因此必须由平衡电抗器 L_B 来限制。通常要求将环流值限制在额定负载电流的 2% 左右，使并联运行的两组电流分配尽量均匀。当负载电流很小且其值与环流幅值相等时，工作电流方向与环流方向相反的管子由于流过的电流小于维持电流而关断，失去并联导通性能，电路转为六相半波整流状态，输出直流电压 U_d 会增大，使外特性在小电流负载时上翘变软。图 3-106 为 $\alpha = 30°$ 时输出电压的波形。

　　由以上的分析和测试可以得出：

　　1）双反星形可控整流电路是两组三相半波可控整流电路的并联，输出的整流电压波形与六相半波整流时一样，所以脉动情况比三相半波整流电路小得多。双反星形可控整流电路输出电压的瞬时最大值为六相半波整流电路输出电压瞬时最大值的 0.866 倍。

　　2）由于同时有两相导通，整流变压器磁路平衡，不像三相半波整流电路那样存在直流磁化问题。

　　3）与六相半波整流相比，整流变压器二次绕组的利用率提高了 1 倍，所以在输出同样的直流电流时，变压器的容量比六相半波整流时要小。

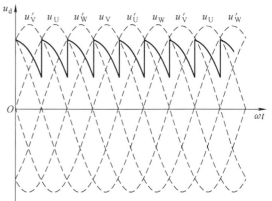

图 3-106　$\alpha = 30°$ 时输出电压的波形

　　4）每一个整流器件承担负载电流 I_d 的一半，导通时间比三相半波整流时增加 1 倍，提高了整流器件带负载的能力。

3.5.3　双反星形可控整流大电感负载电路参数的计算

　　1）输出电压平均值的计算公式为

$$U_d = 1.17 U_{2\varphi} \cos\alpha \qquad (0° \leqslant \alpha \leqslant 90°)$$

　　2）负载电流平均值的计算公式为

$$I_d = U_d / R_d$$

　　3）晶闸管的平均电流 I_{dT} 为

$$I_{dT} = \frac{1}{6} I_d \qquad (0° \leqslant \alpha \leqslant 90°)$$

　　4）晶闸管的有效值电流 I_T 为

$$I_T = \sqrt{\frac{1}{3}} \cdot \frac{1}{2} I_d$$

　　5）晶闸管可能承受的最大电压为

$$U_{TM} = \sqrt{6} U_{2\varphi}$$

3.6 KCZ3集成三脉冲触发电路

3.6.1 KJ010、KJ011集成触发器

1. KJ010集成触发器

KJ010为单路脉冲输出，适用于单相、三相半控桥式等整流电路，具有温度漂移小、移相线性度好、同步灵敏度高、移相范围宽及能够宽脉冲触发等功能特点。其外形采用双列直插18脚封装形式。图3-107为KJ010的外部接线图。

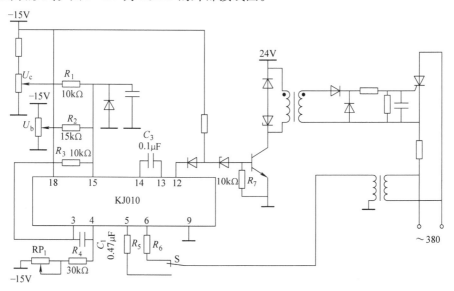

图3-107　KJ010的外部接线图

KJ010各引脚对应的电压波形如图3-108所示，KJ010各引脚的功能如表3-1所示。在维修时可对照比较。

KJ010的同步限流电阻 R_5（或 R_6）可按下式选择

$$R_5（或 R_6）= \frac{同步电压数值}{2} kΩ$$

调整锯齿波斜率电位器 RP_1 就可得到所需的移相范围。随着偏移电压 U_b 及移相控制电压 U_c 的不同，可得到不同的移相角和初始移相角。

2. KJ011集成触发器

KJ011为KJ010的改进型，单路脉冲输出，适用于各种晶闸管整流电路，具有线路简单、移相线

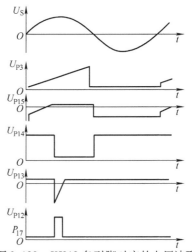

图3-108　KJ010各引脚对应的电压波形

性度好、抗干扰能力强、移相范围宽及能够宽脉冲触发等特点。它采用双列直插18脚封装结构，KJ011的外部接线图如图3-109所示。

表 3-1　KJ010 各引脚的功能

引脚号	功　　能	引脚号	功　　能
1	悬空	12	工作于灌电流负载时的脉冲输出端,通过一个二极管接正电源及通过一个稳压管接功率放大晶体管
2	悬空		
3	锯齿波电压输出端,通过一个电阻接引脚 15	13	微分电容端,与引脚 14 之间接电容,电容的大小决定了输出脉冲的宽度
4	同步锯齿波电容连接端,通过电容接引脚 3,并通过一个电阻与可调电位器接负电源,可调节锯齿波的斜率	14	微分电容端,与引脚 13 之间接电容,电容的大小决定了输出脉冲的宽度;还可输出同步方波脉冲信号
5	同步信号输入 1 端,通过一个电阻接同步信号,与引脚 6 互为备用	15	信号综合端,分别通过一个等值电阻接移相控制端、偏置控制端及引脚 3
6	同步信号输入 2 端,通过一个电阻接同步信号,与引脚 5 互为备用		
7	悬空	16	悬空
8	悬空	17	工作于拉电流负载时的脉冲输出端,使用中直接接功率放大 NPN 型管的基极
9	地端		
10	悬空		
11	悬空	18	电源正端;接 15V 电源

　　KJ011 各引脚对应的电压波形如图 3-110 所示,KJ011 各引脚的功能如表 3-2 所示。在维修时可对照比较。

　　触发脉冲宽度由外接电容 C_3 决定,加大 C_3,可获得大于 60° 的宽脉冲。同步信号是电流型输入,同步电压大于 10V 时需加限流电阻,同步限流电阻 R_6 可按下式选择

$$R_6 = (0.5 \sim 1) \times 同步电压数值 \quad k\Omega$$

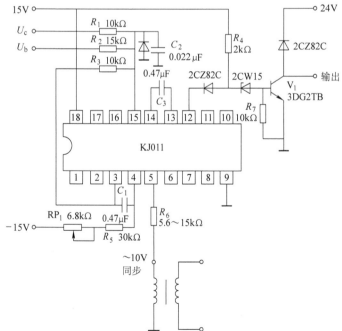

图 3-109　KJ011 的外部接线图

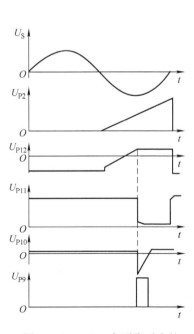

图 3-110　KJ011 各引脚对应的
电压波形

表 3-2 KJ011 各引脚的功能

引脚号	功　　能	引脚号	功　　能
1	悬空	11	悬空
2	悬空	12	工作于灌电流负载时的脉冲输出端,通过一个网络接功率放大晶体管
3	锯齿波电压输出端,接锯齿波电容到引脚4,并通过一个电阻接引脚15	13	脉宽电容连接端,通过一个电容接引脚14
4	同步锯齿波电容连接端,通过电容接引脚3,并通过一个电阻与可调电位器接负电源,可调节锯齿波的斜率	14	方波输出端,通过一个电容接引脚13,还可输出同步方波脉冲信号
5	同步电压输入端,通过一个电阻接同步电源	15	信号综合端,分别通过一个等值电阻接移相控制端、偏置控制端及引脚3
6	悬空	16	悬空
7	悬空	17	工作于拉电流负载时的脉冲输出端,使用中直接接功率放大 NPN 型管的基极
8	悬空		
9	地端		
10	悬空	18	电源正端,接 15V 电源

3.6.2　KCZ3 集成三脉冲触发组件

KCZ3 集成三脉冲触发组件的原理图如图 3-111 所示,它适用于三相半控桥式整流电路,

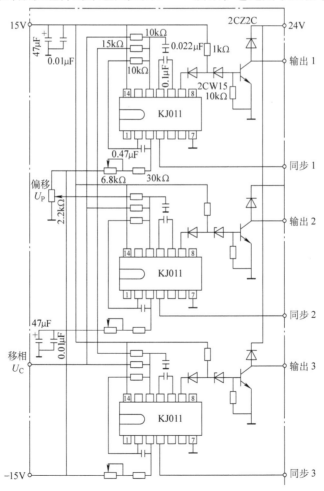

图 3-111　KCZ3 集成三脉冲触发组件的原理图

每相输出电压能可靠驱动一个大功率晶闸管，具有能够应用于各种移相控制电压、同步方式简单等特点。

其主要技术参数如下。

1）交流同步电压：三相 10V。

2）移相控制电压：0 ~ 8V。

3）输出级允许负载电流：300mA。

4）移相范围：≥170°。

5）电源电压：15V、−15V，允许波动 ±5%。

3.7 KCZ6 集成六脉冲触发电路

3.7.1 KC04 集成触发器

KC04 采用 16 脚封装结构，其电路由同步检测环节、锯齿波形成环节、移相环节、脉冲形成环节、脉冲分选与放大输出环节等 5 个环节组成。图 3-112 为 KC04 的外部接线图。

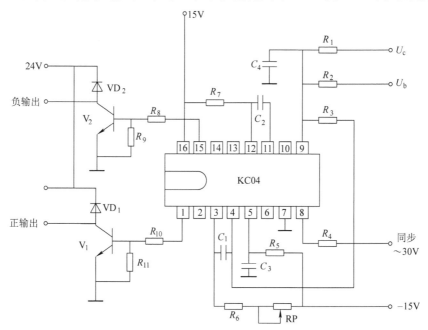

图 3-112　KC04 的外部接线图

KC04 各引脚对应的电压波形如图 3-113 所示，KC04 各引脚的功能如表 3-3 所示。在维修时可对照比较。

KC04 的主要技术指标如表 3-4 所示。

KC04 使用时的同步电压可为任意数值，限流电阻 R_4 按下式选择

$$R_4 = \frac{同步电压数值}{2}k\Omega$$

对于不同移相电压只要改变 R_1、R_2、R_3 的比例和偏移电压，同时调整锯齿波斜率电位

器 RP_1 就可得到所需的移相范围。

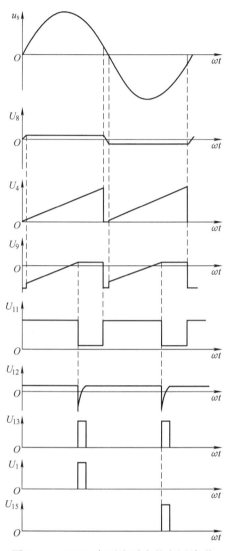

图 3-113   KC04 各引脚对应的电压波形

表 3-3   KC04 各引脚的功能

引脚号	功　　能	引脚号	功　　能
1	同相脉冲输出端	9	移相、偏移及同步信号综合端
2	悬空	10	悬空
3	锯齿波电容连接端	11	方波脉冲输出端
4	同步锯齿波电压输出端	12	脉宽信号输入端
5	电源负端	13	负脉冲调制及封锁控制端
6	悬空	14	正脉冲调制及封锁控制端
7	地端	15	反相脉冲输出端
8	同步电源信号输入端	16	电源正端

表 3-4 KC04 的主要技术指标

参 数 名 称	参 数 范 围
电源电压	DC ±15V，允许波动 ±5%
电源电流	正电流≤15mA，负电流≤8mA
移相范围	≥170°（同步电压为 30V，$R_4 = 15\text{k}\Omega$）
脉冲宽度	400μs ～ 2ms
脉冲幅值	≥13V
最大输出能力	100mA
正负半周脉冲相位不均衡	≤3°
环境温度	−10 ～ 70℃

特别指出：KC09 是 KC04 的改进型。较 KC04 而言，KC09 抗干扰能力较强，脉冲前沿更陡，且脉冲范围更大。使用时，KC09 可与 KC04 互换使用。

3.7.2 KC41C 六路双脉冲形成器

KC41C 具有双脉冲形成和电子开关封锁脉冲功能，采用 16 脚封装结构，KC41C 的外部接线图如图 3-114 所示。

图中，1～6 脚分接 3 块 KC04 送来的脉冲信号，7 脚为脉冲封锁信号。当 7 脚输入信号为高电位或悬空时，封锁各路脉冲；当 7 脚输入信号为低电位或接地时，10～15 脚输出双窄脉冲信号，可外接 3DK4 或 3DG27 做功率放大管输出。16 脚接电源，8 脚接地。

3.7.3 KC42 脉冲列调制形成器

KC42 主要用于三相全控桥式整流电路的脉冲调制源，这样可减小大功率触发电路的电源功率和脉冲变压器的体积，也可用于三相半控桥式、单相全控桥式、单相半控桥式触发电路中。它具有脉冲占空比可调性好、频率调节范围宽、触发脉冲上升沿可与同步调制信号同步等优点，此外还可作为方波发生器用于其他电力电子设备中。

KC42 为双列直插 14 脚结构，KC42 的外部接线图如图 3-115 所示。图中，2、4、12 脚

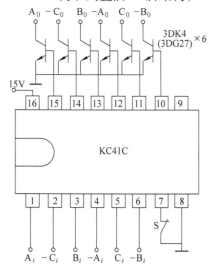

图 3-114 KC41C 的外部接线图

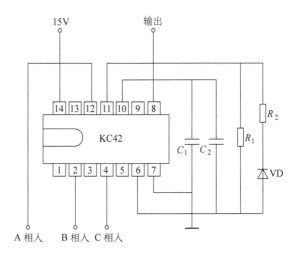

图 3-115 KC42 的外部接线图

146

分接 3 块 KC04 的 13 脚（脉冲列调制信号）；10 脚输出一系列前沿同步间隔 60°脉冲；8 脚输出脉冲分别送入 3 块 KC04 脉冲封锁脚（14 脚）控制 KC04 输出脉冲。此时，KC04 的 1 脚和 15 脚输出调制后的脉冲信号。

振荡周期为

$$T = 0.693R_1C_2 + 0.693C_2 \frac{R_1R_2}{R_1 + R_2}$$

图 3-116 为 KC42 各引脚对应的电压波形。

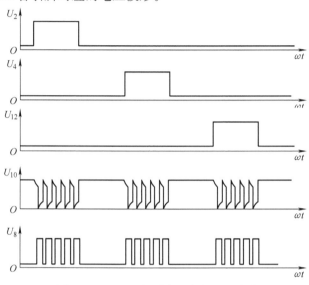

图 3-116　KC42 各引脚对应的电压波形

3.7.4　KCZ6 集成六脉冲触发组件

KCZ6 集成六脉冲触发组件的原理图如图 3-117 所示。

KCZ6 集成六脉冲触发组件是由 3 块 KC04 集成触发器、一块 KC41 六路双脉冲形成器和一块 KC42 脉冲列调制形成器组成的。

其功能与特点：同步变压器经 RC 滤波，一般滤波后送入的信号滞后同步电压 30°～60°，电路不受电网电压波形畸变及换流影响，适应较宽同步电压范围，且只需三相同步电压，同时可微调各相同步电压相位，使 6 个脉冲间隔均匀。通过调节加入的移相信号上下限，就可以调整整流角和逆变角，同时可调节 RP$_2$（偏移电位器）配合调节。实际电路初始脉冲定位并没有脉冲封锁控制端，可用于可逆系统逻辑切换。输出脉冲为列式双脉冲，脉冲变压器体积小。整个组件电路体积小，调节方便。

其主要技术参数如下。

1）交流同步电压：三相（30±5）V。

2）同步接法：380V/30V（D/Y）。

3）移相范围：170°。

4）触发脉冲形成：脉冲调制式双脉冲。

KCZ6 集成六脉冲触发组件具有调试维修方便、脉冲输出间隔均匀、能可靠驱动大功率晶闸管等特点，各点的波形在使用维修过程中非常重要，应熟练掌握。

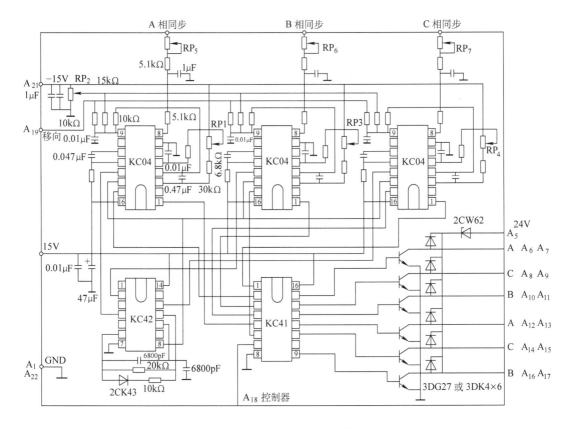

图 3-117 KCZ6 集成六脉冲触发组件的原理图

3.8 TC787/TC788 集成触发电路

TC787/TC788 集成触发电路主要适用于三相晶闸管移相触发和三相功率晶体管脉宽调制电路，以及构成多种交流调速和变流装置。TC787/TC788 具有功耗小、功能强、输入阻抗高、抗干扰性能好、移相范围宽、外接元器件少等优点，而且装调简便、使用可靠，只需一个这样的集成电路，就可完成三相移相功能。因此，TC787/TC788 可广泛应用于三相半波、三相全控、三相过零等电力电子电路的移相触发系统。

3.8.1 TC787/TC788 的引脚控制功能

TC787/TC788 采用标准双列直插 18 脚结构，在半控单脉冲工作模式下 TC787/TC788 各引脚的名称、功能如表 3-5 所示。

表 3-5 半控单脉冲工作模式下 TC787/TC788 各引脚的名称、功能

引脚号	名称	功 能	引脚号	名称	功 能
1	V_c	C 相同步输入电压连接端	4	V_r	移相控制电压输入端，该端输入电压的高低直接决定着 TC787/TC788 输出脉冲的移相范围，应用中接给定环节的输出，其电压幅值最大为 TC787/TC788 的工作电源电压 U_{DD}
2	V_b	B 相同步输入电压连接端			
3	V_{SS}	单电源工作时引脚接地			

引脚号	名称	功 能	引脚号	名称	功 能
5	P_i	输出脉冲禁止端，用来进行故障状态下封锁 TC787/TC788 的输出，高电平有效，应用中接保护电路的输出	11	$-C$	C 相同步电压负半周对应的触发脉冲输出端
6	P_c	TC787/TC788 工作方式设置端。当该端接高电平时，TC787/TC788 输出双脉冲列；而当该端接低电平时，输出单脉冲列	12	A	A 相同步电压正半周对应的同相触发脉冲输出端
7	$-B$	B 相同步电压负半周对应的触发脉冲输出端	13	C_x	该端连接的电容 C_x 的容量决定着 TC787/TC788 输出脉冲的宽度，电容的容量越大，则脉冲的宽度越宽
8	C	C 相同步电压正半周对应的同相触发脉冲输出端	14	C_b	B 相同步电压的锯齿波电容连接端
			15	C_c	C 相同步电压的锯齿波电容连接端
9	$-A$	A 相同步电压负半周对应的触发脉冲输出端	16	C_a	A 相同步电压的锯齿波电容连接端
			17	V_{DD}	允许施加的电压为 $-4 \sim -9V$；接正电源时，允许施加的电压为 $4 \sim 9V$
10	B	B 相同步电压正半周对应的同相触发脉冲输出端	18	V_a	A 相同步输入电压连接端

当 TC787/TC788 被设置为全控双窄脉冲工作模式下 TC787/TC788 各引脚的名称、功能如表 3-6 所示。

表 3-6　全控双窄脉冲工作模式下 TC787/TC788 各引脚的名称、功能

引脚号	名称	功 能	引脚号	名称	功 能
1	V_c	C 相同步输入电压连接端	9	$-A$	与三相同步电压中 A 相同步电压负半周及 C 相电压正半周对应的两个脉冲输出端
2	V_b	B 相同步输入电压连接端			
3	V_{SS}	单电源工作时引脚接地			
4	V_r	移相控制电压输入端，该端输入电压的高低直接决定着 TC787/TC788 输出脉冲的移相范围，应用中接给定环节输出，其电压幅值最大为 TC787/TC788 的工作电源电压 U_{DD}	10	B	与三相同步电压中 B 相正半周及 A 相负半周对应的两个脉冲输出端
			11	$-C$	与三相同步电压中 C 相负半周及 B 相正半周对应的两个脉冲输出端
5	P_i	输出脉冲禁止端，用来进行故障状态下封锁 TC787/TC788 的输出，高电平有效，应用中接保护电路的输出	12	A	与三相同步电压中 A 相正半周及 C 相负半周对应的两个脉冲输出端
6	P_c	TC787/TC788 工作方式设置端。当该端接高电平时，TC787/TC788 输出双脉冲列；而当该端接低电平时，输出单脉冲列	13	C_x	该端连接的电容 C_x 的容量决定着 TC787/TC788 输出脉冲的宽度，电容的容量越大，则脉冲的宽度越宽
			14	C_b	B 相同步电压的锯齿波电容连接端
			15	C_c	C 相同步电压的锯齿波电容连接端
7	$-B$	与三相同步电压中 B 相电压负半周及 A 相电压正半周对应的两个脉冲输出端	16	C_a	A 相同步电压的锯齿波电容连接端
			17	V_{DD}	允许施加的电压为 $-4 \sim -9V$；接正电源时，允许施加的电压为 $4 \sim 9V$
8	C	与三相同步电压中 C 相正半周及 B 相负半周对应的两个脉冲输出端	18	V_a	A 相同步输入电压连接端

使用时应注意：同步电压的峰－峰值应不超过 TC787/TC788 的工作电源电压 U_{DD}。当 TC787/TC788 被设置为全控双窄脉冲工作方式时，引脚 8、12、11、9、7、10 在应用中均接脉冲功率放大环节的输入或脉冲变压器所驱动开关管的门极。

3.8.2　TC787/TC788 的内部原理框图

TC787/TC788 的内部原理框图如图 3-118 所示。由图可知，在它内部集成有 3 个过零和极性检测单元、3 个锯齿波形成单元、3 个比较器、1 个脉冲发生器、1 个抗干扰锁定电路、1 个脉冲形成电路、1 个脉冲分配及驱动电路。

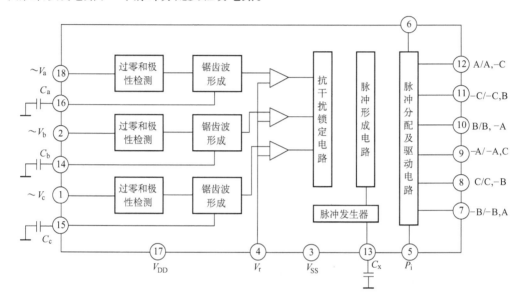

图 3-118　TC787/TC788 的内部原理框图

三相同步电压信号经滤波后，通过过零和极性检测单元检测出零点和极性后，作为内部 3 个恒流源的控制信号。3 个恒流源输出的恒电流给 3 个等值电容 C_a、C_b、C_c 恒流充电，形成良好的等斜率锯齿波。锯齿波形成单元输出的锯齿波与移相控制电压 U_r 比较后取得交相点，该交相点经集成电路内部的抗干扰锁定电路锁定，保证交相点唯一而稳定，使交点以后的锯齿波或移相电压的波动不影响输出。该交相点与脉冲发生器输出的脉冲（TC787 为调制脉冲，TC788 为方波）信号经脉冲形成电路处理后，变为与三相输入同步信号相位对应且与移相电压大小适应的脉冲信号，送入脉冲分配及驱动电路。

当系统未发生过电流、过电压或其他非正常情况时，则引脚 5 禁止端的信号无效，此时脉冲分配电路根据用户在引脚 6 设定的状态完成双脉冲（引脚 6 为高电平）或单脉冲（引脚 6 为低电平）的分配功能，并经输出驱动电路功率放大后输出。若系统发生过电流、过电压或其他非正常情况，则引脚 5 禁止端的信号有效，脉冲分配和驱动电路内部的逻辑电路动作，封锁脉冲输出。

3.8.3　TC787/TC788 的使用

TC787/TC788 可单电源工作，也可双电源工作。TC787 可用于主功率器件是普通晶闸管、双向晶闸管、门极关断（GTO）晶闸管、非对称晶闸管的电力电子设备的移相触发脉冲形成电路。TC787工作时的典型接法如图3-119所示。

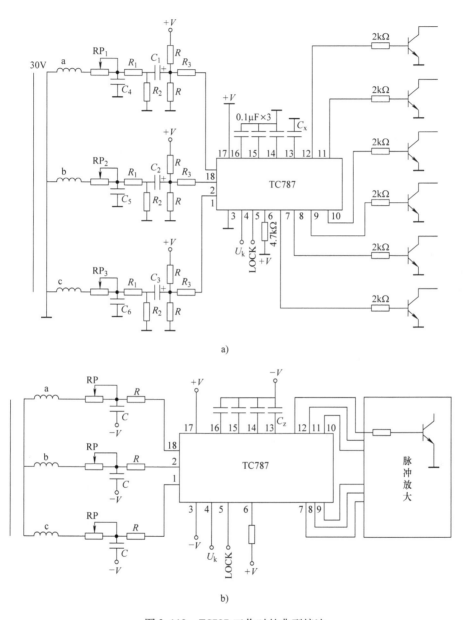

图3-119　TC787工作时的典型接法
a）TC787单电源工作时的典型接法　b）TC787双电源工作时的典型接法

3.9　触发脉冲与主电路电压的同步

在晶闸管变流装置的使用过程中，经常会碰到这样一种不正常的现象：整个装置的输出电压值偏离正常值；用示波器对输出波形进行测量，不仅显示波形不完整，而且还会出现很多的不规则波形；分开检测将主电路和触发电路，所有元器件又能够正常工作。这种情况的出现多半是由于主电路与触发电路不同步造成的，也就是说，为了确保晶闸管变流装置的正常工作，就必须使其主电路与触发电路保持准确的配合工作关系。

3.9.1 同步的定义

通过对晶闸管内容的学习可以知道，晶闸管导通不仅需要正向阳极电压，而且还需要触发脉冲在管子承受正向电压的同时加到晶闸管的门极上；在可控整流电路中，除了要晶闸管能够保证正常导通外，还需要触发脉冲的移相范围和脉冲的次序要符合电路要求。这就是所谓的"同步"，就是触发电路送出的触发脉冲和晶闸管的电源电压之间必须保持一致的频率和相适应的相位关系，即：根据晶闸管阳极电压的相位要求，触发电路在晶闸管需要导通的时刻正确输出触发脉冲。

这里，要正确区分同步电压和同步信号电压两个概念：同步电压是同步变压器二次侧输出的相电压，就是一个正弦交流电压；同步信号电压则是将同步电压处理后得到的信号电压。不同的触发电路同步信号电压是不同的，例如：正弦波触发器的同步信号电压是正弦波，是通过同步电压进行 RC 滤波出了后得到的；锯齿波触发器的同步信号电压是锯齿波，是同步电压经过锯齿波形成环节转换后得到的。在晶闸管装置中，将正确选择同步电压相位和获得不同相位关系同步电压的方法称为同步或定相。

3.9.2 实现同步的方法

由上面的分析可以看出，在处理晶闸管整流装置中触发电路与主电路的同步关系时包括两方面的内容：一方面是主电路与触发电路的频率关系，另一方面是触发电路输出的脉冲的相位能否满足主电路的相位要求。对于主电路与触发电路的频率关系的解决办法往往是采用主电路整流变压器与脉冲产生回路的同步变压由同一个电源供电的方法；而处理另一个方面的问题的方法就比较复杂，也是此处分析的重点。

在晶闸管整流装置中，不同的电路结构，不同的负载性质和不同工作过程等要求，对触发电路的要求是不同的。例如：在三相全控整流电路中，大电感负载整流区要求脉冲能够实现 0°~90°移相。若用于可逆调速，则要求电路可以进行逆变工作，即：在逆变区还可以实现 90°~180°的移相，也就是说整个电路要能实现 0°~180°的移相才能满足工作要求。

由此可见，在确定某一触发单元的同步电压相位时，要充分考虑主电路的形式、整流变压器的联结组别、负载性质所要求的触发脉冲的移相范围和触发电路的类型等因素，然后确定能够与主电路整流变压器联结组别相配合的触发电路同步变压器的联结组别，必要时还可以通过阻容移相来实现同步。同步电压确定的简单步骤为：

1）根据主电路的工作原理（电路类型和负载性质）对应触发脉冲的移相范围和触发电路的工作原理，确定当电路的控制电压 $U_c = 0$ 时，同步电压 u_s 与输出脉冲之间的相位关系，并绘制出与之相对应的波形图。

2）确定初始相位状态（$U_d = 0$）下晶闸管的桥臂电压与触发脉冲的关系，并画出与之对应的波形图。

3）将前面两个步骤画出的波形图，以脉冲为基准重叠画在一个平面上，从而确定同步电压与桥臂电压之间的相位关系，然后根据整流变压器的联结组别确定同步变压器的联结组别和 1 号触发单元对应的电压相位。

4）最后依次确定后续的触发单元上的同步电压的相位。

【例3-8】 三相全控桥式整流电路，电感性负载，只工作于整流状态，且整流变压器为 Y/Y－12 接法，触发电路选用 KCZ6 集成六脉冲触发组件，请根据以上条件确定同步变压器的联结组别。

解：根据已知条件可知：

1）三相全控桥式整流大电感负载，只工作于整流时的移相范围：$0° \sim 90°$；

2）KCZ6 集成六脉冲触发组件由三片 KC04、一片 KC41 和一片 KC42 组成，整个 KCZ6 集成六脉冲触发组件由三相交流同步电压，输出脉冲列式双脉冲。

3）画出触发电路的同步电压 u_{s1}、经阻容滤波后的加到 KC04 端的电压 u_s、锯齿波同步信号电压及触发脉冲 u_{g1}、u_{g4} 如图 3-120a 所示。其中 u_s 滞后 u_{s1} 30°，根据三相全控桥式整流大电感负载移相范围和锯齿波前端 30°余量，触发脉冲 u_{g1} 滞后 u_s 120°，即：u_{g1} 在 u_{s1} 过零点后的 150°位置。

4）画出使输出电压 $U_d = 0$（$\alpha = 90°$）时的触发脉冲 u_{g1} 波形图如图 3-120b 所示。由图可知触发脉冲 u_{g1} 的初始相位在 u_U 过零点后的 120°位置。

5）将图 3-120a、b 以触发脉冲 u_{g1} 为基准重叠，可以分析出 u_{s1} 超前 u_U 30°相位，如图 3-120c 所示。

6）整流变压器为 Y/Y－12 接法，则可以得出同步变压器为 D/Y－11。第一片 KC04 的同步电压为 U 相，则 V 相（与 U 相间隔 120°）和 W 相（与 U 相间隔 240°）同步电压分别接到第二片和第三片 KC04 上。

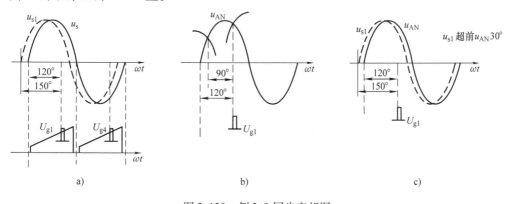

图 3-120　例 3-8 同步定相图

3.9.3　同步变压器的时钟点数

在确定触发电路同步的过程中，是整流变压器和同步变压的通过不同的联结组别相互配合实现的。三相变压器共有 D/D、Y/Y、D/Y、Y/D 四种形式，每种各有六种接法，共计二十四种连接组，通常以时钟点数来表示，按照 30°间隔分布在表盘上，例如在前面例题中提到的 D/D－12 接法和 D/Y－11 接法。由于触发电路均有公共"接地"端，且各触发单元需要和同步变压器的二次侧电压相连，所以同步变压器只能选用二次侧是星形的连接方式，即：Y/Y 和 D/Y 形式 12 种接法，如图 3-121 所示。

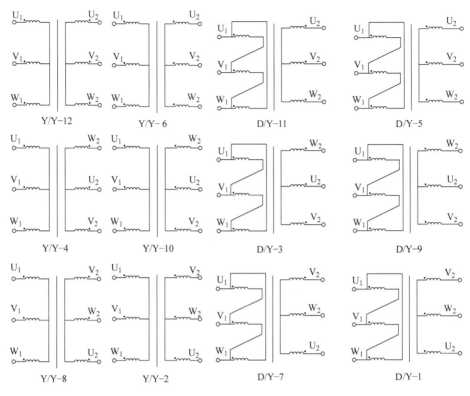

图 3-121　变压器 Y/Y 和 D/Y 形式 12 种接法

3.10　"1+X"实践操作训练

3.10.1　训练1　安装、调试三相半波可控整流共阴极电路

1. 实践目的

1）熟悉三相半波可控整流共阴极电路的接线，观察电阻性负载、电感性负载输出电压和晶闸管两端电压的波形。

2）进一步理解集成触发电路的工作原理，并能够掌握触发电路与主电路的同步调试，使电路能够正常工作。

2. 实践要求

1）根据给定的设备和仪器仪表，在规定时间内完成接线、调试、测量工作。

① 按照电路原理图进行接线。

② 安装后，通电调试，并根据要求画出波形。

2）时间：90min。

3. 实践设备

万用表	1 块
双踪慢扫描示波器	1 台
集成六脉冲触发电路板	1 块
可控整流单元板	1 块

控制电压 U_C 调节器	1 套
负载（白炽灯）板	1 块
负载（电阻电感箱）板	1 块
连接导线	若干

4. 实践内容及步骤

1）三相半波可控整流共阴极电路的实践原理图如图 3-122 所示。

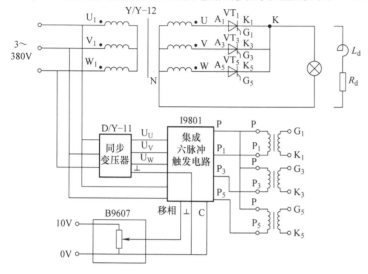

图 3-122　三相半波可控整流共阴极电路的实践原理图

码 3-1　三相半波可控整流
电路电阻负载接线操作

2）按照原理图，在实验板上分别进行主电路和触发电路的线路连接。其中，主电路先接入电阻性负载。

3）测定电源相序。对于三相可控整流电路来说三相交流电的相序是非常重要的，可以用双踪慢扫描示波器进行电源相序的测定。将示波器探头 Y_1 的接地端接在整流变压器一次侧的中性点上，探头 Y_1 的测试端分别测量 U 相，将探头 Y_2 的测试端接在 V 相上，示波器的显示方式选择双踪显示，调节示波器稳定显示。如果相序正确，则测出的 U 相将超前 V 相 120°，测定电源相序如图 3-123 所示。同理，可测出 V 相和 W 相的相位关系：V 相超前 W 相 120°。如果测出的相序不正确，将 3 根进线中的任意两根线调换一下，再进行测量。

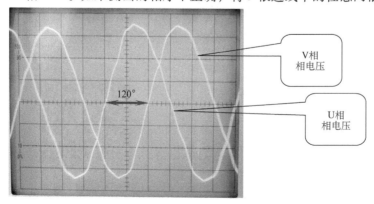

图 3-123　测定电源相序

码 3-2　示波器操作及相序测量

4）主电路与触发电路的相位关系。在实验中，三相半波可控整流共阴极电路整流变压器的接法为 Y/Y – 12，同步变压器的接法为 D/Y – 11，其绕组的接法分别如图 3-124a、b 所示。

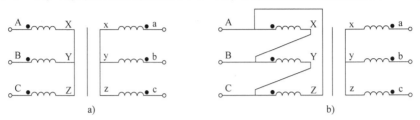

图 3-124　整流变压器与同步变压器的接法

a）Y/Y – 12　b）D/Y – 11

由变压器时钟点数的知识可知，同步变压器一次侧的相电压与整流变压器一次侧的线电压同相，即 $\dot{u}_{sU}$ 与 $\dot{u}_{UV}$ 同相，其矢量关系如图 3-125 所示。

5）电路的调试。本书中三相整流电路中的触发装置均采用 KCZ6 集成六脉冲触发组件，当然三相半波可控整流共阴极电路的触发装置是可以用单脉冲的触发电路。图 3-126 为 KCZ6 集成六脉冲触发组件装置的面板图。

① 断开负载 R_d，使整流输出电路处于开路状态。

② 将探头的接地端接到双脉冲触发电路板的面板的

图 3-125　矢量关系

"⊥"点上，探头的测试端分别接在面板的"UR1""US1""UT1"上进行测量，确定与主电路的相位关系是否正确。正常状态下，测量出来的同步电压 u_{sU}、u_{sV}、u_{sW} 分别与 u_{UV}、u_{VW}、u_{WU} 同相。

③ 确定同步电压与锯齿波的相位关系。为了满足移相和同步的要求，同步电压与锯齿波有一定的相位差。用双踪示波器的探头 Y_1 按步骤②所示测量同步电压 u_{sU}，将探头 Y_2 的测试端接在面板的锯齿波测试点"A"点，探头 Y_2 的接地端悬空，测得同步电压与锯齿波的相位关系（以 U 相为例）如图 3-127 所示。V 相、W 相依次滞后 120°，请自行分析。

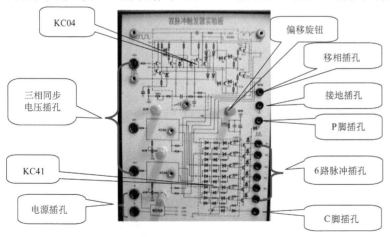

图 3-126　KCZ6 集成六脉冲触发组件装置的面板图

码 3-3　触发电路调试
（三相半波可控整流电阻负载）

156

图 3-127 中锯齿波滞后同步电压一个电角度 φ，该角度在不同的设备中取值有所不同，本书采用的实验装置中 φ 约为 50°。

特别指出的是：在双脉冲触发电路实验板的面板上有 3 个"斜率"旋钮，这 3 个旋钮是用来调节三相锯齿波斜率的，测量过程中可进行适当调节，使三相锯齿波的斜率基本一致。

④ 确定初始脉冲的位置。

a）调节电压给定装置调节控制电压 U_C，使控制电压 $U_C = 0$。

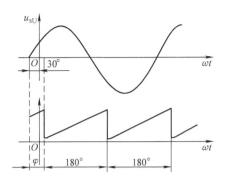

图 3-127 同步电压与锯齿波的相位关系

b）将 Y_1 探头的接地端接到双脉冲触发电路实验板的面板的"⊥"点上，探头的测试端接在面板的"UR1"测量同步电压 u_{sU}，在荧光屏上确定 u_{sU} 正向过零点的位置。将 Y_2 探头的测试端接到面板上的"P_1"点处，探头的接地端悬空，荧光屏上同时显示出脉冲 u_{P1} 的波形，确定初始脉冲的位置如图 3-128 所示。

三相半波可控整流共阴极电路的电阻性负载要求初始脉冲 $\alpha = 150°$，因为 u_{sU} 与 u_{UV} 同相，且电路触发延迟角 α 的起始点（即 $\alpha = 0°$）滞后 u_{UV} 正向过零点 60°，所以初始脉冲的位置应滞后 u_{sU} 正向过零点的角度为 150° + 60° = 210°，以此在荧光屏确定初始脉冲的位置。对应确定位置标于图 3-128 中。

c）调节面板上的"偏移"旋钮，改变偏移电压 U_b 的大小，将脉冲 u_{P1} 的主脉冲移至距 u_{sU} 正向过零点 210°处，此时电路所处的状态即为 $\alpha = 150°$，输出电压平均值 $U_d = 0$，初始脉冲的位置如图 3-129 所示。

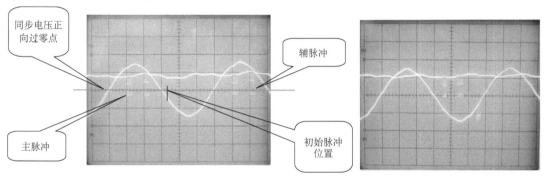

图 3-128 确定初始脉冲的位置　　　　　　　图 3-129 初始脉冲的位置

注意：初始脉冲的位置一旦确定，"偏移"旋钮就不可以随意调整了。

6）输出电压 u_d 和晶闸管两端电压 u_{VT} 的波形的测量。

① 接入电阻性负载，将探头接于负载两端，探头的测试端接高电位，探头的接地端接低电位，荧光屏上显示的应为三相半波可控整流共阴极电路在 $\alpha = 150°$ 时输出电压 u_d 的波形。

② 增大控制电压 U_C，观察触发延迟角 α 从 150° ~ 0° 变化时输出电压 u_d 及对应的晶闸管两端电压 u_{VT} 的波形。注意：在测量 u_{VT} 时，探头的测试端接管子的阳极，接地端接管子的阴极。

码 3-4　主电路的波形测试

码 3-5　电感负载接视频（三相半波）　　　码 3-6　电感负载电路调试（三相半波）

7）电路输出波形正常后，在活页中完成实训报告。

8）将电阻性负载调整为电感性负载，初始脉冲 $\alpha = 90°$，重复上述步骤，完成电路调试，并将输出电压 u_d 和晶闸管两端电压 u_{VT} 的测量结果填在活页中。

3.10.2　训练 2　安装、调试三相半波可控整流共阳极电路

1. 实践目的

1）理解熟悉三相半波可控整流共阳极电路的工作原理，完成三相半波可控整流共阳极电路的接线。

2）进一步理解集成触发电路的工作原理，并能够掌握触发电路与主电路同步的调试，使电路能够正常工作。

3）掌握仪器仪表进行电路测量的方法；观察并记录电感性负载输出电压和晶闸管两端的电压波形。

2. 实践要求

1）根据给定的设备和仪器仪表，在规定时间内完成接线、调试及测量工作。

① 按照电路原理图进行接线。

② 安装后，通电调试，并根据要求画出波形图。

2）时间：90min。

3. 实践设备

万用表	1 块
双踪慢扫描示波器	1 台
双脉冲触发电路板	1 块
可控整流单元板	1 块
控制电压 U_C 调节器	1 套
负载（电阻电感箱）	1 块
连接导线	若干

4. 实践内容及步骤

1）三相半波可控整流共阳极电路原理图如图 3-130 所示。

2）按照实验原理图，在实验板上分别进行主电路和触发电路的线路连接。本实践中电源相序的测定和主电路与触发电路的相位关系部分的内容请参照"训练 1　安装、调试三相半波可控整流共阴极电路"，在此恕不赘述。

3）电路的调试。

① 断开负载（$L_d + R_d$），使整流输出电路处于开路状态。

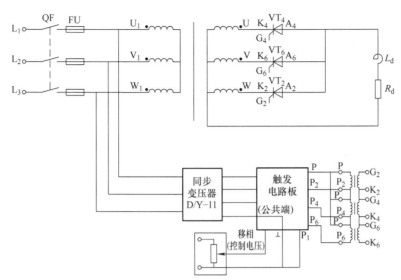

图 3-130　三相半波可控整流共阳极电路原理图

② 测量出来的同步电压 u_{sU}、u_{sV}、u_{sW} 是否与 u_{UV}、u_{VW}、u_{WU} 同相。

③ 确定同步电压与锯齿波的相位关系，锯齿波滞后同步电压一个电角度 φ，该角度在不同的设备中取值有所不同，本书采用的实验装置中 $\varphi \approx 50°$。

4）确定初始脉冲的位置。

① 调节电压给定装置调节器得到控制电压 U_C，使控制电压 $U_C = 0$。

② 用示波器测量并显示同步电压 u_{sU} 与脉冲电压 u_{P4} 的波形，确定初始相位的位置。三相半波可控整流共阳极电路，包含大电感负载，要求初始脉冲 $\alpha = 90°$。在这里请读者注意：此时需要确定的初始相位的脉冲电压为 u_{P4}，P_4 脉冲滞后 P_1 脉冲 $180°$。因为 u_{sU} 与 u_{UV} 同相，且电路触发延迟角 α 的起始点（即 $\alpha = 0°$）滞后 u_{uv} 正向过零点 $60°$，所以初始脉冲 P_4 的位置应滞后 u_{su} 正向过零点的电角度为 $180° + 60° + 90° = 330°$，以此在显示屏确定 P_4 脉冲的位置。

③ 调节面板上的"偏移"旋钮，改变偏移电压 U_b 的大小，将脉冲 u_{P4} 的主脉冲移至距 u_{sU} 正向过零点 $330°$ 处，此时电路所处的状态即为三相半波可控整流共阳极电路，大电感负载 $\alpha = 90°$，输出电压平均值 $U_d = 0$。

注意：初始脉冲的位置一旦确定，"偏移"旋钮就不可以随意调整了。

5）输出电压 u_d 和晶闸管两端承受的电压 u_{VT} 波形的测量。

① 接入负载，将探头接与负载（$L_d + R_d$）两端，探头的测试端接高电位，探头的接地端接低电位，荧光屏上显示的应为三相半波可控整流共阳极电路，大电感负载 $\alpha = 90°$ 时的输出电压 u_d 的波形。

② 增大控制电压 U_C，观察触发延迟角 α 从 $90° \sim 0°$ 变化时输出电压 u_d 及对应的晶闸管两端承受的电压 u_{VT} 波形。

6）电路输出波形正常后，在活页中完成实训报告。

3.10.3　训练3　安装、调试三相全控桥式整流电路

1. 实践目的

1）熟悉三相全控桥式整流电路的接线，观察电阻性负载、电感性负载输出电压和晶闸

管两端的电压波形。

2）进一步理解集成触发电路的工作原理，并能够掌握触发电路与主电路同步的调试，使电路能够正常工作。

2. 实践要求

1）根据给定的设备和仪器仪表，在规定时间内完成接线、调试、测量工作。

① 按照电路原理图进行接线。

② 安装后，通电调试，并根据要求画出波形图。

2）时间：90min。

3. 实践设备

万用表	1块
双踪慢扫描示波器	1台
双脉冲触发电路板	1块
整流单元板	2块
控制电压 U_C 调节器	1套
负载（白炽灯）板	1块
负载（电阻电感箱）板	1块
连接导线	若干

4. 实践内容及步骤

1）三相全控桥式整流电路的原理图如图3-131所示。

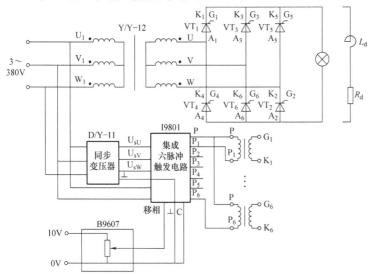

图3-131　三相全控桥式整流电路的原理图　　　　码3-7　三相全控桥式整流
　　　　　　　　　　　　　　　　　　　　　　　　电阻性负载接线操作

2）按照原理图，在操作板上分别进行主电路和触发电路的线路连接。其中，主电路先接入电阻性负载。

本实践中电源相序的测定与主电路和触发电路的相位关系部分的内容请参照"实践1　安装测试三相半波可控整流共阴极电路"，在此恕不赘述。

3）电路的调试。

① 断开负载 R_d，使整流输出电路处于开路状态。

② 测量出来的同步电压 u_{sU}、u_{sV}、u_{sW} 是否与 u_{UV}、u_{VW}、u_{WU} 同相。

③ 确定同步电压与锯齿波的相位关系，锯齿波滞后同步电压一个电角度 φ，该角度在不同的设备中取值有所不同，本书采用的操作装置中 $\varphi \approx 50°$。

码 3-8　三相全控桥式整流电路
电阻负载电路调试

④ 确定初始脉冲的位置。

a）调节电压给定装置调节控制电压 U_C，使控制电压 $U_C = 0$。

b）用示波器测量显示同步电压 u_{sU} 与脉冲电压 u_{P1} 的波形，确定初始相位的位置。三相全控桥式整流电路要求初始脉冲 $\alpha = 120°$，因为 u_{sU} 与 u_{UV} 同相，且电路触发延迟角 α 的起始点（即 $\alpha = 0°$）滞后 u_{UV} 正向过零点 $60°$，所以初始脉冲的位置应滞后 u_{sU} 正向过零点的角度为 $120° + 60° = 180°$，即同步电压 u_{sU} 负向过零点。以此在显示屏确定初始脉冲的位置。

c）调节面板上的"偏移"旋钮，改变偏移电压 U_b 的大小，将脉冲 u_{P1} 的主脉冲移至距 u_{sU} 正向过零点 $180°$ 处，此时电路所处的状态即为 $\alpha = 120°$，输出电压平均值 $U_d = 0$。

注意：初始脉冲的位置一旦确定，"偏移"旋钮就不可以随意调整了。

4）输出电压 u_d 和晶闸管两端电压 u_{VT} 的波形的测量。

① 接入电阻性负载，将探头接于负载两端，探头的测试端接高电位，探头的接地端接低电位，荧光屏上显示的应为三相全控桥式整流电路在 $\alpha = 120°$ 时输出电压 u_d 的波形。

② 增大控制电压 U_C，观察触发延迟角 α 从 $120° \sim 0°$ 变化时输出电压 u_d 及对应的晶闸管两端电压 u_{VT} 的波形。

5）电路输出正常后，在活页中完成实训报告。

6）将负载改成大电感负载，初始脉冲设定 $\alpha = 90°$，重复上述步骤。完成电路调试后，在活页中完成实训报告。

码 3-9　三相全控桥式整流电路
电感性负载接线操作

码 3-10　三相全控桥式整流电感性
负载电路调试操作

3.10.4　训练 4　安装、调试三相半控桥式整流电路

1. 实践目的

1）熟悉三相半控桥式整流电路的接线，观察电阻性负载、电感性负载输出电压和晶闸管两端电压的波形。

2）进一步理解集成触发电路的工作原理，并能够掌握触发电路与主电路的同步调试，使电路能够正常工作。

2. 实践要求

1）根据给定的设备和仪器仪表，在规定时间内完成接线、调试、测量工作。

① 按照电路原理图进行接线。

② 安装后，通电调试，并根据要求画出波形。

2）时间：90min。

3. 实践设备

万用表	1 块
双踪慢扫描示波器	1 台
集成六脉冲触发电路板	1 块
整流单元板	2 块
控制电压 U_C 调节器	1 套
负载（白炽灯）板	1 块
负载（电阻电感箱）板	1 块
连接导线	若干

4. 实践内容及步骤

1）三相半控桥式整流电路的原理图如图 3-132 所示。

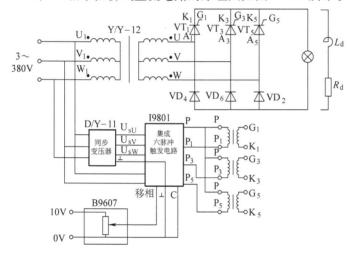
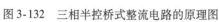

图 3-132　三相半控桥式整流电路的原理图

码 3-11　三相半控桥式整流电路
电阻性负载接线操作

2）按照原理图，在实验板上分别进行主电路和触发电路的线路连接。其中，主电路先接入电阻性负载。

本实践中电源相序的测定与主电路和触发电路的相位关系部分的内容请参照"训练 1 安装测试三相半波可控整流电路"，在此恕不赘述。

3）电路的调试。

① 断开负载 R_d，使整流输出电路处于开路状态。

② 判断测量出来的同步电压 u_{sU}、u_{sV}、u_{sW} 是否与 u_{UV}、u_{VW}、u_{WU} 同相。

③ 确定同步电压与锯齿波的相位关系，锯齿波滞后同步电压一个电角度 φ，该角度在不同的设备中取值有所不同，本书采用的操作装置中 φ 约为 50°。

④ 确定初始脉冲的位置。

a）调节电压给定装置调节控制电压 U_C，使控制电压 $U_C = 0$。

b）用示波器测量显示同步电压 u_{sU} 与脉冲电压 u_{P1} 的波形，确定初始相位的位置。三相半控桥式整流电路要求初始脉冲 $\alpha = 180°$，因为 u_{sU} 与 u_{UV} 同相，且电路触发延迟角 α 的起始点（即 $\alpha = 0°$）滞后 u_{UV} 正向过零点 $60°$，所以初始脉冲的位置应滞后 u_{sU} 正向过零点的角度为 $180° + 60° = 240°$，即同步电压 u_{sU} 负向过零点。以此在荧光屏确定初始脉冲的位置。

码3-12　三相半控桥式整流电阻性负载电路调试

c）调节面板上的"偏移"旋钮，改变偏移电压 U_b 的大小，将脉冲 u_{P1} 的主脉冲移至距 u_{sU} 正向过零点 $240°$ 处，此时电路所处的状态即为 $\alpha = 180°$，输出电压平均值 $U_d = 0$。

注意：初始脉冲的位置一旦确定，"偏移"旋钮就不可以随意调整了。

4）输出电压 u_d 和晶闸管两端电压 u_{VT} 的波形的测量与记录。

① 接入电阻性负载，将探头接于负载两端，探头的测试端接高电位，探头的接地端接低电位，荧光屏上显示的应为三相半控桥式整流电路在 $\alpha = 180°$ 时输出电压 u_d 的波形。

② 增大控制电压 U_C，观察触发延迟角 α 从 $180° \sim 0°$ 变化时输出电压 u_d 及对应的晶闸管两端电压 u_{VT} 的波形。

码3-13　三相半控桥式整流电感性负载电路接线操作

码3-14　三相半控桥式整流电感性负载电路调试操作

5）电路输出正常后，在活页中完成实训报告。

6）将电路负载改接成大电感负载初始脉冲 $\alpha = 180°$，重复上述操作步骤。完成电路调试后，在活页中完成实训报告。

3.10.5　训练5　安装、调试带平衡电抗器的三相双反星形可控整流电路

1. 实践目的

1）理解熟悉带平衡电抗器的三相双反星形可控整流电路的工作原理，完成带平衡电抗器的三相双反星形可控整流电路的接线。

2）进一步理解集成触发电路的工作原理，并能够掌握触发电路与主电路同步的调试，使电路能够正常工作。

3）掌握仪器仪表进行电路测量的方法，观察并记录负载输出电压和晶闸管两端的电压波形。

2. 实践要求

1）根据给定的设备和仪器仪表，在规定时间内完成接线、调试、测量工作。

① 按照电路原理图进行接线。

② 安装后，通电调试，并根据要求画出波形图。

2）时间：90min。

3. 实践设备

万用表	1 块
双踪慢扫描示波器	1 台
双脉冲触发电路板	1 块
整流单元板	3 块
控制电压 U_C 调节器	1 套
平衡电抗器	1 套
负载（白炽灯）板	1 块
负载（电阻电感箱）板	1 块
连接导线	若干

4. 实践内容及步骤

1）带平衡电抗器的三相双反星形可控整流电路原理图如图 3-133 所示。

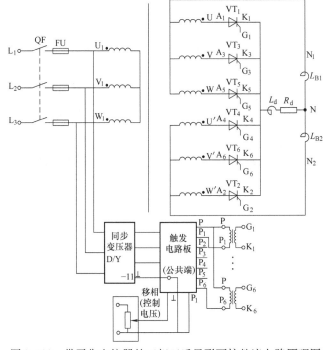

图 3-133　带平衡电抗器的三相双反星形可控整流电路原理图

2）按照原理图，在实验板上分别进行主电路和触发电路的线路连接。本实践中电源相序的测定和主电路与触发电路的相位关系部分的内容请参照"实践操作训练 1、安装、调试三相半波可控整流共阴极电路"，在此恕不赘述。

3）电路的调试。

① 断开负载（$L_d + R_d$），使整流输出电路处于开路状态。

② 测量出来的同步电压 u_{sU}、u_{sV}、u_{sW} 是否与 u_{UV}、u_{VW}、u_{WU} 同相。

③ 确定同步电压与锯齿波的相位关系，锯齿波滞后同步电压一个电角度 φ，该角度在不同的设备中取值有所不同，本书采用的实验装置中 $\varphi \approx 50°$。

4）确定初始脉冲的位置。

① 调节电压给定装置调节器控制电压 U_C，使控制电压 $U_C = 0$。

② 用示波器测量显示将同步电压 u_{sU} 与脉冲电压 u_{P4} 的波形，确定初始相位的位置。带平衡电抗器双反星形可控整流电路要求初始脉冲 $\alpha = 90°$，因为 u_{su} 与 u_{uv} 同相，且电路触发延迟角 α 的起始点（即 $\alpha = 0°$）滞后 u_{uv} 正向过零点 $60°$，所以初始脉冲的位置应滞后 u_{su} 正向过零点的角度为 $90° + 60° = 150°$，以此在显示屏确定脉冲的位置。

③ 调节面板上的"偏移"旋钮，改变偏移电压 U_b 的大小，将脉冲电压 u_{P1} 的主脉冲移至距 u_{sU} 正向过零点 $150°$ 处，此时电路所处的状态即为带平衡电抗器的三相双反星形可控整流电路 $\alpha = 90°$，输出电压平均值 $U_d = 0$。

注意：初始脉冲的位置一旦确定，"偏移"旋钮就不可以随意调整了。

5）输出电压 u_d 和晶闸管两端承受的电压 u_{VT} 波形的测量与记录。

① 接入负载，将探头接与负载（$L_d + R_d$）两端，探头的测试端接高电位，探头的接地端接低电位，荧光屏上显示的应为带平衡电抗器的三相双反星形可控整流电路 $\alpha = 90°$ 时的输出电压 u_d 的波形。

② 增大控制电压 U_C，观察触发延迟角 α 从 $90° \sim 0°$ 变化时输出电压 u_d 及对应的晶闸管两端承受的电压 u_{VT} 波形。

6）电路输出正常后，在活页中完成实训报告。

3.11 思考题

1. 简述三相半波可控整流电路，在 $\alpha > 30°$ 后，晶闸管 VT_1 阳极承受的电压 u_{VT1} 的波形可分为哪几个部分？

2. 三相半波可控整流电路，共阴极接法电阻性负载，$U_{2\varphi} = 220V$，$R_d = 2\Omega$，当 $\alpha = 90°$ 时，计算 U_d、I_d、I_{dT} 的大小；如果将负载变换成大电感负载，进行晶闸管的选择（考虑 2 倍裕量），应如何计算？如果采用共阳极接法大电感性负载，计算 $\alpha = 60°$ 时的 U_d 大小。

3. 三相半波可控整流共阴极接法，大电感负载带续流二极管电路，变压器二次相电压 $U_{2\varphi} = 220V$，$R_d = 10\Omega$，$\alpha = 60°$，

求：1）输出电压 U_d、负载电流 I_d 的大小。

2）流过晶闸管的电流平均值 I_{dT}、有效值 I_T。

3）流过续流二极管的电流平均值 I_{dD}、有效值 I_D。

4）晶闸管承受的最高电压 U_{TM}。

4. 分别画出三相半波可控整流电路，电阻性负载和电感性负载，当触发延迟角 $\alpha = 0°$、$30°$、$60°$、$90°$ 时输出电压 u_d、u_{VT1}、u_{VT3}、u_{VT5} 的波形。

5. 在三相半波可控整流共阴极接法，电阻性负载电路，若 V 相晶闸管出现断路故障，试画出 $\alpha = 60°$ 时，输出电压 U_d 的波形。

6. 三相全控桥式整流电路带电阻性负载，$U_{2\varphi} = 220V$，求触发延迟角 $\alpha = 30°$、$75°$ 时，输出电压 U_d 的大小？若将负载变换成电感性负载，求同样触发延迟角下的输出电压的大小。

7. 在三相全控桥式整流大电感负载电路中，已知：当 $\alpha = 0°$ 时 $U_d = 220V$，$R_d = 5\Omega$，

求：1）变压器二次相电压 $U_{2\varphi}$；

2）选择晶闸管，并写出型号。（考虑 2 倍裕量）

8. 三相全控桥式整流大电感负载电路带续流二极管，变压器二次相电压 $U_{2\varphi} = 220V$，

$R_d = 10\Omega$, $\alpha = 75°$

　　求：1）输出电压 U_d、负载电流 I_d 的大小。

　　　　2）流过晶闸管的电流平均值 I_{dT}、有效值 I_T。

　　　　3）流过续流二极管的电流平均值 I_{dD}、有效值 I_D。

　　　　4）晶闸管承受的最高电压 U_{TM}。

　　9. 在三相全控桥式整流电阻负载电路中，移相范围是多少？元器件承受的最大正反向电压是多少？

　　10. 分别画出三相全控桥式整流电路，带电阻性负载 $\alpha = 30°$、$45°$、$60°$ 和电感性负载 $\alpha = 30°$、$45°$、$60°$、$90°$时，输出电压 u_d 及 u_{VT1} 的波形。

　　11. 三相全控桥式整流电路可以采用哪两种脉冲形式？简要说明。

　　12. 分别画出三相半控桥式整流电路带电阻性负载和电感性负载，当触发延迟角 $\alpha = 30°$、$60°$、$90°$时输出电压 u_d 及 u_{VT1} 的波形。

　　13. 三相半控桥式整流电路带电感性负载，在 $\alpha = 60°$时测得输出电压为117V，试求电源电压的大小。若该电路中 $R_d = 10\Omega$，计算负载电流的大小，流过晶闸管的电流的大小，晶闸管两端承受的电压；若该将电路调整至 $\alpha = 90°$，计算输出电压的大小。

　　14. 三相半控桥式整流大电感负载电路带续流二极管，变压器二次相电压 $U_{2\varphi} = 220V$，$R_d = 10\Omega$，$\alpha = 90°$，

　　求：1）输出电压 U_d、负载电流 I_d 的大小。

　　　　2）流过晶闸管的电流平均值 I_{dT}、有效值 I_T。

　　　　3）流过续流二极管的电流平均值 I_{dD}、有效值 I_D。

　　　　4）晶闸管承受的最高电压 U_{TM}。

　　15. 简述在三相半控桥式整流大电感负载电路中造成失控的原因。如何避免？

　　16. 简述 TC787 的内部主要结构，并说明使用注意事项。

　　17. 简述同步电压和同步信号电压的概念。

　　18. 可以用于触发电路的同步变压器的联结组别有哪几个？

第4章 有源逆变电路

教学目标：

通过本节的学习可以达到：

1）掌握有源逆变的概念和实现有源逆变的条件。

2）理解有源逆变的工作原理，了解有源逆变失败的原因。

3）能够按照要求独立完成有源逆变电路的安装与调试。

4.1 单相桥式有源逆变电路

4.1.1 有源逆变的条件

在一定的条件下，将直流电能转变为交流电能的过程称为逆变过程，其能量传递方向为直流电→逆变器→交流电→电网（用电器）。逆变电路又分为有源逆变电路和无源逆变电路。变流器把直流电逆变成50Hz的交流电回送到电网去的过程称为有源逆变。若把变流器的交流侧接到负载，把直流电逆变为某一频率或频率可调的交流电供给负载，叫作无源逆变。在很多情况下，整流和逆变有着密切的关系，同一套晶闸管电路既可作整流又可作逆变，称为变流装置或变流器。

在整流状态下，$U_d > E$，电机工作在电动状态下，电流 I_d 从 U_d 的正端流出，从电动机反电势 E 的正端流入，变流器输出直流功率，整流状态下变流器与负载之间的能量传递关系如图4-1所示。

在逆变状态下，变流器输出电压 U_d 的极性改变，电机处于发电制动状态，$E > U_d$（E 是产生 I_d 的电动势），发出直流电功率，而 U_d 却起着反电动势的作用，变流器将直流电功率逆变成50Hz的交流电回送到电网，逆变状态下变流器与负载之间的能量传递关系如图4-2所示。此时，触发延迟角 α 增大到大于90°，晶闸管的阳极电位处于交流电压大部分为负半周的时刻，但在 E 的作用下，使变流器直流侧的电流 I_d 与电动势 E 同方向，晶闸管仍然承受正向电压而导通。

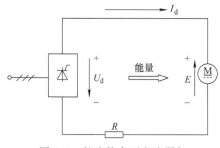

图4-1 整流状态下变流器与
负载之间的能量传递关系

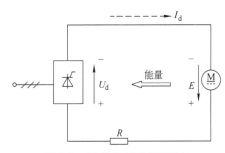

图4-2 逆变状态下变流器与
负载之间的能量传递关系

由此可以得出实现有源逆变的两个条件：

1）直流侧必须外接与直流电流 I_d 同方向的电动势，并且要求 E 在数值上大于 U_d，这是实现有源逆变的外部条件。

2）变流器必须工作在 $\alpha > 90°$ 的情况下，使变流器输出电压 $U_d < 0$，这是实现有源逆变的内部条件。

以上两个条件缺一不可。在几种整流电路中，如晶闸管半控桥式整流电路或带有续流二极管的电路，由于不能输出负电压 U_d，也不允许直流侧接上反极性的直流电源，故不能用于有源逆变；其余整流电路均可用于有源逆变。

4.1.2　单相桥式有源逆变电路的工作原理与波形分析

图 4-3 为有两组单相全控桥式电路反并联构成的逆变实验原理图。图中通过开关 S 来进行负载与两个桥路之间的切换。

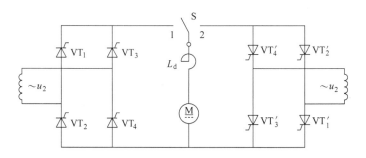

图 4-3　两组单相全控桥式电路反并联构成的逆变实验原理图

如图 4-4a 所示，当开关 S 掷向 1 位置时，Ⅰ组全控桥式电路工作于整流状态，晶闸管的触发延迟角 $\alpha_{\mathrm{I}} < 90°$，整流电路的输出电压 $U_{d\mathrm{I}}$ 上正下负；电动机做电动运行，反电动势 E 上正下负，电动机吸收功率。整流电路输出电压 $U_{d\mathrm{I}}$ 的波形如图 4-4b 所示。

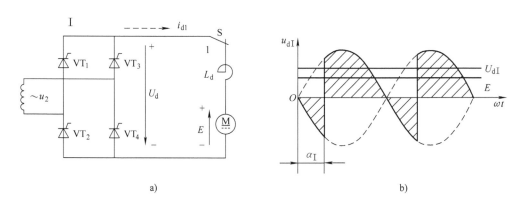

图 4-4　Ⅰ组全控桥式电路工作于整流状态
a）电路　b）输出电压 $U_{d\mathrm{I}}$ 的波形

如图 4-5a 所示，当开关 S 掷向 2 位置，电动机由于机械惯性转速尚未发生变化，电动势 E 的方向不变；同时，将Ⅱ组全控桥式电路的触发延迟角调整为 $\alpha_{\mathrm{II}} > 90°$，桥式电路输

出电压 $U_{dI} = U_{d0}\cos\alpha_{II}$ 为负值，且使 $|U_{dI}| < |E|$，则电动机运行在发电制动状态，向电源反馈能量。整流电路输出电压 U_{dII} 的波形如图 4-5b 所示。

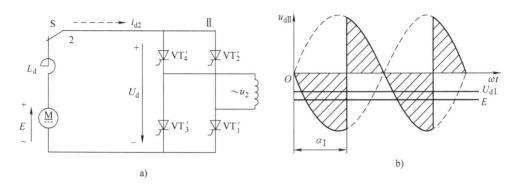

图 4-5　II 组全控桥式电路工作于逆变状态

a）电路　b）输出电压 U_{dII} 的波形

注意：当开关 S 掷向 2 位置时，绝对不允许将 II 组全控桥式电路的触发延迟角调整为 $\alpha_{II} < 90°$，否则会形成两电源顺极性串联，相当于短路，会产生很大的电流，两电源顺极性串联如图4-6所示。

单相全控桥式电路工作于逆变状态时输出电压的计算公式为

$$U_d = 0.9U_2\cos\alpha$$

由于此时的触发延迟角 α 是大于 90°的，计算上不方便，在此引入逆变角 β，令 $\alpha + \beta = \pi$，以 $\alpha = \pi$ 时为计量起点，向左方计量，即 $\alpha = \pi$ 时，$\beta = 0$。由此可以得到

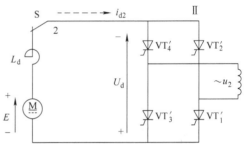

图 4-6　两电源顺极性串联

$$U_d = 0.9U_2\cos\alpha = 0.9U_2\cos(\pi - \beta) = -0.9U_2\cos\beta$$

回路的逆变电流为

$$I_d = \frac{U_d - E}{R_d}$$

由以上分析可知：对于同一套变流装置，当 $\alpha < 90°(\beta > 90°)$ 时工作于整流状态；当 $\alpha > 90°(\beta < 90°)$ 时工作于逆变状态；当 $\alpha = \beta = 90°$ 时，输出电压的平均值 $U_d = 0$，电流 I_d 为零，负载与电源之间无能量交换。

有源逆变是整流的逆过程，不同的条件下，两种过程可以用同一套变流电路来实现，能量的传递方向相反。

可控整流和有源逆变是同一个电路、同一种工作方式的两个不同工作状态。变流电路不管工作在整流状态还是逆变状态，触发电路的移相触发方式和触发顺序、晶闸管的换流方式和导通角、不同晶闸管之间的相位差、构成输出电压及晶闸管两端电压的波头数及每个波头的名称、输出电压的平均值及构成电路的各个器件的电流计算公式等都相同，只是触发延迟角的工作区间不同，随着触发延迟角的变化，电路各个参数的具体数值及波形的形状随之变

化。习惯上，变流器工作在整流状态，用 α 表示晶闸管的触发延迟角，在逆变状态时用 β 表示逆变角，这只是为使用方便而规定的，并非说明整流与有源逆变有什么性质上的区别。用 α 来表示 0 ~ π 的移相范围也是完全可以的。

图 4-7a、b、c 为单相桥式有源逆变电路的逆变角 β 分别为 30°、60°、90°时 u_d 和 u_{VT1} 的波形。

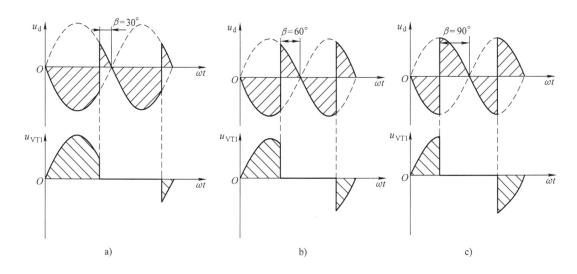

图 4-7 不同逆变角时的波形情况
a）β 为 30°时的波形 b）β 为 60°时的波形 c）β 为 90°时的波形

4.1.3 逆变失败和最小逆变角的限制

可控整流电路在逆变运行时，外接的直流电源就会通过晶闸管电路形成短路，或者使可控整流电路的输出平均电压和直流电动势变成顺向串联，由于逆变电路的内阻很小，将出现极大的短路电流流过晶闸管和负载，这种情况称为逆变失败，或称为逆变颠覆。

造成逆变失败的原因：

1）触发电路工作不可靠，不能适时、准确地给各晶闸管分配触发脉冲，如脉冲丢失、脉冲延迟、窜入干扰脉冲、脉冲宽度或脉冲功率不足等。

2）晶闸管发生故障或晶闸管本身性能不好，如器件失去阻断能力或器件不能导通。

3）交流电源异常。在逆变工作时，电源发生断相或突然消失而造成逆变失败。

4）换相裕量角不足，引起换相失败。应考虑变压器漏抗引起的换相重叠角、晶闸管关断时间等因素的影响。

为了确保逆变电路安全可靠地工作，在选用可靠触发电路的同时对最小逆变角 β_{min} 做出了严格的规定，其考虑的因素主要有：

1）换相重叠角 γ 与整流变压器的漏抗、变压器的接线方式以及工作电流有关，若逆变角 β 小于换相重叠角 γ，就会造成逆变失败。

2）晶闸管的关断时间所对应的电角度 δ_0 与管子的参数有关，一般取 4° ~ 6°。

3）安全裕量角 θ_a 一般取 10°左右。

综合以上因素，最小逆变角的取值为

$$\beta_{\min} \geqslant \gamma + \delta_0 + \theta_a \approx 30° \sim 35°$$

在实际的逆变电路中，往往在 $\beta_{\min}$ 处设置一个可以产生附加安全脉冲的装置，一旦工作脉冲移入 $\beta_{\min}$ 区内，则安全脉冲保证在 $\beta_{\min}$ 触发处脉冲能触发晶闸管，这样可以有效防止因逆变角过小而出现逆变失败。

4.2　三相有源逆变电路

4.2.1　三相半波有源逆变电路的工作原理与波形分析

图 4-8 为三相半波有源逆变电路的原理图。

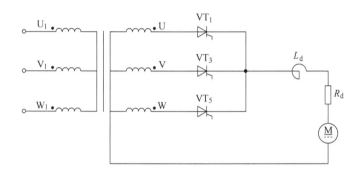

图 4-8　三相半波有源逆变电路的原理图

设电动势 E 已经具备逆变条件，电抗器 L_d 的电感量足够大，能够保证电流连续，触发电路工作正常，可以实现触发延迟角 α 在 90° ~ 180°，即逆变角 β 能在 0° ~ 90°范围内移相。现以 $\beta = 60°(\alpha = 120°)$ 为例来进行分析，$\beta = 60°$（$\alpha = 120°$）时电路输出电压 u_d 和晶闸管 VT_1 两端电压 u_{VT1} 的理论波形如图 4-9 所示。

在 $\omega t_1 \sim \omega t_2$ 时刻，U 相的晶闸管 VT_1 承受的电压瞬时值为正，触发电路送出的触发脉冲 u_{g1} 触发晶闸管 VT_1 导通，忽略管压降，电路输出的电压 $u_d = u_U$，管子两端电压 $u_{VT1} \approx 0$，晶闸管 VT_1 导通时回路电流及各电压参数的方向如图 4-10 所示。此时，电源电压与电动机电动势顺向串联，而回路电阻又很小，所以电抗器 L_d 起到抑制电流 i_d 的作用。

在 ωt_2 时刻，虽然 $u_U = 0$，但晶闸管 VT_1 承受的电压瞬时值 $u_U + E > 0$，所以晶闸管 VT_1

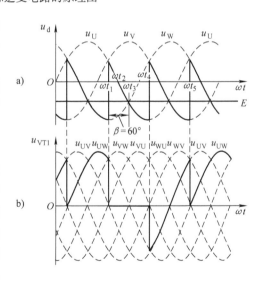

图 4-9　$\beta = 60°(\alpha = 120°)$ 时电路输出电压 u_d 和晶闸管 VT_1 两端电压的理论波形

a）输出电压 u_d 的理论波形

b）晶闸管 VT_1 两端电压的理论波形

仍能保持导通状态。在 $\omega t_2 \sim \omega t_3$ 期间，虽然 $u_U < 0$，但在电动势 E 的作用下，晶闸管 VT_1 承受正向电压继续导通，晶闸管 VT_1 承受正向电压继续导通时回路电流及各电压参数的方向如图 4-11 所示。

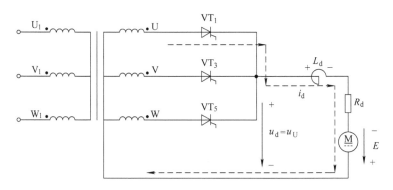

图 4-10 晶闸管 VT_1 导通时回路电流及各电压参数的方向

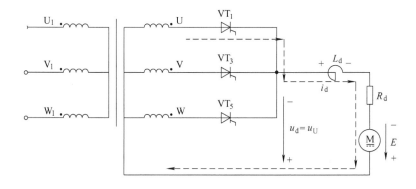

图 4-11 晶闸管 VT_1 承受正向电压继续导通时回路电流及各电压参数的方向

在 $\omega t_3 \sim \omega t_4$ 期间，$|E| < |u_U|$，即 $u_U + E < 0$，但此时电路中的电抗器 L_d 两端感应出的自感电动势 e_L 上负下正，如图 4-12 所示，使晶闸管 VT_1 两端电压 $u_U + E + e_L > 0$，管子仍处于导通状态。

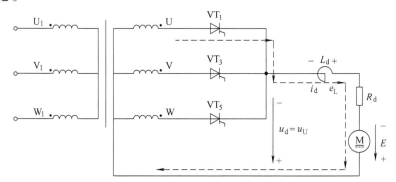

图 4-12 晶闸管 VT_1 两端电压 $u_U + E + e_L > 0$，管子仍处于导通状态

在 ωt_4 时刻，V 相的晶闸管 VT_3 承受的电压瞬时值为正，触发电路送出的触发脉冲 u_{g3} 触发晶闸管 VT_3 导通，晶闸管 VT_1 因承受电压 $u_{UV} < 0$ 而关断，此时电路输出的电压 $u_d =$

u_V，管子两端电压 $u_\text{VT1} = u_\text{UV}$。当 W 相的晶闸管 VT$_5$ 被触发导通（ωt_5 时刻）后，晶闸管 VT$_3$ 承受反向电压而关断。图 4-13 为当 $u_\text{V} < 0$ 且 $|E| > |u_\text{V}|$ 时回路电流及各电压参数的方向。

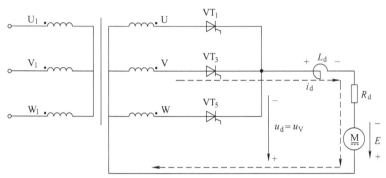

图 4-13　$u_\text{V} < 0$ 且 $|E| > |u_\text{V}|$ 时回路电流及各电压参数的方向

图 4-14 为当 $u_\text{V} < 0$ 且 $|E| < |u_\text{V}|$ 时回路电流及各电压参数的方向。

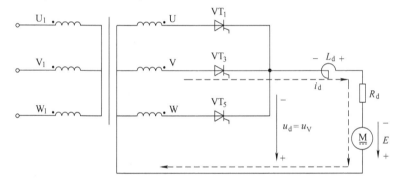

图 4-14　$u_\text{V} < 0$ 且 $|E| < |u_\text{V}|$ 时回路电流及各电压参数的方向

在 ωt_5 时刻，W 相的晶闸管 VT$_5$ 承受的电压瞬时值为正，触发电路送出的触发脉冲 u_g5 触发晶闸管 VT$_5$ 导通，晶闸管 VT$_3$ 因承受电压 $u_\text{VW} < 0$ 而关断，此时电路输出的电压 $u_\text{d} = u_\text{W}$，管子两端电压 $u_\text{VT1} = u_\text{UW}$。当 U 相的晶闸管 VT$_1$ 再次被触发导通后，晶闸管 VT$_5$ 承受反向电压而关断。图 4-15 为当 $u_\text{W} < 0$ 且 $|E| > |u_\text{W}|$ 时回路电流及各电压参数的方向。

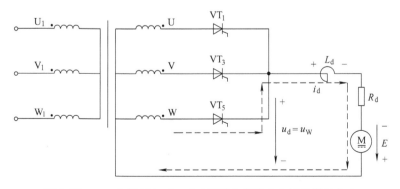

图 4-15　$u_\text{W} < 0$ 且 $|E| > |u_\text{W}|$ 时回路电流及各电压参数的方向

图 4-16 为当 $u_W < 0$ 且 $|E| < |u_W|$ 时回路电流及各电压参数的方向。

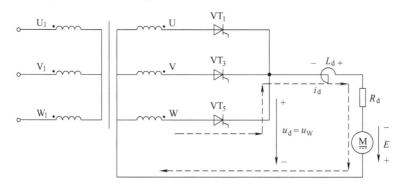

图 4-16 $u_W < 0$ 且 $|E| < |u_W|$ 时回路电流及各电压参数的方向

当 U 相的晶闸管 VT_1 再次被触发导通，至此完成了一个周期的工作，以后重复上述工作过程。

图 4-17 为 $\beta = 30°$（$\alpha = 150°$）时电路输出电压 u_d 和晶闸管 VT_1 两端电压 u_{VT1} 的波形，请读者参照前面的分析方法自行分析。

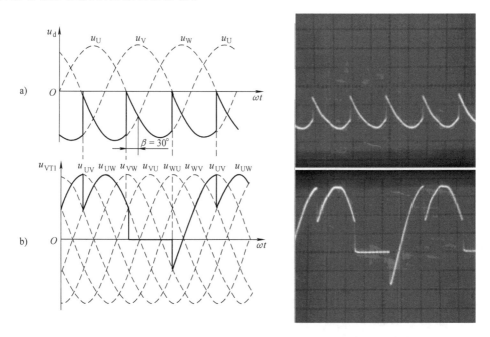

图 4-17 $\beta = 30°$ 时电路输出电压 u_d 和晶闸管 VT_1 两端电压 u_{VT1} 的波形

a）输出电压 u_d 的波形 b）晶闸管 VT_1 两端电压 u_{VT1} 的波形

由以上分析得出：

1）三相半波有源逆变电路输出电压平均值 U_d 为负值，总体能量中除了一部分转变为热能消耗在电阻上以外，其余的由电动机反送回电网。

2）由于电抗器 L_d 的电感量足够大，回路电流 I_d 连续平直。

3）工作于逆变状态时，晶闸管在一个周期内导通角为 $120°$，两端电压的波形总是正面积大于负面积；只有在 $\beta = 90°$ 时，正负面积相等。

4）三相半波有源逆变电路输出电压的计算公式为

$$U_d = -1.17U_2\cos\beta$$

回路的逆变电流为

$$I_d = \frac{U_d - E}{R_d}$$

4.2.2　三相桥式有源逆变电路的工作原理与波形分析

图 4-18 为三相桥式有源逆变电路的原理图。

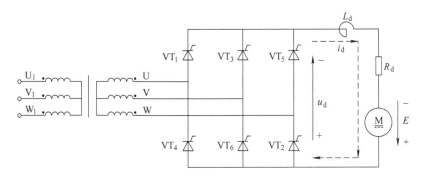

图 4-18　三相桥式有源逆变电路的原理图

如果变流器输出电压 U_d 与直流电机电动势 E 的极性如图 4-17 所示（均为上负下正），当电动势 E 略大于平均电压 U_d 时，回路中产生的电流 I_d 为

$$I_d = \frac{E - U_d}{R}$$

电流 I_d 的流向是从 E 的正极流出而从 U_d 的正极流入，即电机向外输出能量，以发电状态运行；变流器则吸收能量并以交流形式回馈到交流电网，此时电路即为有源逆变工作状态。

电动势 E 的极性由电机的运行状态决定，而变流器输出电压 U_d 的极性则取决于触发脉冲的触发延迟角。欲得到上述有源逆变的运行状态，显然电机应以发电状态运行，而变流器晶闸管的触发延迟角 α 应大于 $\pi/2$ 或逆变角 β 小于 $\pi/2$。有源逆变工作状态下，$\beta = 60°$ 时输出电压 u_d 和晶闸管 VT_1 两端电压 u_{VT1} 的波形如图 4-19 所示。此时，晶闸管导通的大部分区域均为交流电的负电压，晶闸管在此期间由于 E 的作用仍承受极性为正的相电压，所以输出的平均电压就为负值。

三相桥式逆变电路一个周期中的输出电压由 6 个形状相同的波头组成，其形状随 β 的不同而不同。晶闸管阻断期间主要承受正向电压，而且最大值为线电压的峰值。不同逆变角时输出电压的波形如图 4-20 所示。

由于三相桥式逆变电路的输出平均电压为

$$U_d - 2.34U_{2\varphi}\cos\beta$$

输出电流平均值为

$$I_d = \frac{U_d - E}{R}$$

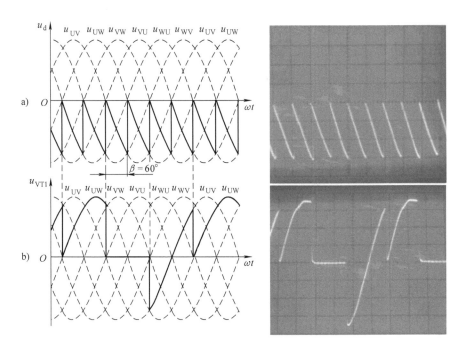

图 4-19　$\beta = 60°$ 时输出电压 u_d 和晶闸管 VT$_1$ 两端电压 u_{VT1} 的波形

a) 输出电压波形　b) 晶闸管两端电压波形

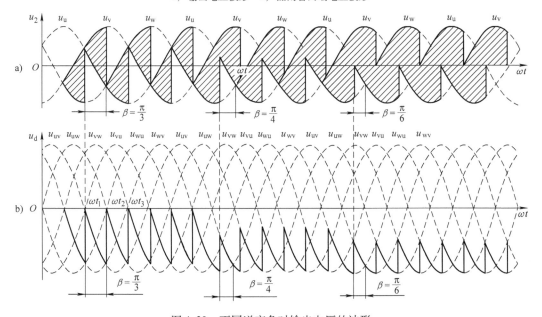

图 4-20　不同逆变角时输出电压的波形

a) 相电压输出波形分析　b) 线电压输出波形分析

晶闸管流过电流的平均值为

$$I_{dT} = \frac{1}{3} I_d$$

晶闸管流过电流的有效值为

$$I_T = \frac{1}{\sqrt{3}} I_d$$

4.3 直流电动机的可逆拖动

在电力拖动系统中，在经常要求正、反转运行的生产机械中，利用逆变装置不仅可以将每次制动过程中释放的电能回馈给电网，还可以使电动机得到较大的制动转矩实现快速可逆运行。因此，在电力拖动系统中，有源逆变电路得到普遍应用。

4.3.1 直流可逆拖动系统的构成

在生产实际中有很多时候直流电动机拖动的不是位能性负载，若电动机由电动状态转为发电制动，相应的变流器有整流转为逆变，则电流必须改变方向，这是不能在同一组变流器桥内实现的，因此常采用两组晶闸管桥路反并联的可逆电路，如图 4-21 所示。当电动机正转运行时，由正组桥（又称为本桥）变流器供电；当电动机反转运行时，由反组桥（又称为他桥）变流器供电。

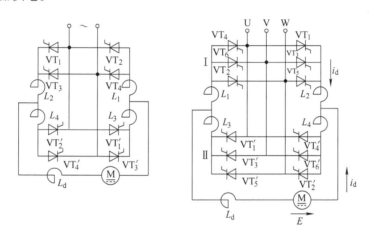

图 4-21　两组晶闸管桥路反并联的可逆电路

反并联连接的直流可逆拖动系统根据对环流的处理方法不同，分为逻辑控制无环流、有环流和错位无环流 3 种工作方式，不论采用哪种工作方式，都可以使电动机在 4 个象限内运行。

4.3.2 逻辑控制无环流可逆拖动系统

反并联供电时，如果两组桥路同时工作在整流状态会产生很大的环流，即不流经电动机的两组变流桥之间的电流。一般说来，环流是一种危害电流，它容易产生损耗使元器件发热，严重时会造成短路事故。因此，在逻辑控制无环流可逆拖动系统中，在任何时间内只允许一组桥路工作，另一组桥路阻断，这样就不会产生环流，反并联可逆系统 4 象限运行图如图 4-22 所示。

电动机正转：在图 4-22 中第一象限工作，正组桥投入触发脉冲，$\alpha_{\mathrm{I}} < 90°（\beta_{\mathrm{I}} > 90°）$，处于整流状态，电动机正向运行；反组桥封锁阻断。

如果电动机需要反向运转时，首先应是电动机迅速制动，工作过程如下。

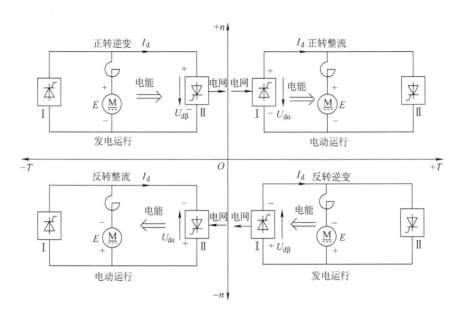

图 4-22 反并联可逆系统 4 象限运行图

首先，调整正组桥的脉冲使后移到 $\alpha_I > 90°$（$\beta_I < 90°$），$U_d < 0$。此时，电动机由于惯性，转速 n 与反电动势 E 暂时不变，电流 i_{dI} 迅速减小，在电抗器 L_d 中产生上负下正的感应电动势 e_L，且 $e_L > u_d + E$，使正组桥满足有源逆变的条件进入有源逆变状态，将 L_d 中的能量反送回电网，称为"本桥逆变"，电动机仍然工作于第一象限电动运行状态。

当电流 i_{dI} 下降到零时，将正组桥晶闸管的脉冲封锁，3～5ms 后，开放反组桥晶闸管脉冲，使 $\alpha_{II} > 90°$（$\beta_{II} < 90°$），且 $|U_{d\beta II}| < |E|$，反组桥进入有源逆变状态，此时流过电动机的电流反向，电动机转速下降，电动势 E 随之减小，系统的惯性能量逆变反送回电网。为了使电动机保持运行在发电制动状态，即反组桥保持工作于有源逆变状态，$U_{d\beta II}$ 在数值上应当随着电动势 E 减小，这个过程称为"他桥逆变"，电动机工作于第二象限。

当转速下降到零时，将反组桥的触发脉冲继续移至 $\alpha_{II} < 90°$（$\beta_{II} > 90°$），反组桥进入整流状态，电动机反向运转，这个过程称为"他桥整流"，电动机工作于第三象限。

同理，电动机从反转到正转是由第三象限经第四象限到第一象限。由于任何时候两组变流器不同时工作，故不存在环流。

4.4 "1＋X"实践操作训练

4.4.1 训练 1 安装、调试单相桥式有源逆变电路

1. 实践目的

1）熟悉单相桥式有源逆变电路的接线，测试单相桥式有源逆变电路输出电压和晶闸管两端电压的波形。

2）理解单相桥式有源逆变电路的工作原理，能够按照要求独立完成单相桥式有源逆变电路的调试，使电路能够正常工作。

2. 实践要求

1）根据课题的要求，按照电气原理图完成线路的接线。

2）按照电路调试的要求进行线路的调试与测量。

3）时间：90min。

3. 实践设备

万用表	1 块
双踪慢扫描示波器	1 台
单结晶体管触发电路试验板	1 块
整流单元实验板	2 块
三相自耦调压器	1 台
电阻电感箱	1 台
1.5A 电流表	1 块
连接导线	若干

4. 实践内容及步骤

1）图 4-23 为单相桥式有源逆变电路的原理图，按图采用接插线的方式进行线路连接，在接线过程中按要求照图配线。

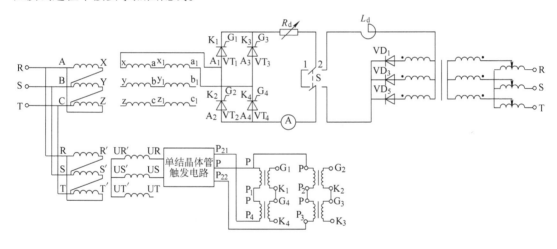

图 4-23 单相桥式有源逆变电路的原理图

2）检查接线正确无误后送电，进行电路调试。

整流电路部分的调试：

① 测定交流电源的相序。按照整流电路实验中相序测量的方法，进行交流电源的相序测定。

② 开关 S 合为 1 状态，且 R_d 置于最大，将示波器接于整流桥的输出端，调节电位器旋钮，观测输出电压 u_d 的波形能否满足 30°~150° 移相，且波头均匀平整、不断相。

③ 电路正常工作后，调节电位器旋钮将脉冲调回 $\alpha = 150°$ 处。

逆变电路部分的调试：

① 当整流电路部分工作正常后，将三相调压器的输出调到零，然后将开关 S 合为 2 状态，此时对应的电流表读数应为零。

② 调节三相调压器使其输出的 E 增大，同使观察电流表的读数，应使 $I_d < 1A$。

③ 调节电位器旋钮，用示波器观察 β 从 30°～90° 变化时输出电压 u_d 的逆变波形。

3）电路工作正常后，在活页中完成实训报告。

4.4.2　训练 2　安装、调试三相半波有源逆变电路

1. 实践目的

1）熟悉三相半波有源逆变电路的接线，测试三相半波有源逆变电路输出电压和晶闸管两端电压的波形。

2）理解三相半波有源逆变电路的工作原理，能够按照要求独立完成三相半波有源逆变电路的调试，使电路能够正常工作。

2. 实践要求

1）根据课题的要求，按照电气原理图完成线路的接线。

2）按照电路调试的要求进行线路的调试与测量。

3）时间：90min。

3. 实践设备

万用表	1 块
双踪慢扫描示波器	1 台
集成六脉冲触发电路板（I9801）	1 块
整流单元实验板	2 块
控制电压 U_C 调节器（B9607）	1 套
三相自耦调压器	1 台
电阻电感箱	1 台
1.5A 电流表	1 块
连接导线	若干

4. 实践内容及步骤

1）图 4-24 为三相半波有源逆变电路的原理图，按图采用接插线的方式进行线路连接，在接线过程中按要求照图配线。

2）检查接线正确无误后送电，进行电路的调试。

整流电路部分的调试：

① 测定交流电源的相序，按照整流电路实践中相序测量的方法，进行交流电源的相序测定。

② 初始脉冲的测定。开关 S 合为 1 状态，且 R_d 置于最大，将示波器接于触发电路的脉冲输出端；调节控制电压 U_C 调节器（B9607），使控制电压 $U_C = 0$，按要求调节偏移电压 U_b，确定脉冲对应在 $\alpha = 150°$ 处，此位置一旦确定，"偏移" 旋钮就不可以随意调整了。

③ 触发电路正常工作后，将示波器接于三相半波可控整流桥的输出端，调节控制电压 U_C，观察 α 从 150°～0° 变化时，输出电压 u_d 波形 3 个波头是否均匀平整、不断相。

④ 电路工作正常后，将控制电压 U_C 调回 $\alpha = 150°$ 处。

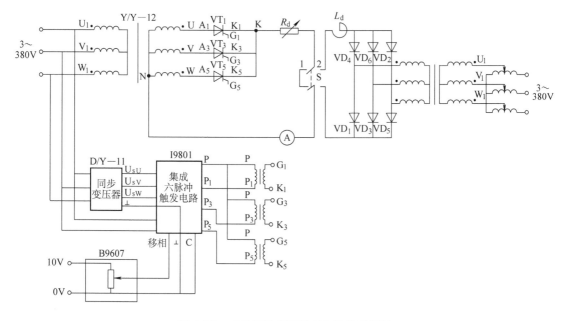

图 4-24 三相半波有源逆变电路的原理图

逆变电路部分的调试：

① 当整流电路部分工作正常后，将三相调压器的输出调到零，然后将开关 S 合为 2 状态，此时对应的电流表读数应为零。

② 调节三相调压器使其输出的 E 增大，同时观察电流表的读数，使 $I_d < 1A$。

③ 调节控制电压 U_C，用示波器观察 β 从 30° ~ 90°变化时输出电压 u_d 的逆变波形。

3）电路工作正常后，在活页中完成实训报告。

4.4.3 训练3 安装、调试三相桥式有源逆变电路

1. 实践目的

1）熟悉三相桥式有源逆变的接线，测试三相桥式有源逆变输出电压和晶闸管两端的电压波形。

2）理解三相桥式有源逆变电路的工作原理，能够按照要求独立完成三相桥式有源逆变电路的调试，使电路能够正常工作。

2. 实践要求

1）根据课题的要求，按照电气原理图完成线路的接线。

2）按照电路调试的要求进行线路的调试与测量。

3）时间：90min。

3. 实践设备

万用表	1 块
双踪慢扫描示波器	1 台
双脉冲触发电路板（I9801）	1 块
可控整流单元实验板	2 块
整流单元实验板	2 块

控制电压 U_C 调节器（B9607）	1 套
三相自耦调压器	1 台
电阻电感箱	1 台
1.5A 电流表	1 块
连接导线	若干

4. 实践内容及步骤

1）图 4-25 所示为三相桥式有源逆变电路的电路原理图，按图采用接插线的方式进行线路的连接，在接线过程中按要求照图配线。

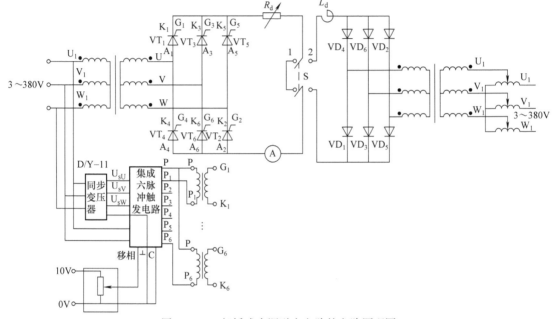

图 4-25　三相桥式有源逆变电路的电路原理图

2）检查接线正确无误后送电，进行电路的调试。

整流电路部分的调试：

① 测定交流电源的相序，按照整流电路实验中相序测量的方法，进行交流电源的相序的测定。

② 初始脉冲的测定：开关 K 合为 1 状态，且 R_d 置于最大，将示波器接于触发电路的脉冲输出端；调节控制电压 U_C 调节器（B9607），使控制电压 $U_C = 0$，按要求调节偏移电压 U_b，确定脉冲对应在 $\alpha = 150°$ 处，此位置一旦确定，"偏移"旋钮就不可以随意调整了。

③ 触发电路正常工作后，将示波器接于三相桥式可控整流桥的输出端，调节控制电压 U_C，观察 α 从 120°~0° 变化时，输出电压 u_d 波形 6 个波头是否均匀平整，不断相。

④ 电路工作正常后，将控制电压 U_C 调回 $\alpha = 150°$ 处。

逆变电路部分的调试：

① 当整流电路部分工作正常后，将三相调压器的输出调到零，然后将开关 K 合为 2 状态，此时控制电压 U_C 对应的 $\alpha = 150°$，即：$\beta = 30°$，对应的电流表读数应为零。

② 调节三相调压器使其输出的 E 增大，同时观察电流表的读数，使 $I_d < 1A$。

③ 调节控制电压 U_C，用示波器观察 β 从 30°～90° 变化时输出电压 u_d 的逆变波形。

3）电路工作正常后，在活页中完成实训报告。

4.5 思考题

1. 什么叫作有源逆变？实现有源逆变的两个条件是什么？

2. 什么叫作逆变失败？造成逆变颠覆的原因主要有哪些？最小逆变角 β_{min} 主要考虑的因素主要有哪些？

3. 判断以下说法的正确与否，并说明原因：

1）把交流电变换为直流电的装置称为逆变器。

2）带续流二极管单相全控桥式电路能实现有源逆变。

3）在晶闸管组成的直流可逆调速系统中，为使系统正常工作，其最小逆变角 β_{min} 应选 30°～35°。

4）在有源逆变电路中，当某一晶闸管发生故障时也不会引起逆变失败。

5）单相全控桥式整流电路是能实现有源逆变电路。

6）单相半控桥式整流电路是能实现有源逆变电路。

7）三相桥式半控整流电路是能实现有源逆变电路。

8）三相半波可控整流大电感负载电路是能实现有源逆变电路。

9）带续流二极管的三相半波可控整流电路不能用于有源逆变电路。

10）三相全控桥式整流电路带电机负载时，当触发延迟角移到 90° 以后，可进入有源逆变工作状态。

4. 画出单相全控桥式有源逆变电路，当 $\beta = 60°$ 时，u_d 及 u_{VT1} 的波形。

5. 画出三相半波有源逆变电路，当 $\beta = 45°$ 时，u_d 及 u_{VT1} 的波形。

6. 画出三相桥式有源逆变电路，当 $\beta = 45°$ 时，u_d 及 u_{VT1} 的波形。

7. 在图 4-26 中，a）图工作与整流状态，b）图工作于有源逆变状态。

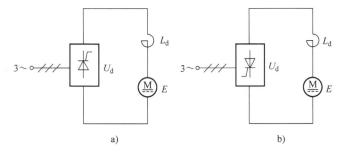

图 4-26 思考题 7 图

a）整流—电动机状态 b）逆变—发电机状态

1）标出图中 U_d、E 和 i_d 的方向。

2）说明 U_d 与 E 的大小关系。

8. 直流电动机可逆拖动系统根据对环流的处理方法不同分为哪几种？各有什么特点？

9. 什么是环流？简述逻辑无环流直流可逆拖动系统的工作原理。

10. 三相半波晶闸管电路工作在有源逆变状态，试画出在 $\beta = 30°$ 时，u_{VT2} 的触发脉冲丢失的情况下，输出电压 u_d 的波形。

第5章 交流调压

教学目标:

通过本章的学习可以达到:

1）理解双向晶闸管的工作原理，掌握过零触发及交流调功电路的工作过程。

2）能够对单相交流调压电路进行简单的分析。

3）理解三相交流调压电路的工作原理及连接方式。

5.1 双向晶闸管

双向晶闸管是晶闸管系列中的主要派生器件，在交流电路中代替一组反并联的普通晶闸管，它具有触发电路简单、工作性能可靠的优点，因而在交流调压、无触点交流开关、温度控制、灯光调节及交流电动机调速等领域中应用广泛，是一种比较理想的交流电力控制器件。

5.1.1 双向晶闸管的结构和符号

与普通晶闸管一样，双向晶闸管也有塑料封装、螺旋型与平板型 3 种，其核心部分是
NPNPN 5 层 3 端半导体结构，有 3 个引出电极，其结构如图 5-1a 所示。

其中，N_4、P_1 表面用金属膜连通构成第一阳极 T_1；N_2 与 P_2 也用金属膜连通为第二阳极 T_2；N_3 与 P_2 一部分引出称为门极 G，门极 G 与第二阳极 T_2 是同一侧引出。双向晶闸管可以等效为 $P_1 - N_1 - P_2 - N_2$ 和 $P_2 - N_1 - P_1 - N_4$ 分别构成一对反并联。$P_1 - N_1 - P_2 - N_3$ 和 $N_1 - P_2 - N_3$ 分别构成门极晶闸管和门极晶体管。双向晶闸管的图形符号如图 5-1b 所示。

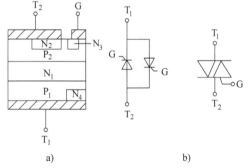

图 5-1 双向晶闸管的结构与图形符号

a）双向晶闸管的结构 b）双向晶闸管的图形符号

5.1.2 双向晶闸管的伏安特性

双向晶闸管的伏安特性如图 5-2 所示。要使管子能通过交流电流，必须在每半个周期对门极触发一次，只有在器件中通过的电流大于擎住电流后，去掉触发脉冲后才能维持器件继续导通；只有在器件中通过的电流下降到维持电流以下时，器件才能关断并恢复阻断能力。

在交流电路中使用双向晶闸管时，需承受正反向半波电流与电压，它在一个方向导通结

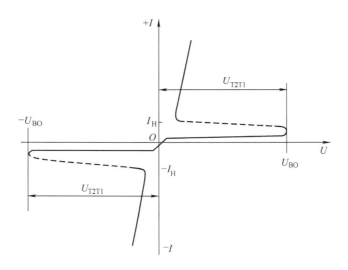

图 5-2 双向晶闸管的伏安特性

束时，管芯硅片各层中的载流子还没有全部复合，这时在相反方向电压作用下，这些剩余载流子可能作为晶闸管反向工作时的触发电流而使之误导通，从而失去控制能力（即换流失败），所以对换向电流的下降率（di/dt）。要有所限制，不能太大。在带电感性负载时，电流滞后电压 90°，当管子电流过零关断时，器件从导通瞬时（几微秒）跃升到线路电压的峰值，器件承受的（du/dt）值可达到每微秒几百伏。双向晶闸管在换向时承受的（du/dt）。远小于非换向时的（du/dt）值，所以换向电压上升率也必须限制。总之，大功率双向晶闸管的换向问题，在应用中必须十分重视。

5.1.3 双向晶闸管的型号及参数

1. 双向晶闸管的型号

双向晶闸管的型号规格为

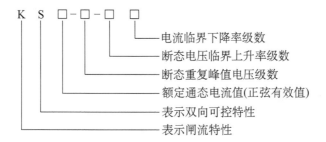

如型号为 KS100 – 8 – 21，表示双向晶闸管，额定电流为 100A，断态重复峰值电压为 8 级（800V），断态电压临界上升率（du/dt）。为 2 级（≥200V/μs），换向电流临界下降率（di/dt）。为 1 级（≥1% $I_{T(RMS)}$ = 1A/μs，$I_{T(RMS)}$ 为额定通态电流有效值）。KS 系列双向晶闸管的主要参数如表 5-1 所示。

表 5-1 KS 系列双向晶闸管的主要参数

系列	额定通态电流 $I_{T(RMS)}$ /A	断态重复峰值电压额定值 U_{DRM} /V	断态重复峰值电流 I_{DRM} /mA	额定结温 T_{JM} /°C	断态电压临界上升率 $(du/dt)_c$ /(V/μs)	通态电流上升界率 $(di/dt)_c$ /(A/μs)	换向电流临界下降率 $(di/dt)_c$ /(A/μs)	门极触发电流 I_{GT} /mA	门极触发电压 U_{GT} /V	门极峰值电流 I_{GM} /A	门极峰值电压 U_{GM} /V	维持电流 I_H /mA	通态平均电压 $U_{T(AV)}$ /V
KS1	1		< 1	115	≥20			3 ~ 100	≤2	0.3	10		上限值由浪涌电流和结温的合格型式实验决定，并满足 $U_{T1} - U_{T2} ≤ 0.5V$
KS10	10		< 10	115	≥20	—		5 ~ 100	≤3	2	10		
KS20	20		< 10	115	≥20	—		5 ~ 200	≤3	2	10		
KS50	50	100 ~ 2000	< 15	115	≥20	10	≥0.2% $I_{T(RMS)}$	8 ~ 200	≤4	3	10	实测值	
KS100	100		< 20	115	≥50	10		10 ~ 300	≤4	4	12		
KS200	200		< 20	115	≥50	15		10 ~ 400	≤4	4	12		
KS400	400		< 25	115	≥50	30		20 ~ 400	≤4	4	12		
KS500	500		< 25	115	≥50	30		200 ~ 400	≤4	4	12		

2. 双向晶闸管主要参数的选择

为了保证交流开关的可靠运行，必须根据开关的工作条件，合理选择双向晶闸管的额定通态电流、断态重复峰值电压（铭牌额定电压）以及换向电压上升率。

（1）额定通态电流 $I_{T(RMS)}$ 的选择

双向晶闸管的交流开关较多用于频繁起动和制动，对可逆运转的交流电动机，要考虑起动或反接电流峰值来选取器件的额定通态电流 $I_{T(RMS)}$。对于绕线转子电动机最大电流为电动机额定电流的 3~6 倍，对笼型电动机则取 7~10 倍，如对于 30kW 的绕线转子电动机和 11kW 的笼型电动机要选用 200A 的双向晶闸管。

（2）额定电压 U_{DRM} 的选择

电压裕量通常取两倍，380V 线路用的交流开关一般应选 1000~1200V 的双向晶闸管。

（3）换向能力 $(du/dt)_c$ 的选择

电压上升率 $(du/dt)_c$ 是重要参数，一些双向晶闸管的交流开关经常发生短路事故，主要原因之一是器件允许的 $(du/dt)_c$ 太小。通常的解决方法是：①在交流开关的主电路中串入空心电抗器，抑制电路中的换向电压上升率，降低对双向晶闸管换向能力的要求；②选用 $(du/dt)_c$ 值高的器件，一般选 $(du/dt)_c$ 为 200V/μs。

5.1.4 双向晶闸管的触发方式

双向晶闸管正反两个方向都能导通，门极加正负信号都能触发，因此有 4 种触发方式。

1）Ⅰ+ 触发方式：阳极电压为第一阳极 T_1 为正，T_2 为负，门极电压是 G 为正。特性曲线在第一象限，为正触发。

2）Ⅰ- 触发方式：阳极电压为第一阳极 T_1 为正，T_2 为负，门极电压是 G 为负。特性曲线在第一象限，为负触发。

3）Ⅲ+ 触发方式：阳极电压为第一阳极 T_1 为负，T_2 为正，门极电压是 G 为正。特性曲线在第三象限，为正触发。

4）Ⅲ - 触发方式：阳极电压为第一阳极 T_1 为负，T_2 为正，门极电压是 G 为负。特性曲线在第三象限，为负触发。

4 种触发方式的特性如表 5-2 所示，Ⅲ + 触发方式的触发灵敏度最低，尽量不用。

表 5-2　4 种触发方式的特性

触发方式		T_1 端极性	门极极性	触发灵敏度（相对于 Ⅰ + 触发方式）
第一象限	Ⅰ	+	+	1
		+	−	近似 1/3
第三象限	Ⅲ	−	+	近似 1/4
		−	−	近似 1/2

5.2　单相交流调压与调功器

5.2.1　单相交流调压电路

用晶闸管对单相交流电压进行调压的电路有多种形式，可由一个双向晶闸管组成，也可以用两个普通的晶闸管或其他全控型器件反并联组成。由双向晶闸管组成的单相交流调压电路线路简单，成本低，在工业加热、灯光控制、小容量感应电动机调速等场合得到了广泛的应用。以下就其在不同应用条件下进行工作原理的分析。

1. 电阻性负载

图 5-3a 为一双向晶闸管与电阻性负载 R_L 组成的交流调压主电路，图中双向晶闸管也可改用两个反并联的普通晶闸管，但需要两组独立的触发电路分别控制两个晶闸管。在电源正半周 $\omega t = \alpha$ 时触发 VT 导通，有正向电流流过 R_L，负载端电压 U_R 为正值，电流过零时 VT 自行关断；在电源负半周 $\omega t = \pi + \alpha$ 时，再触发 VT 导通，有反向电流流过 R_L，其端电压 U_R 为负值，到电流过零时 VT 再次自行关断，然后重复上述过程如图 5-3b 所示。改变 α 角即可调节负载两端的输出电压有效值，达到交流调压的目的。电阻性负载上的交流电压有效值为

$$U_R = \sqrt{\frac{1}{\pi}\int_\alpha^\pi (\sqrt{2}U_2\sin\omega t)^2 \mathrm{d}(\omega t)} = U_2\sqrt{\frac{1}{2\pi}\sin 2\alpha + \frac{\pi-\alpha}{\pi}}$$

电流的有效值为

$$I = \frac{U_R}{R} = \frac{U_2}{R}\sqrt{\frac{1}{2\pi}\sin 2\alpha + \frac{\pi-\alpha}{\pi}}$$

电路的功率因数为

$$\cos\varphi = \frac{P}{S} = \frac{U_R I}{U_2 I} = \sqrt{\frac{1}{2\pi}\sin 2\alpha + \frac{\pi-\alpha}{\pi}}$$

电路的移相范围为 $0 \sim \pi$。

2. 电感性负载

图 5-4 为两个单向晶闸管反并连接电感性负载的单相交流调压电路及其波形。由于电感的作用，在电源电压由正向负过零时，负载中电流要滞后一定角度 φ 才能到零，即管子要继续导通到电源电压的负半周才能关断。晶闸管的导通角 θ 不仅与触发延迟角 α 有关，而且

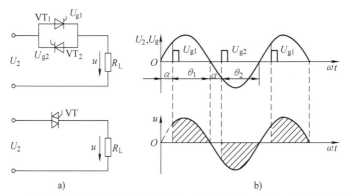

图 5-3　单相交流调压器和电阻性负载组成的交流调压主电路及其输出波形

a）主电路　b）输出波形

与负载的功率因数角 φ 有关。图 5-4 给出了 θ、α 与 φ 之间的关系曲线。下面分 3 种情况加以讨论。

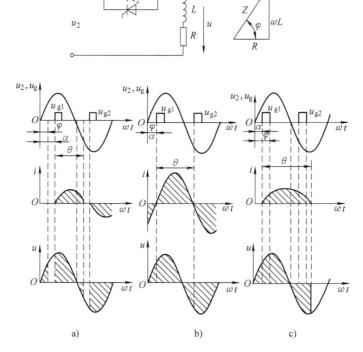

图 5-4　两个单向晶闸管反并连接电感性负载的单相交流调压电路及其波形

a）$\alpha > \varphi$　b）$\alpha = \varphi$　c）$\alpha < \varphi$

（1）$\alpha > \varphi$

由图 5-5 可见，当 $\alpha > \varphi$ 时，$\theta < 180°$，即正负半周电流断续，且 α 越大，θ 越小。可见，α 在 $\varphi \sim 180°$ 范围内，交流电压连续可调。电流电压波形如图 5-4a 所示。

（2）$\alpha = \varphi$

由图 5-5 可知，$\alpha = \varphi$ 时，$\theta = 180°$，即正负半周电流恰处于临界连续状态，此时相当于晶闸管失去控制，波形如图 5-4b 所示。

（3）$\alpha < \varphi$

假设触发脉冲为窄脉冲，并设 VT_1 先被触发导通，此时有 $\theta > 180°$，当 VT_2 的触发脉冲 U_{g2} 出现时，VT_1 的电流尚未降为零，VT_2 承受反向电压不能被触发导通。待 VT_1 电流降为零而关断时，窄脉冲 U_{g2} 已经消失，如图 5-4c 所示。到下一个脉冲 U_{g1} 到来时，VT_1 再次被触发。如此，造成了仅有一个管子多次导通而另一个管子不能导通的结果。负载上只有正（或负）半波电流，直流分量很大，电路不能正常工作，甚至会烧毁晶闸管。因此，这种有电感性负载的单相交流调压电路，不能用窄脉冲触发，而应该用宽脉冲或脉冲列触发。

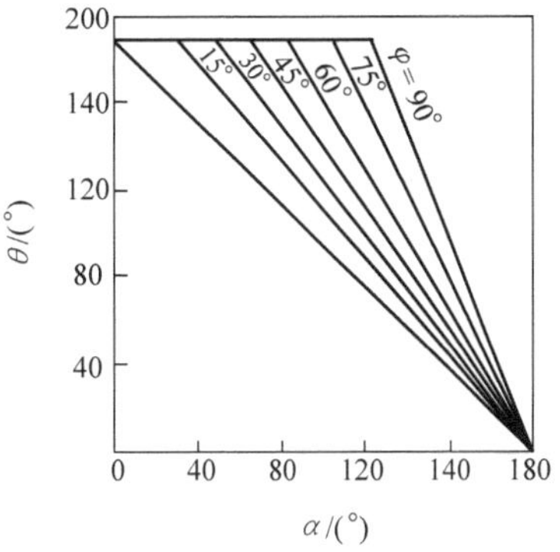

图 5-5　θ、α 及 φ 关系曲线

综上所述，单相交流调压电路可归纳为以下 3 点：

1）带电阻性负载时，负载电流的波形与单相桥式可控整流电路交流侧电流的波形一致，改变触发延迟角 α 可以改变负载电压有效值，达到交流调压的目的。单相交流调压的触发电路完全可以套用整流触发电路。

2）带电感性负载时，不能用窄脉冲触发，否则当 $\alpha < \varphi$ 时会发生一个晶闸管无法导通的现象，电流出现很大的直流分量，会烧毁熔断器或晶闸管。

3）带电感性负载时，最小触发延迟角 $\alpha_{min} = \varphi$（负载功率因数角），所以 α 可以从 $\varphi \sim 180°$ 之间变化，而带电阻性负载时移相范围为 $0° \sim 180°$，图 5-5 所示为 θ、α 及 φ 关系曲线。

5.2.2　KC05（KJ005）、KC06（KJ006）集成移相触发器

1. KC05（KJ005）集成移相触发器

KC05（KJ005）适用于双向晶闸管或反并联晶闸管线路的交流相位控制，具有锯齿波线性好、移相范围宽、控制方式简单、易于集中控制、有交互保护、输出电流大等优点，是交流调光、调压的理想电路，同样也适用于半控或全控桥式线路的相位控制。表 5-3 为 KC05（KJ005）的引脚功能。

表 5-3　KC05（KJ005）的引脚功能

引脚号	功　能	引脚号	功　能
1	悬空	9	触发脉冲输出端，通过一个电阻接晶闸管门极或脉冲变压器一端
2	失交保护信号连接端，与 12 脚相连接进行失交保护	10	脉宽电阻及微分电容连接端，通过一个电阻接工作电源，并通过一个电容接 13 脚
3	悬空	11	悬空
4	锯齿波电容连接端，通过 0.47μF 电容接地	12	失交保护信号公共连接端，与 2 脚相连
5	锯齿波斜率调节端，通过一个电阻与可调电位器串联接工作电源	13	脉冲宽度微分电容连接端，通过一个电容接 10 脚
6	移相电压输入端，接移相电位器中点或控制系统调节输出信号	14	悬空
7	地端	15	同步信号输入端，通过一个电阻接同步电源
8	脉冲功率放大晶体管发射极端，与工作电源地端相连	16	电源端，接直流电源

KC05（KJ005）的应用电路如图5-6所示，KC05（KJ005）各引脚对应的电压波形如图5-7所示，在维修时可对照比较。

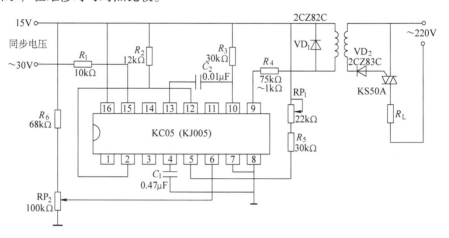

图 5-6　KC05（KJ005）的应用电路

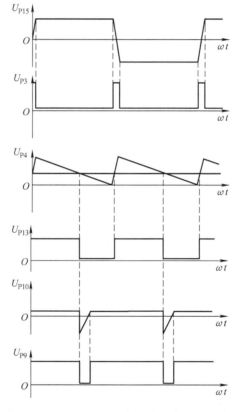

图 5-7　KC05（KJ005）各引脚对应的电压波形

2. KC06（KJ006）晶闸管移相触发器

KC06（KJ006）晶闸管移相触发器主要用于交流电网直接供电的双向晶闸管或反并联晶闸管线路的交流相位控制，能由交流电网直接供电且无需外加同步、输出变压器和直流工作电源，并能直接用于晶闸管控制及耦合触发，具有锯齿波线性好、移相范围宽、输出电流大等优点。KC06（KJ006）同样也适用于 KC05（KJ005）的使用场合。表 5-4 为 KC06（KJ006）的引脚功能。

表 5-4　KC06（KJ006）的引脚功能

引脚号	功　　能	引脚号	功　　能
1	自生直流电压输出端，采用交流供电时，通过一个二极管和电阻串联接交流电源，采用直流供电时，该端悬空	9	触发脉冲输出端，通过一个电阻接晶闸管门极或脉冲变压器一端
2	失交保护信号连接端，与 12 脚相连接进行失交保护，此时 11 脚悬空	10	脉宽电阻及微分电容连接端，通过一个电阻接工作电源，并通过一个电容接 13 脚
3	悬空	11	失交保护信号输出端，与 12 脚相连进行失交保护，此时 2 脚悬空
4	锯齿波电容连接端，通过 0.47μF 电容接地	12	失交保护信号公共连接端，与 11 脚或 2 脚相连
5	锯齿波斜率调节端，通过一个电阻与可调电位器串联接工作电源	13	脉冲宽度微分电容连接端，通过一个电容接 10 脚
6	移相电压输入端，接移相电位器中点或控制系统调节输出信号	14	失交保护测量电压输入端，使用交流电网供电时，接交流电网分压电阻的中点；使用直流电源供电时，该端悬空
7	地端	15	同步信号输入端，使用交流电网供电时，通过一个电阻接交流电网；使用直流电源供电时，通过一个电阻接同步电源
8	脉冲功率放大晶体管发射极端，与工作电源地端相连	16	电源端，使用交流电网供电时，接交流电网一端；使用直流电源供电时，接直流电源

　　KC06（KJ006）的应用电路如图 5-8 所示，KC06（KJ006）各引脚对应的电压波形如图 5-9 所示，在维修时可对照比较。

5.2.3　调功器

　　各种可控整流电路大多都采用移相触发控制，这种触发方式使电路中的正弦波出现缺角，包含较大的高次谐波，所以移相触发使晶闸管的应用受到了一定的限制。为了克服这一缺点，可采用过零触发方式（或称为零触发）。

　　如果使晶闸管交流开关在端电压过零后触发，并借助于负载电流过零时低于维持电流而自然关断，就可以使电路波形为正弦整周期形式。这种方式可以避免高次谐波的产生，减少开关对电源的电磁干扰。这种触发方式称为过零触发方式。

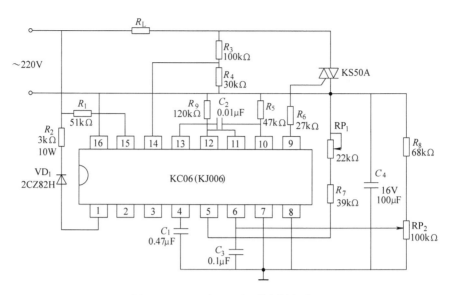

图 5-8　KC06（KJ006）的应用电路

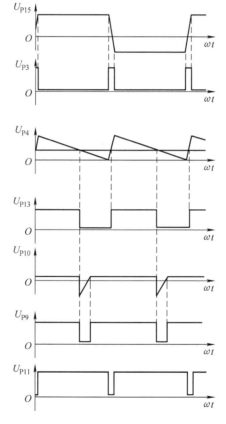

图 5-9　KC06（KJ006）各引脚对应的电压波形

在过零触发方式的基础上使晶闸管交流开关在整个工作过程中导通 m 周期，关断 n 周期，以导通周期和关断周期之比改变输出电压，即可达到对负载调功的目的。

能够完成对负载调功的装置称为调功器。调功器的直接调节对象是电路的平均功率，它适用于惯性较大的负载。

交流电源电压 u 以及 VT_1 和 VT_2 的触发脉冲 u_{g1}、u_{g2} 的波形如图 5-10 所示。由于各晶闸管都是在电压 u 过零时加触发脉冲的，因此就有电压 u_o 输出。如果不触发 VT_1 和 VT_2，则输出电压 $u_o = 0$。由于是电阻性负载，因此当交流电源电压过零时，原来导通的晶闸管因其电流下降到维持电流以下而自行关断，这样使负载得到完整的正弦波电压和电流。由于晶闸管是在电源电压过零的瞬间被触发导通的，这就可以保证大大减小瞬态负载浪涌电流和触发导通时的电流变化率 $\mathrm{d}i/\mathrm{d}t$，从而使晶闸管由于 $\mathrm{d}i/\mathrm{d}t$ 过大而失效或换相失败的概率大大减小。

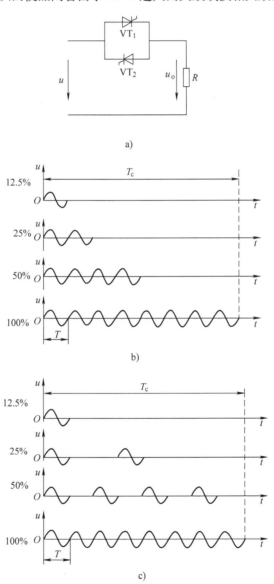

图 5-10　单相交流调功的基本电路及过零触发电压的输出波形

a）单相交流调功的基本电路　b）全周波连续式　c）全周波断续式

根据调功控制策略的不同，输出波形有全周波连续式（见图 5-10b）和全周波断续式（见图 5-10c）两种。调功器的输出功率计算公式可表述如下。

如设定调功器运行周期 T_c 内的周波数为 n，每个周波的频率为 50Hz，周期为 T

（20ms），则调功器的输出功率 P_2（kV·A）为

$$P_2 = \frac{nT}{T_c}P_N = k_Z P_N$$

$$P_N = U_{2N}I_{2N} \times 10^{-3}$$

T_c 应大于电源电压一个周波的时间且远远小于负载的热时间常数，一般取 1s 左右就可满足工业要求。

上式中，T 为电源的周期（ms）；n 为调功器运行周期内的导通周波数；P_N 为额定输出容量（晶闸管在每个周波都导通时的输出容量）；U_{2N} 为每相的额定电压（V）；I_{2N} 为每相的额定电流（A）；k_Z 为导通比。

由输出功率 P_2 的表达式可见，控制调功电路的导通比就可实现对被调对象（如电阻炉）输出功率的调节控制。

图 5-11 所示的单相晶闸管过零调功电路中，由两个晶闸管反并联组成交流开关，该电路是一个包括控制电路在内的单相过零调功电路。由图可见，负载是电阻炉，而过零触发电路由锯齿波发生器、信号综合、直流开关、同步电压与过零脉冲触发 5 个环节组成。该电路的工作原理简述如下。

1）锯齿波是由单结晶体管 VU、R_1、R_2、R_3、RP_1 和 C_1 组成的张弛振荡器产生的，然后经射极跟随器（V_1、R_4）输出。

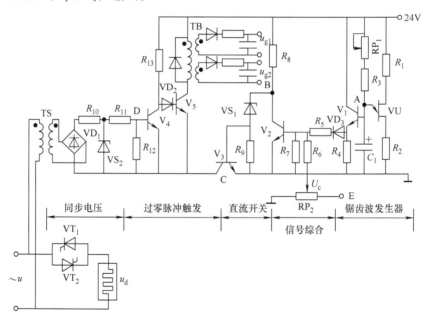

图 5-11　单相晶闸管过零调功电路

2）控制电压 U_c 与锯齿波电压进行电流叠加后送到 V_2 的基极，合成电压为 U_s。当 $U_s > 0$ 时，V_2 导通；$U_s < 0$ 时，V_2 截止。

3）由 V_2、V_3 以及 R_8、R_9、VS_1 组成一个直流开关，当 V_2 的基电压 $U_{BE2} > 0(0.7V)$ 时，V_2 导通，V_3 的基极电压 U_{BE3} 接近零电位，V_3 截止，直流开关阻断。当 $U_{BE2} < 0$ 时，V_2 截止，由 R_8、VS_1 和 R_9 组成的分压电路使 V_3 导通，直流开关导通。

4）由同步变压器 TS、整流桥 VD_1 及 R_{10}、R_{11}、VS_2 组成一个削波同步电源，这个电源

与直流开关的输出电压共同去控制 V_4 与 V_5。只有在直流开关导通期间，V_4、V_5 集电极和发射极之间才有工作电压，两个管子才能工作。在此期间，同步电压每次过零时，V_4 截止，其集电极输出一个正电压，使 V_5 由截止转导通，经脉冲变压器输出触发脉冲，而此脉冲使晶闸管 VT_1（VT_2）在需要导通的时刻导通。

直流开关（V_3）在导通期间输出连续的正弦波，控制电压 U_c 的大小决定了直流开关导通时间的长短，也就决定了在设定周期内电路输出的周波数，从而实现对输出功率的调节。

显然，控制电压 U_c 越大，导通的周波数越多，输出的功率就越大，电阻炉的温度也就越高；反之，电阻炉的温度就越低。利用这种系统就可实现对电阻炉炉温的控制。

由于图 5-11 所示的温度调节系统是手动的开环控制，因此炉温波动大，控温精度低，故这种系统只能用于对控温精度要求不高且热惯性较大的电热负载。当控温精度要求较高、较严时，必须采用闭环控制的自动调节装置。

5.2.4　KC07（KJ007）、KC08（KJ008）集成过零触发器

KC07（KJ007）是 KC08（KJ008）的一个特例。该电路或是零电流触发或是零电压触发，只能是其中的一种状态，也就是说，同一电路不可能有两种状态，它是用于零电流触发还是用于零电压触发在电路加工过程中已经决定，故购买电路时应根据自己的情况加以注明。KC08（KJ008）可以取代任何条件下使用的 KC07（KJ007），这一点应特别注意。KC08（KJ008）能使双向晶闸管在电源电压为零或电流为零的瞬间进行触发，使负载的瞬态干扰和射频干扰最小，也使晶闸管寿命提高。电路内部有自生直流电源，可以直接接于交流电网使用。它采用双列直插 14 脚封装结构。表 5-5 所示为 KC08（KJ008）的引脚功能。

表 5-5　KC08（KJ008）的引脚功能

引脚号	功　　能	引脚号	功　　能
1	电压过零检测端，用于零电压过零触发，通过一个电阻接交流电网。零电流过零触发时，该端悬空	8	自生直流电压输出端，交流供电时，通过一个二极管和电阻的串联接交流电源
2	检测电压输入端，接敏感元件的一端，敏感元件的另一端接 14 脚或 13 脚	9	电流过零检测端，通过一个合适阻值的电阻接负载与双向晶闸管串联的中点
3	外接电源连接端，直接接 14 脚	10	电流过零检测信号输出端，作电压过零触发时，该端悬空；作电流过零触发时，该端与 13 脚相连
4	参考基准电压输入端，直接接 11 脚与 12 脚	11	内部基准分压电阻的两个输出端，使用中 11 脚、12 脚直接相连，分压值作为参考电压与 4 脚相连
5	触发脉冲输出端，通过一个几十欧电阻直接接双向晶闸管门极。当扩展功率时，接功率放大晶体管集电极后通过电阻接双向晶闸管门极	12	
6	功率扩展端，不扩展功率时，直接接地；扩展功率时，接功率放大晶体管基极	13	电流过零检测信号输入端，作电压过零触发时，该端悬空；作电流过零触发时，该端与 10 脚直接相连
7	公共地端	14	电源端，接交流电网与 1 脚和 8 脚不同的那一相

KC08（KJ008）用于零电压触发时的典型接线如图 5-12 所示，同步限流电阻 R_2 为

$$R_2 = \frac{\text{同步电压数值}}{5} \times 10^3\,\Omega$$

KC08（KJ008）用于零电流触发时的典型接线如图 5-13 所示。同步电压取自晶闸管阳极，通过检测晶闸管的工作情况来进行零电流触发。KC08（KJ008）工作时各引脚对应的电压波形如图 5-14 所示，在维修时可对照比较。

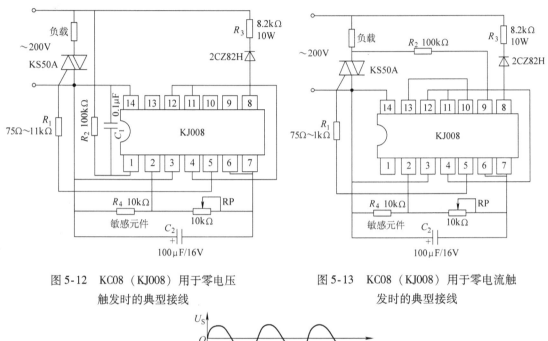

图 5-12　KC08（KJ008）用于零电压
触发时的典型接线

图 5-13　KC08（KJ008）用于零电流触
发时的典型接线

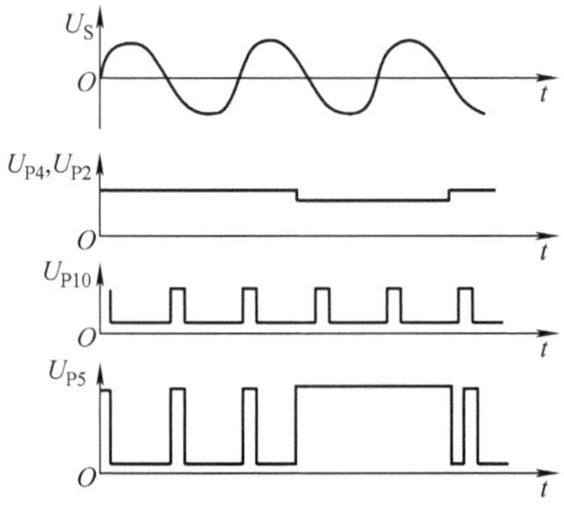

图 5-14　KC08（KJ008）工作时各引脚对应的电压波形

5.3　三相交流调压电路

5.3.1　星形联结带中性线的三相交流调压电路

图 5-15 为星形联结带中性线的三相交流调压电路，它实际上相当于三个单相反并联交流调压电路的组合，因而其工作原理和波形分析与单相交流调压电路相同。另外，由于其有

中性线，故不需要宽脉冲或双窄脉冲触发。图 5-15b 中用双向晶闸管代替了图 5-15a 中普通反并联晶闸管，其工作过程分析与图 5-15a 一样，不过由于所用元器件少，触发电路简单，因而装置的成本降低、体积减小。

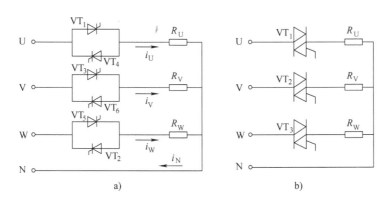

图 5-15　星形联结带中性线的三相交流调压电路
a）晶闸管反并联组成的调压电路　b）双向晶闸管组成的调压电路

这里需要说明中性线中的高次谐波电流问题。如果各相正弦波均为完整波形，与一般的三相交流电路一样，由于各相电流相位互差 120°，中性线上电流为零。但在交流调压电路中，各相电流的波形为缺角正弦波，这种波形包含有高次谐波（主要是三次谐波电流），而且各相的三次谐波电流之间并没有相位差，因此它们在中性线中叠加之后，在中性线中产生的电流是每相中三次谐波电流的 3 倍。特别是当 $\alpha = 90°$ 时三次谐波电流最大，中性线电流近似为额定相电流。当三相不平衡时，中性线电流更大。因此，这种电路要求中性线的截面面积较大。

还要说明，不论单相还是三相调压电路，都是从相电压由负变正的零点处开始计算 α 的，这一点与三相整流电路不同。

5.3.2　三相交流调压电路的其他连接方式

图 5-16a 为三相三线交流调压电路。这种电路的负载可以接成星形或三角形，如图所示接为星形，触发电路与三相全控桥式整流电路一样，应采用宽脉冲或双窄脉冲。

图 5-16b 为晶闸管与负载接成三角形的三相交流调压电路。其特点是晶闸管串接在负载三角形内，流过的是相电流，即在相同线电流情况下，晶闸管的容量可降低。三角形内部存在高次谐波，但线电流中却不存在三次谐波分量，因此对电源的影响较小。

图 5-16c 中，要求负载是 3 个分得开的单元，用三角形联结的 3 个晶闸管来代替星形联结负载的中性点。由于构成中性点的 3 个晶闸管只能单向导通，因此导通情况比较特殊。其输出电流出现正负半周波形不对称，但其面积是相等的，所以没有直流分量。

此种电路使用元器件少，触发电路简单，但由于电流波形正负半周不对称，故存在偶次谐波，对电源的影响与干扰较大。

以图 5-16a 所示电路为例，说明三相交流调压电路正常工作时对触发电路的要求。对于用反并联晶闸管或双向晶闸管作为开关器件，分别接至负载就构成了三相全波星形联结的调

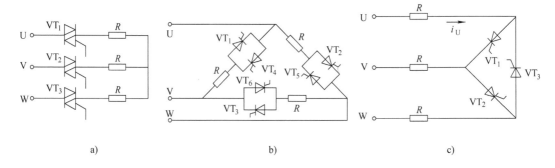

图 5-16 三相交流调压电路

a）三相三线交流调压电路 b）晶闸管与负载接成三角形的三相交流调压电路

c）负载是 3 个分得开的单元的三相交流调压电路

压电路，通过改变触发脉冲的相位触发延迟角 α，便可以控制加在负载上的电压大小。对于不带中性线的调压电路，为使三相电流构成通路，任何时刻至少有两个晶闸管同时导通。为此，对触发电路的要求是：

1）三相正（或负）触发脉冲依次间隔 120°，而每一相正、负触发脉冲间隔 180°。

2）为了保证电路起始工作时能两相同时导通，以及在感性负载和触发延迟角较大时仍能保证两相同时导通，与三相全控桥式整流电路一样，要求采用双脉冲或宽脉冲（大于 60°）。

3）为了保证输出三相电压对称，应保证触发脉冲与电源电压同步。

5.3.3 三相交流调压电路应用实例分析

图 5-17 为三相交流调压电路在电动机节能控制中的应用。由于电动机负载的变化将主要引起电流和功率因数的变化，因此可以用检测电流或功率因数的变化来控制串接在电动机绕组中的双向晶闸管，使之根据电动机负载的大小自动调整电动机的端电压与负载匹配，达到降低损耗、节能的目的。

主电路为三相三线交流调压电路，控制电路以单片微型计算机为核心，检测主电路的信号经处理后产生移相脉冲，调节电动机的端电压。

图 5-18a 采用单相同步电路，即每隔 360°相位角产生一个同步信号给单片微型

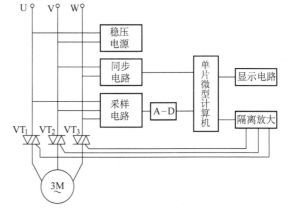

图 5-17 三相交流调压电路在电动机节能控制中的应用

计算机，通过单片微型计算机的软件处理和内部定时器定时，送出间隔 60°的脉冲信号，通过图 5-18c 所示的隔离放大电路控制晶闸管通断。

图 5-18b 为电流检测电路,用交流互感器作检测器件,由交流互感器检测到的三相交流电流经三相桥式整流、电容滤波、电阻分压,可得 0~5V 的直流电压信号,经 A – D 转换后送给单片微型计算机与同步信号作比较处理,改变输出脉冲的相位,实现自动调压、节能的目的。

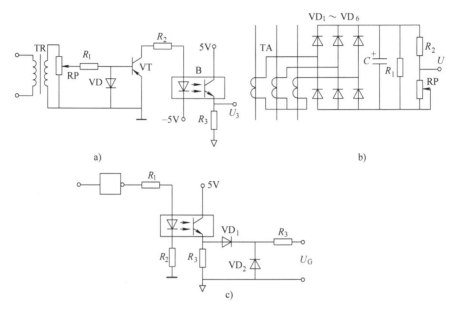

图 5-18 单片微型计算机控制的交流调压线路

a)单相同步电路 b)电流检测电路 c)隔离放大电路

5.4 "1 + X" 实践操作训练

5.4.1 训练 1 安装、调试单相交流调压电路

1. 实践目的

1)熟悉交流调压电路的工作原理,掌握其调试方法与步骤。

2)通过分别观察电阻性负载、(电)阻(电)感性负载时的输出电压、输出电流的波形,加深对晶闸管交流调压电路工作原理的理解。

3)理解阻感性负载时触发延迟角 α 限制在 $\varphi \leqslant \alpha \leqslant 180°$ 范围内的意义。

2. 实践要求

1)根据给定的设备和仪器仪表,在规定时间内完成接线、调试、测量工作。

① 按照原理图完成单相交流调压电路主电路的安装。

② 按照原理图完成单相交流调压电路触发电路的安装。

③ 安装后,通电调试,并根据要求画出波形。

2)时间:90min。

3. 实践设备

双向晶闸管交流调压主电路板   1 块

单结晶体管触发电路板	1块
同步变压器	1台
电抗器（L）	1个
变阻器（R）	1个
双踪示波器	1台

4. 实践内容及步骤

1）双向晶闸管单相交流调压电路的实践线路如图5-19所示，其触发电路采用单结晶体管触发电路。

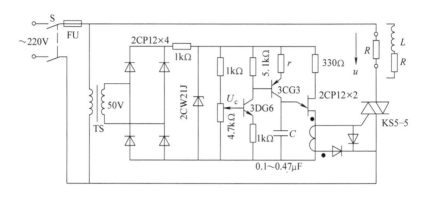

图5-19　双向晶闸管单相交流调压电路的实践线路

2）按照电路图完成主电路和触发电路的安装。

3）单结晶体管触发电路的调试。

① 脉冲变压器的输出端先不接双向晶闸管的门极，合上开关S，用示波器观察单结晶体管触发电路中下面各点的电压波形：（a）整流输出端；（b）稳压削波端；（c）单结晶体管发射极；（d）触发脉冲输出端。

② 调节4.7kΩ电位器以改变U_c，观察输出脉冲移相范围能否满足实验要求。

③ 最后，以负脉冲触发方式将脉冲变压器输出端连接到双向晶闸管的门极。

4）电阻性负载测试。将变阻器R作为电阻性负载接到主电路中，合上开关S，调节U_c使触发延迟角α分别为60°、90°和120°，观察上述3种触发延迟角时负载两端输出电压u、输出电流i、双向晶闸管两端电压u_T的波形。

5）阻感性负载测试。

① 断开开关S，将电阻性负载换成变阻器R与电抗器L串联的阻感性负载。

② 合上开关S，调节U_c使$\alpha = 45°$。通过调节变阻器R来改变功率因数角φ，观察$\alpha < \varphi$、$\alpha = \varphi$、$\alpha > \varphi$ 3种情况时输出电压u的波形。

6）在活页中完成实训报告。

7）注意事项如下：

① 如果触发电路器件选择不当，可能会出现如下现象：

在单结晶体管未导通时稳压管能正常削波，其两端电压为梯形波，而当单结晶体管导通时稳压管就不削波了。其原因是所选稳压管的容量不够或其限流电阻值太大。

晶闸管及其触发电路中各点波形均正常，但有时出现不能触通晶闸管的现象，其原因是

充电电容 C 值太小或单结晶体管的分压比太低，致使触发脉冲幅度太小。若电阻性负载可以触发而电感性负载不能触发，也是因为 C 值太小，脉冲过窄，管子电流还未上升到擎住电流触发脉冲便已消失。

若出现两个晶闸管的最小或最大触发延迟角不相等，当触发延迟角调节到很大或很小时，主电路只剩下一个晶闸管被触发导通，则说明两个晶闸管的触发电流差异较大，可调换性能相似的管子或在门极回路中串接不同阻值的电阻加以解决。

② 双向晶闸管的Ⅲ和Ⅰ的触发灵敏度不同，若出现双向晶闸管只能Ⅰ单向工作，则说明触发尖脉冲功率不够，可适当增大电容量加以解决。

③ 做阻感性负载实验时，若电阻 R 阻值很小，则当出现 $\alpha < \varphi$ 时，交流调压电路突然变为单相半波可控整流电路，输出电压中含有较大的直流分量，以致将熔丝烧断，因此将电感 L 与电阻 R 都适当加大，做到既能满足改变 φ 的要求，又可限制直流分量使其不致过大。

④ 电抗器可以是平波电抗器，也可是单相自耦调压器。若用自耦调压器，负载电流的波形与教材理论分析的波形会有所不同，原因是自耦调压器闭路铁心的电感量随负载电流的增大而增大，致使电流波形呈脉冲形。

5.4.2 训练2 安装、调试三相交流调压电路

1. 实践目的

1）熟悉双向晶闸管三相交流调压电路的工作原理。

2）了解三相三线和三相四线制交流调压电路在电阻性负载时输出电压电流的波形移相特性。

2. 实践要求

1）根据给定的设备和仪器仪表，在规定时间内完成接线、调试、测量工作。

① 按照原理图完成三相交流调压电路主电路的安装。

② 按照原理图完成三相交流调压电路触发电路的安装。

③ 安装后，通电调试，并根据要求画出波形。

2）时间：90min。

3. 实践设备

具有三相交流调压装置的实验台	1 台
三相变压器	1 台
变阻器或灯板	3 台
双踪示波器	1 台
万用表	1 块
交流电压表、电流表	各 1 块

4. 实践内容及步骤

1）双向晶闸管三相交流调压电路的实践线路如图 5-20 所示，其触发电路采用 KC04 集成六脉冲触发电路。

2）按照电路图完成主电路和触发电路的安装。在电路中需要用到两个变压器：主变压器和同步变压器。其中，主变压器接成 Y/Y-12 点，同步变压器接成 D/Y-11 点，在接线过程中请注意，不要接错。

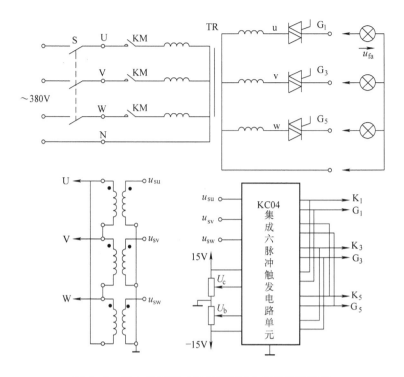

图 5-20　双向晶闸管三相交流调压电路的实践线路

3）KC04 集成六脉冲触发电路的调试。按图 5-20 完成 KC04 集成六脉冲触发电路接线后，闭合 S，接通同步电压和直流电源，用示波器观察触发电路各点波形及输出脉冲的波形是否正常。

4）主电路的调试。触发电路工作正常后，将电路接成星形带中性线的三相交流调压电路，并接好电阻性负载。按启动按钮接通主电路电源，调整主电路，使其正常工作。将控制电位器 U_c 调整到零位，旋转偏置电位器旋钮调整偏置电压 U_b，使电路输出的相电压为零。

5）测试。调节控制电位器，用示波器观察输出电压的变化情况，同时用交流电压表和电流表测量电路的输出电压与输出电流的数值，观测 $\alpha = 30°$、$60°$、$90°$ 时电阻性负载两端电压的波形。

6）在活页中完成实训报告。

7）按停止按钮，切断主电路，断开负载中性线，可重做三相三线交流调压实验，观测电压波形与数值。

8）注意事项如下：

① 双向晶闸管正反两个方向均能导通，门极加正负电压也都能触发。主电压和触发电压相互配合，可得到 4 种触发方式。但Ⅲ + 触发方式灵敏度最低，使用时应尽量避开，故常采用Ⅰ - 和Ⅲ - 的触发方式，即触发脉冲的输出端 K 接双向晶闸管的 G 端。

② 有条件的情况下可进行阻感性负载的实验。在三相阻感性负载的交流调压电路中，由于电流不能突变，只有在 $\alpha \geqslant \varphi$ 时才能正常进行电压调节，其相电压的波形由零、相电压、1/2 对应线电压组成，α 以相电压零点为计算起点。

5.5　思考题

1. 双向晶闸管额定电流的定义和普通晶闸管额定电流的定义有何不同？

2. 双向晶闸管有哪几种触发方式？一般选用哪几种？

3. 型号为 KS50 – 10 – 21 的管子，请解释每个部分所代表的含义。

4. 什么是过零触发？

5. 什么是交流调功？分为哪几类？

6. 在单相交流调压电感性负载电路中，功率因数角对触发延迟角有哪些影响？

7. 三相交流调压电路的连接方式有哪些？各有什么特点？

8. 判断以下说法正确与否，并说明原因。

1）双向晶闸管有 4 种触发方式，其中 I + 的触发方式灵敏度最低，实际应用中不采用。

2）双向晶闸管的额定电流采用平均值。

3）双向晶闸管交流开关采用本相电压强触发电路时，常采用 I + 和 III + 的组合触发方式。

4）过零触发就是通过改变晶闸管每周期导通的起始点及触发延迟角的大小，来达到改变输出电压和功率的目的。

第6章 无源逆变与变频电路

教学目标：

通过本章的学习可以达到：

1）理解无源逆变电路的基本工作原理，掌握电路的换流方式，能够对基本逆变电路的工作过程进行简要分析。

2）理解谐振式逆变电路和三相桥式逆变电路的工作原理。

3）理解变频电路的分类及简单工作原理，掌握 PWM 控制电路的控制方式。

在实际应用的电源系统中，有时需要把交流电转换成直流电供负载使用；有时则相反，要求把直流电转换成交流电供负载使用。这种把直流电变回交流电的过程，就是逆变，具有这种功能的电路称为逆变电路。当交流侧接在电网上时，称为有源逆变；而交流侧直接和负载连接时，就是无源逆变。

无源逆变经常和变频的概念联系在一起。把某种固定频率的电能变换成另一种固定频率或可调频率的电能称为变频。这种变换通常有两种方法：一种是先把交流变成直流，然后把直流变换成固定或可调频率的交流。这种通过中间直流环节的变频方法叫作间接变频，或称交—直—交变频。另一种是不通过中间直流环节而直接实现变频的方法，叫作直接变频，或称交—交变频。

6.1 无源逆变电路

6.1.1 逆变电路的工作原理

单相桥式逆变电路如图 6-1a 所示。$S_1 \sim S_4$ 是桥式电路的 4 个臂，由电力电子器件及辅助电路组成。

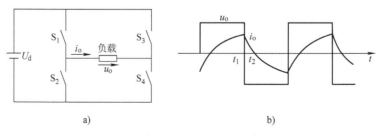

a)   b)

图 6-1 单相桥式逆变电路及其波形

a）电路 b）波形

S_1、S_4 闭合，S_2、S_3 断开时，负载电压 u_o 为正；S_1、S_4 断开，S_2、S_3 闭合时，u_o 为负。这样，直流电变成了交流电。改变两组开关切换频率可改变输出交流电频率。接电阻性负载时，负载电流 i_o 和 u_o 的波形相同，相位也相同。接电感性负载时，i_o 滞后于 u_o，波形也不同，如图 6-1b 所示。

在图 6-1b 中，t_1 时刻前，S_1、S_4 闭合，u_o 和 i_o 均为正；t_1 时刻断开 S_1、S_4，合上 S_2、S_3，u_o 变负，但 i_o 不能立刻反向，i_o 从电源负极流出，经 S_2、负载和 S_3 流回正极，负载电感能量向电源反馈，i_o 逐渐减小，t_2 时刻降为零，之后 i_o 才反向并增大。上述是在理想状态下的分析，实际电路的工作过程要复杂得多。

6.1.2 逆变器的换流方式

如上所述，在 t_1 时刻出现了电流从 S_1 到 S_2 以及从 S_4 到 S_3 的转移。电流从一臂向另一臂顺序转移的过程称为换相，通常也把换相叫作换流。逆变电路中的开关器件在一定的外部电压条件和适当的门极驱动信号下，就可使其开通。全控型器件可通过门极关断；半控型器件必须利用外部条件才能关断。一般在晶闸管电流过零后要施加一定时间反向电压才能使之关断。

需要说明的是，换相并不是无源逆变中独有的概念，在整流、斩波等电路中一样有换相的问题，只是在无源逆变中，换相及换相方式的问题较为全面和集中。

通常，研究逆变电路换相方式主要是研究如何使器件关断。换相方式可分为以下几种：

（1）器件换相

器件换相方式是利用全控型器件的自关断能力进行换相的。在采用电力晶体管、GTO 晶闸管、MOSFET 等自关断器件的电路中所采用的换相方式即为器件换相。

（2）电网换相

由电网提供换相电压的换相方式称为电网换相。电网换相电路，如可控整流电路、交流调压电路和采用相控方式的交—交变频电路，不需器件具有门极可关断能力，也不需要为换流附加元件。但电网换相方式不适用于没有交流电网的无源逆变电路。

（3）负载换相

由负载提供换相电压的换相方式称为负载换相。在负载电流相位超前于负载电压的场合，即可实现负载换相。另外，负载为电容性负载或同步电动机时，可实现负载换相。

基本的负载换相逆变电路如图 6-2a 所示。由晶闸管构成 4 个桥臂，电阻、电感串联后再和电容并联后作为负载接入，电容的接入可改善负载的功率因数，使负载呈现容性。在直流侧串入大电感 i_d，使得工作中 i_d 基本没有脉动。

图 6-2b 为电路的波形。由于直流侧接有大电感，4 个臂的切换仅使电流路径改变，所以负载电流基本呈矩形波。又因负载是并联谐振型负载，对基波阻抗很大，对谐波阻抗很小，所以 u_o 波形接近正弦波。假设 t_1 时刻前 VT_1、VT_4 导通，VT_2、VT_3 关断，u_o、i_o 均为正。在 t_1 时刻触发 VT_2、VT_3 使其开通，u_o 加到 VT_4、VT_1 上使其承受反向电压而关断，电流从 VT_1、VT_4 换到 VT_3、VT_2。t_1 必须在 u_o 过零前并留有足够裕量，才能使换流顺利完成。

（4）电容换相

设置附加的换相电路，由换相电路内的电容提供换相电压的换相方式称为电容换相。通常也把电容换相称为强迫换相或脉冲换相。

1）直接耦合式电容换相：由换流电路内电容提供换相电压。VT 通态时，先给电容 C

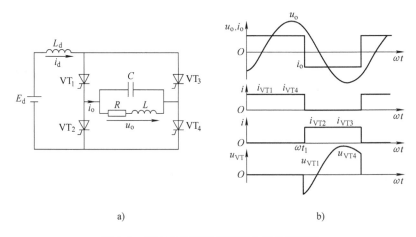

a)   b)

图 6-2   基本的负载换相逆变电路及其波形

a）电路   b）波形

充电，合上 S 就可使晶闸管被施加反向电压而关断。通过这种方式的换相也叫电压换相。直接耦合式电容换相的原理图如图 6-3 所示。

2）电感耦合式电容换相：通过换相电路内电容和电感耦合提供换相电压或换相电流。电感耦合式电容换相的原理图如图 6-4 所示。

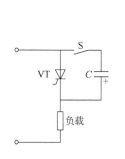

图 6-3   直接耦合式电容换相的原理图

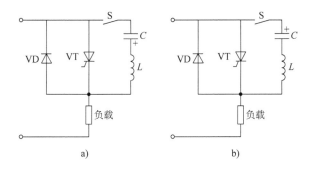

a)   b)

图 6-4   电感耦合式电容换相的原理图

a）晶闸管在 LC 振荡第一个半周期内关断的电容换相原理图

b）晶闸管在 LC 振荡第二个半周期内关断的电容换相原理图

图 6-4a 是晶闸管在 LC 振荡第一个半周期内关断的电容换相原理图，而图 6-4b 是晶闸管在 LC 振荡第二个半周期内关断的电容换相原理图，两图中电容 C 的电压极性不同。在图 6-4a 中，接通 S 后，由于 LC 振荡电流与晶闸管中电流反向，所以迅速抑制晶闸管中的电流，直到正向电流减至零后再流经二极管。而图 6-4b 中正好相反，由于 LC 振荡电流与晶闸管中电流同向，所以先于负载电流叠加流过晶闸管，直到正向电流减至零后再流经二极管。在这两种情况下，都是在晶闸管的正向电流变为零和二极管开始工作时晶闸管关断，二极管的管压降才是晶闸管的反向电压。通过这种方式的换相也叫电流换相。

上述换相方式中，除器件换相只适用于自关断器件外，其余 3 种方式都是针对晶闸管的。器件换相和电容换相都是因自身的原因而换相的，属于自换相，采用自换相方式的逆变器称为自换相逆变器。电网换相和负载换相是借助于外力而换相的，属于外部换相，采用外部换相方式的逆变器称为外部换相逆变器。

当电流不是从一个支路向另一个支路转移，而是在支路内部终止流通变为零，则称为熄灭。

6.1.3 基本逆变电路

逆变电路根据直流侧电源性质的不同可分为两种：直流侧是电压源的称为电压型逆变电路；直流侧是电流源的称为电流型逆变电路。

1. 电压型逆变电路

电压型逆变电路直流侧并联大电容来缓冲无功功率。从直流电源侧看，电源为具有低阻抗的电压源，输出交流电压接近矩形波，而输出交流电流接近于正弦波。由于电压型逆变电路直流侧电压极性不允许改变，回馈无功能量时，只能改变电流方向，所以应加反馈二极管，这是为滞后的负载电流提供反馈到电源的通路所必需的。

（1）半桥逆变电路

半桥逆变电路如图 6-5a 所示，它有两个导电臂，每个导电臂由一个可控元件和一个反并联二极管组成。在直流侧接有两个相互串联的足够大的电容，使得两个电容的连接点为直流电源的中点。

其工作原理为：设有晶体管 V_1 和 V_2，栅极信号在一个周期内各有半周正偏、半周反偏，而且互补，输出电压 u_o 为矩形波，幅值为 $U_m = U_d/2$，i_o 的波形随负载而异，电感性负载时的工作波形如图 6-5b 所示。设 t_2 之前 V_1 导通，t_2 时刻给 V_1 关断信号，给 V_2 导通信号，但电感性负载电流不能突变，所以 VD_2 导通续流，当 t_3 时刻 i_o 降至零时，VD_2 截止，V_2 导通，i_o 开始反向。同样，在 t_4 时刻给 V_2 关断信号，给 V_1 导通信号后，V_2 关断，VD_1 先导通续流，t_5 时刻 V_1 才导通。

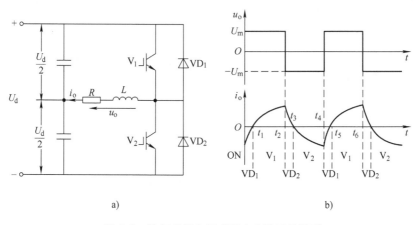

图 6-5　单相半桥电压型逆变电路及其波形
a）电路　b）波形

V_1 或 V_2 导通时，i_o 和 u_o 同方向，直流侧向负载提供能量。当 VD_1 或 VD_2 导通时，i_o 和 u_o 反向，电感中的储能向直流侧反馈，VD_1、VD_2 称为反馈二极管，还起着导通续流的作用，又称续流二极管。

半桥逆变电路的优点是简单，使用器件少。半桥逆变电路的缺点是交流电压幅值为 $U_d/2$，直流侧须两电容串联，要控制两电容电压均衡。

半桥逆变电路广泛应用于几千瓦以下的小功率逆变电源，而单相全桥逆变电路、三相桥式逆变电路都可看成若干个半桥逆变电路的组合。

（2）全桥逆变电路

全桥逆变电路如图 6-6 所示，它有 4 个桥臂，由两个半桥电路组合而成。V_1 和 V_4 为一对，V_2 和 V_3 为另一对，成对的桥臂同时导通，两对交替各导通 180°。其输出电压 u_o 的波形与图 6-5b 所示半桥电路的输出电压 u_o 的波形相同，但幅值高出一倍，$U_m = U_d$。在相同负载的情况下，负载电流 i_o 的波形和图 6-5b 中半桥电路的输出电流 i_o 的波形相同，其幅值也提高一倍。单相全桥逆变电路应用最为广泛。

（3）带中心抽头变压器的逆变电路

带中心抽头变压器的逆变电路如图 6-7 所示，控制信号交替驱动两个晶体管，经变压器耦合给负载加上矩形波交流电压。两个二极管的作用也是提供无功能量的反馈通道。

在负载相同的情况下，变压器匝数比为 1:1:1 时，输出电压 u_o 与输出电流 i_o 的波形及幅值与全桥逆变电路完全相同。

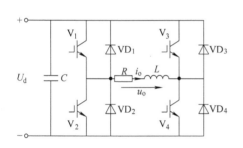

图 6-6 全桥逆变电路

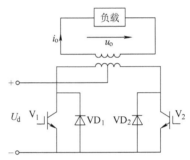

图 6-7 带中心抽头变压器的逆变电路

与全桥电路比较，带中心抽头变压器的逆变电路比全桥逆变电路少用一半开关器件，器件承受的电压为 $2U_d$，比全桥电路高一倍，但必须有一个带中心抽头的变压器。

2. 电流型逆变电路

电流型逆变电路一般在直流侧串联大电感以吸收无功功率，所以电流脉动很小，可近似地把直流侧看成具有高阻抗的直流电流源，输出交流电流近似矩形波。在电流型逆变电路中，由于直流侧电流方向是不变的，而电压极性可变，与电压型逆变电路相反，所以不需加续流二极管。

常用的电流型逆变电路主要有单相桥式和三相桥式逆变电路，对于这两种电路在后面章节还要详细讲解，在这里就不介绍了。

6.2 谐振式逆变电路

6.2.1 并联谐振式逆变电路

图 6-8 为并联谐振式逆变电路的原理图，在直流侧串有大电感，从而构成电流型逆变电路。

电路由 4 个桥臂构成，每个桥臂中的晶闸管各串一个电抗器，用来限制晶闸管开通时间的 $\mathrm{d}i/\mathrm{d}t$。

电路采用负载换相方式，要求负载电流超前于电压，负载一般是电磁感应线圈（如中频炼钢的加热线圈），R、L 串联为其等效电路。因功率因数很低，故并联电容 C，C、L 和 R 构成并联谐振电路，故此电路也称为并联谐振式逆变电路。

并联谐振式逆变电路的工作波形如图 6-9 所示，分为两个稳定导通阶段和两个换流阶段，现将各阶段波形分析如下。

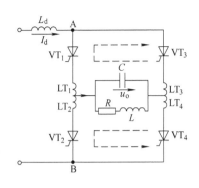

图 6-8　并联谐振式逆变电路的原理图

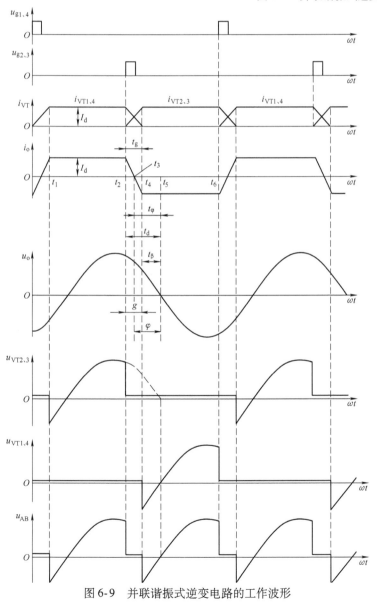

图 6-9　并联谐振式逆变电路的工作波形

209

$t_1 \sim t_2$ 为 VT$_1$ 和 VT$_4$ 稳定导通阶段，负载电流 $i_o = I_d$，t_2 时刻前在 C 上建立了左正右负的电压。

t_2 时刻触发晶闸管 VT$_2$ 和 VT$_3$，因为在 t_2 前一时刻 VT$_2$ 和 VT$_3$ 的阳极电压等于负载电压，是正值，所以 VT$_2$ 和 VT$_3$ 导通，进入换相阶段。

因每个晶闸管都串有换相电抗器 LT，使得 VT$_1$、VT$_4$ 不能立刻关断，电流有一个减小过程，VT$_2$、VT$_3$ 的电流有一个增大过程。在下一个时刻到来时，4 个晶闸管全部导通，负载电压经两个并联的放电回路同时放电：一个是经 LT$_1$、VT$_1$、VT$_3$、LT$_3$ 到 C，另一个是经 LT$_2$、VT$_2$、VT$_4$、LT$_4$ 到 C。在这期间，VT$_1$、VT$_4$ 的电流逐渐减小，VT$_2$、VT$_3$ 的电流逐渐增大。

$t = t_4$ 时，VT$_1$、VT$_4$ 的电流减至零而关断，换流阶段结束。$t_4 - t_2 = t_g$（称为换相时间）。

i_o 在 t_3 时刻（即 $i_{VT1} = i_{VT2}$ 时刻）过零，t_3 时刻大体位于 t_2 和 t_4 的中点。

因晶闸管需一段时间才能恢复正向阻断能力，为保证晶闸管的可靠关断，换流结束后还要使 VT$_1$、VT$_4$ 承受一段反压时间 t_β。

$t_\beta = t_5 - t_4$，t_β 应大于晶闸管的关断时间 t_q。如果 VT$_1$、VT$_4$ 尚未恢复阻断能力就加上了正向电压，就会使其重新导通，这会使 4 个晶闸管同时稳态导通，导致逆变桥处于导通状态。

为保证可靠换相，应在负载电压 u_o 过零前 t_d（$= t_5 - t_2$）时刻触发 VT$_2$、VT$_3$，t_d 为触发引前时间：

$$t_d = t_g + t_\beta$$

在换相过程中，负载电流是 VT$_1$ 与 VT$_2$ 的电流之差，i_o 超前于 u_o 的时间为

$$t_\varphi = \frac{t_g}{2} + t_\beta$$

表示为电角度，则有

$$\varphi = \omega \left(\frac{t_g}{2} + t_\beta \right) = \frac{g}{2} + \beta$$

式中，ω 为电路工作角频率；β、g 为 t_β、t_g 对应的电角度。

6.2.2 串联谐振式逆变电路

图 6-10 为串联谐振式逆变电路的原理图，在直流侧并有大电容，使逆变输出电压为正负矩形波，从而构成电压型逆变电路。其特点是采用不可控整流，电路简单，功率因数高。为了续流，在电路中设置反馈二极管 VD$_1 \sim$ VD$_4$。逆变电路的输出功率可采取改变逆变角的方法进行调节。

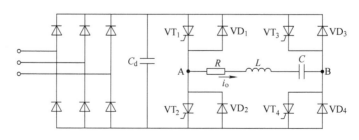

图 6-10　串联谐振式逆变电路的原理图

电路由 4 个桥臂构成，每个桥臂中的晶闸管各并联一个续流二极管，这是为滞后的负载电流 i_o 提供反馈到电源的通路所必需的。

因为负载电感线圈的功率因数很低，这里用串联电容 C 进行补偿。C 和电感线圈构成串联谐振电路，所以这种逆变电路称为串联谐振式逆变电路。为实现负载换相，要求补偿后的总负载呈容性。这里补偿电容 C 也起到换相电容的作用，对于这种换相电容和负载串联的逆变电路，也称为串联逆变电路。

图 6-11 为串联谐振式逆变电路的波形。电路的工作频率（即触发脉冲的频率）略低于电路谐振频率，以使负载电路呈容性，负载电流相位超前电压，实现负载换相。从图中可以看出，在 $0 \sim t_2$ 之间为桥臂 1、4 导通，其中 $0 \sim t_1$ 之间为晶闸管 VT_1、VT_4 导通，而 $t_1 \sim t_2$ 之间电流反向，二极管 VD_1、VD_4 导通。在 $t_2 \sim t_4$ 之间为桥臂 2、3 导通，其中 $t_2 \sim t_3$ 之间为 VT_2、VT_3 导通，$t_3 \sim t_4$ 之间为 VD_2、VD_3 导通。二极管导通的时间 t_f 即为晶闸管的反压时间，必须使 $t_f > t_p$ 才能保证晶闸管可靠关断。t_f 所对应的电角度 δ 即为负载的功率因数角。

上面的分析忽略了换相过程，因此在换相时刻，开通的晶闸管的 $\mathrm{d}u/\mathrm{d}t$ 为无穷大，关断的晶闸管的 $\mathrm{d}u/\mathrm{d}t$ 为无穷大，这是器件无法承受的。在实际电路中，为了限制 $\mathrm{d}u/\mathrm{d}t$，各个桥臂都串联了换相电抗器；为了限制 $\mathrm{d}u/\mathrm{d}t$ 和换相电压，各器件都并联了缓冲电路。改变触发引前角 δ 可改变功率因数，从而可以起到调节输出功率的作用。

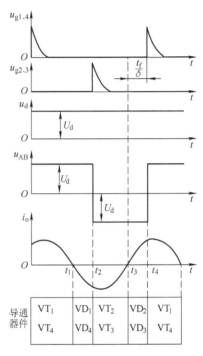

图 6-11　串联谐振式逆变电路的波形

由于串联谐振式逆变电路启动与关断较容易，但对负载的适应性比较差，当负载参数配合不当的时候，会直接影响功率输出或引起电容电压过高，适用于淬火、加热等需要频繁启动、负载参数变化较小和工作频率较高的场合。

6.3　三相桥式逆变电路

6.3.1　三相电压型桥式逆变电路

3 个单相逆变电路可组合成一个三相逆变电路，三相桥式逆变电路可看成由 3 个半桥逆变电路组成。每个桥臂导通 180°，同一相上下两臂交替导通，各相开始导通的角度差为 120°，任一瞬间有 3 个桥臂同时导通。每次换流都是在同一相上下两臂之间进行，也称为纵向换流。三相电压型桥式逆变电路如图 6-12 所示。

三相电压型桥式逆变电路的波形如图 6-13 所示，负载各相到电源中点 N′ 的电压：在 U 相，V_1 导通，$u_{UN'} = U_d/2$；V_4 导通，$u_{UN'} = -U_d/2$。

负载线电压为

$$u_{UV} = u_{UN'} - u_{VN'}$$
$$u_{VW} = u_{VN'} - u_{WN'}$$
$$u_{WU} = u_{WN'} - u_{UN'}$$

负载相电压为

$$u_{UN} = u_{UN'} - u_{NN'}$$
$$u_{VN} = u_{VN'} - u_{NN'}$$
$$u_{WN} = u_{WN'} - u_{NN'}$$

负载中点和电源中点间的电压为

$$u_{NN'} = \frac{1}{3}(u_{UN'} + u_{VN'} + u_{WN'}) - \frac{1}{3}(u_{UN} + u_{VN} + u_{WN})$$

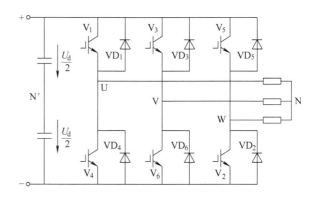

图 6-12 三相电压型桥式逆变电路

负载三相对称时有 $u_{UN} + u_{VN} + u_{WN} = 0$，于是

$$u_{NN'} = \frac{1}{3}(u_{UN'} + u_{VN'} + u_{WN'})$$

根据以上分析可绘出 u_{UN}、u_{VN}、u_{WN} 的波形，负载已知时，可由 u_{UN} 波形求出 I_U 的波形。

三相电压型桥式逆变电路的任一相上下两桥臂间的换流过程和半桥电路相似，桥臂 1、3、5 的电流相加可得直流侧电流 I_d 的波形，I_d 每 $60°$ 脉动一次（直流电压基本无脉动），因此逆变器从直流侧向交流侧传送的功率是脉动的，这是电压型逆变电路的一个特点。

三相电流型桥式逆变电路的波形如图 6-13 所示，采用全控型器件，电路的基本工作方式是 $120°$ 导通方式（每个臂一周期内导通 $120°$），任一时刻上下桥臂组各有一个臂导通，横向换流。

6.3.2 三相电流型桥式逆变电路

三相电流型桥式逆变电路的输出波形如图 6-14 所示，输出电流的波形和负载性质无关。输出电流的波形和三相桥式整流电路带大电感负载时的交流电流波形相同，谐波分析表达式也相同；输出线电压的波形和负载性质有关，大体为正弦波。输出交流电流的基波有效值为

$$I_{U1} = \frac{\sqrt{6}}{\pi}I_d = 0.78I_d$$

串联二极管式晶闸管逆变电路如图 6-15 所示，它主要用于中、大功率交流电动机调速系

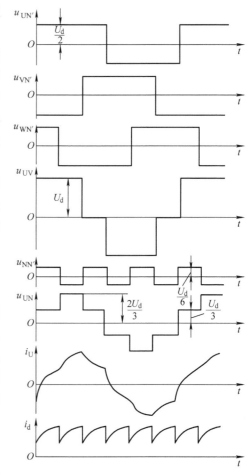

图 6-13 三相电压型桥式逆变电路的波形

统。各桥臂的晶闸管和二极管串联使用，采用120°导通工作方式，为强迫换流方式，电容$C_1 \sim C_6$为换流电容。

串联二极管式晶闸管逆变电路的换流过程如图6-16所示，串联二极管式晶闸管逆变电路换流过程的波形如图6-17所示。

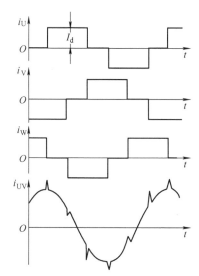

图6-14 三相电流型桥式逆变电路的输出波形

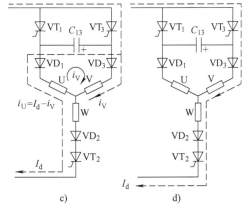

图6-15 串联二极管式晶闸管逆变电路

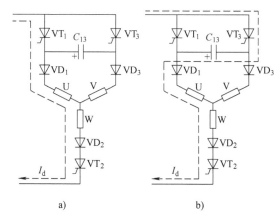

图6-16 串联二极管式晶闸管逆变电路的换流过程

a）VT_1和VT_2导通　b）恒流放电阶段　c）二极管续流阶段　d）VT_2和VT_3导通

1）换流电容的充电规律：共阳极晶闸管与导通晶闸管相连的一端极性为正，另一端为负，不与导通晶闸管相连的电容的电压为零。

2）等效换流电容：如分析从VT_1向VT_3换流时，C_{13}就是C_3与C_5串联后再与C_1并联的等效电容。从VT_1向VT_3换流的过程中，换流前VT_1和VT_2导通，C_{13}的电压U_{C0}左正右负。

3）恒流放电阶段：t_1时刻触发VT_3导通。VT_1被施以反向电压而关断，从VT_1换到VT_3，C_{13}通过VD_1、U相负载、W相负载、VD_2、VT_2、直流电源和VT_3放电，放电电流恒为I_d，故称恒流放电阶段。u_{C13}下降到零之前，VT_1承受反向电压，反压时间大于晶闸管的

关断时间 t_q 就能保证关断。

4）二极管续流阶段：t_2 时刻 u_{C13} 降到零，之后 C_{13} 反向充电。忽略负载电阻压降，则二极管 VD_3 导通，电流为 i_V，VD_1 的电流为 $i_U = I_d - i_V$，VD_1 和 VD_3 同时导通，进入二极管续流阶段。

随着 C_{13} 端电压增高，充电电流渐小，i_V 渐大，t_3 时刻 i_U 减到零，$i_V = I_d$，VD_1 承受反向电压而关断，二极管续流阶段结束。t_3 时刻以后，VT_2、VT_3 进入稳定导通阶段。

接电感性负载时，电容 C_1 两端的电压 u_{C1} 的波形和 u_{C13} 完全相同，从 U_{C0} 降为 $-U_{C0}$；C_3 和 C_5 是串联后再和 C_1 并联的，电压变化的幅度是 C_1 的一半；u_{C3} 从零变到 $-U_{C0}$，u_{C5} 从 U_{C0} 变到零。这些电压恰好符合相隔 120° 后从 VT_3 到 VT_5 换流时的要求。

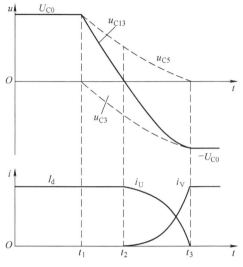

图 6-17　串联二极管式晶闸管逆变
电路换流过程的波形

6.4 变频电路

6.4.1 交—直—交变频电路

交—直—交变频电路为交—直—交变频调速系统提供变频电源。交—直—交变频电路的基本组成有整流电路和逆变电路两部分，它是先将恒压恒频（CVCF）的交流电通过整流电路变成直流电，再经过逆变电路将直流电转换成可控交流电的间接型变频电路。根据变频电源的性质可分为电压型变频和电流型变频。

在交流电动机的变频调速控制中，为了保持额定磁通基本不变，在调节定子频率的同时，必须同时改变定子的电压，因此必须配备变压变频（VVVF）装置。最早的变压变频装置是旋转变频机组，现在几乎无例外地让位给静止式电力电子变压变频装置了。这种静止式变压变频装置统称为变频器，它的核心部分就是变频电路。

图 6-18 是一种常用的交—直—交电流型变频器的主电路。其中，整流器采用晶闸管构成的可控整流电路，完成交流到直流的变换，输出可控的直流电压 U_d，实现调压功能；中间直流环节用大电感 L_d 滤波；逆变器采用晶闸管构成的串联二极管式电流型逆变电路，完成直流到交流的变换，并实现输出频率的调节。

图中，$VT_1 \sim VT_6$ 为晶闸管，$C_1 \sim C_6$ 为换相电容，$VD_1 \sim VD_6$ 为隔离二极管，其作用是使换相电容与负载隔离，防止电容充电电荷的损失。该电路为 120° 导电型。现以丫联结电动机作为负载，假设电动机反电动势在换相过程中保持不变，电流 i_d 恒定，以 VT_1 换相到 VT_4 为例说明换相过程。

（1）换相前的状态

如图 6-19a 所示，VT_1 及 VT_2 稳定导通，负载电流 I_d 沿着虚线所示途径流通，因负载

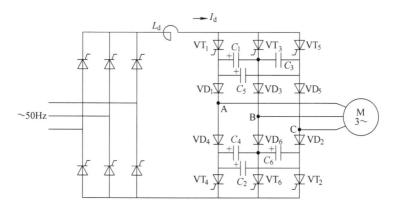

图 6-18　三相串联二极管式电流型变频器的主电路

为丫联结，只有 A 相和 C 相绕组导通，而 B 相不导通，即 $i_A = i_d$，$i_B = 0$，$i_C = -I_d$。此时，图 6-18 中的换相电容 C_1 及 C_5 被充电至最大值，极性是左正（＋）右负（－），C_3 上电荷为 0。跨接在 VT_1 和 VT_3 之间的电容 C 是 C_5 与 C_3 串联后再与 C_1 并联的等效电容。

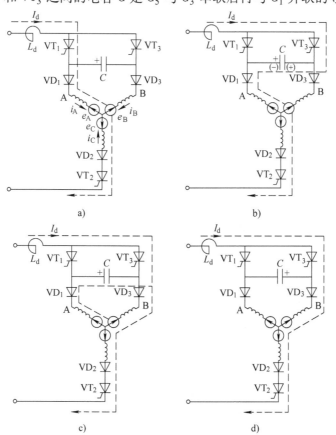

图 6-19　三相串联二极管式电流型变频器的换相过程

a）换相前的状态　b）晶闸管换相及恒流充电阶段　c）二极管换相阶段　d）换相后的状态

（2）晶闸管换相及恒流充电阶段

如图 6-19b 所示，触发导通 VT_3，则 C 上的电压立即加到 VT_1 两端，使 VT_1 瞬间关断。

I_d 沿着虚线所示途径流通，等效电容 C 先放电至零，再恒流充电，极性为左负（－）右正（＋），VT_1 在 VT_3 导通后直到 C 放电至零的这段时间 t_0 内一直承受反向电压，只要 t_0 大于晶闸管的关断时间 t_{off}，就能保证有效的关断。当 C 上的充电电压超过负载电压时，二极管 VD_3 将承受正向电压而导通，恒流充电结束。

（3）二极管换相阶段

如图 6-19c 所示，VD_3 导通后，开始分流。此时电流 I_d 逐渐由 VD_1 向 VD_3 转移，i_A 逐渐减少，i_B 逐渐增加，当 I_d 全部转移到 VD_3 时，VD_1 关断。

（4）换相后的状态

如图 6-19d 所示，负载电流 I_d 流经路线如图中虚线所示，此时 B 相和 C 相绕组通电，A相不通电，$i_A = 0$，$i_B = I_d$，$i_C = -I_d$。换相电容的极性保持左负（－）右正（＋），为下次换相作准备。

由上述换相过程可知，当负载电流增加时，换相电容充电电压将随之上升，这使换相能力增加。因此，在电源和负载变化时，逆变器工作稳定。但是，由于换相包含了负载的因素，如果控制不好也将导致不稳定。

6.4.2 交—交变频电路

交—交变频电路是不通过中间直流环节，而把电网固定频率的交流电直接变换成不同频率的交流电的变频电路。交—交变频电路也叫周波变流器或相控变频器。

1. 单相交—交变频电路

单相交—交变频电路的原理图和输出电压的波形如图 6-20 所示，它由正反并联的晶闸管整流电路组成，和 4 象限变流电路相同。

工作原理：

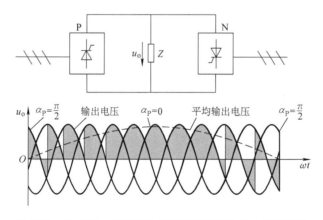

图 6-20　单相交—交变频电路的原理图和输出电压的波形

正反两组变流器按一定的频率交替工作，负载上就会得到相应频率的交流电，当 P 组工作时，负载电流 i_o 为正，N 组工作时，i_o 为负，因此负载就得到该频率的交流电流，只要改变其切换频率，就可改变输出交流电的频率。如要改变输出交流电的电压幅值，只要改变变流电路的触发延迟角 α 就可以了。

为使输出交流电 u_o 的波形接近正弦波，可按正弦规律对 α 角进行调制，在半个周期内让 P 组 α 角按正弦规律从 90°减到 0°或某个值，再增加到 90°，每个控制间隔内的平均输出电压就按正弦规律从零增至最高，再减到零。如此，u_o 由若干段电源电压拼接而成，在 u_o 一个周期内，包含的电源电压段数越多，其波形就越接近正弦波。

整流与逆变工作状态如下。

理想化交—交变频电路的整流和逆变工作状态如图6-21所示，以阻感负载为例，把交—交变频电路理想化，忽略变流电路换相时 u_o 的脉动分量，就可把电路等效成正弦波交流电源和二极管的串联。

设负载阻抗角为 φ，则输出电流就会滞后输出电压 φ 角。两组变流电路采取无环流工作方式，一组变流电路工作时，封锁另一组变流电路的触发脉冲。

$t_1 \sim t_3$：i_o 正半周，P 组工作，N 组被封锁。$t_1 \sim t_2$：u_o 和 i_o 均为正，P 组整流，输出功率为正；$t_2 \sim t_3$：u_o 反向，i_o 仍为正，P 组逆变，输出功率为负。

$t_3 \sim t_5$：i_o 负半周，N 组工作，P 组被封锁。$t_3 \sim t_4$：u_o 和 i_o 均为负，N 组整流，输出功率为正；$t_4 \sim t_5$：u_o 反向，i_o 仍为负，P 组逆变，输出功率为负。

哪一组工作由 i_o 的方向决定，与 u_o 的极性无关；工作在整流还是逆变，则根据 u_o 与 i_o 的方向是否相同确定。

单相交—交变频电路输出电压和电流的波形（见图6-22）分析如下。

考虑无环流工作方式下 i_o 过零的死区时间，一周期可分为6段。第1段 $i_o < 0$，$u_o > 0$，N 组逆变；第2段电流过零，为无环流死区；第3段 $i_o > 0$，$u_o > 0$，P 组整流；第4段 $i_o > 0$，$u_o < 0$，P 组逆变；第5段又是无环流死区；第6段 $i_o < 0$，$u_o < 0$，为 N 组整流。

u_o 和 i_o 的相位差小于90°时，电网向负载提供的能量的平均值为正，电机为电动状态；相位差大于90°时，电网向负载提供的能量的平均值为负，电网吸收能量，电机为发电状态。

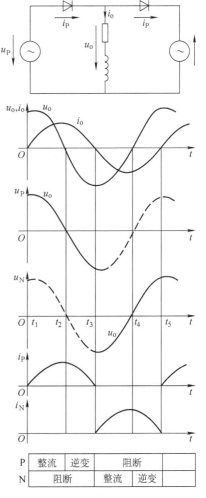

P	整流	逆变	阻断	
N	阻断		整流	逆变

图6-21　理想化交—交变频电路的整流和逆变工作状态

2. 三相交—交变频电路

三相交—交变频电路由3组输出电压彼此互差120°的单相交—交变频电路组成。三相交—交变频器主电路有公共交流母线进线方式和输出星形联结方式，分别用于中、大容量电路中。

公共交流母线进线方式：将3组单相输出电压彼此互差120°的交—交变频器的电源进线接在公共母线上，3个输出端必须相互隔离，电动机的3个绕组需拆开，引出6根线，公共交流母线进线方式三相交—交变频电路（简图），如图6-23所示。

输出星形联结方式：将3组单相输出电压彼此互差120°的交—交变频器的输出端采取星形联结，电动机的3个绕组也用星形联结，电动机中点不和变频器中点接在一起，电动机

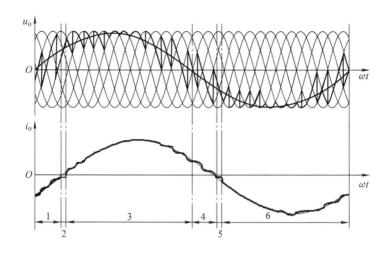

图 6-22 单相交—交变频电路输出电压和电流的波形

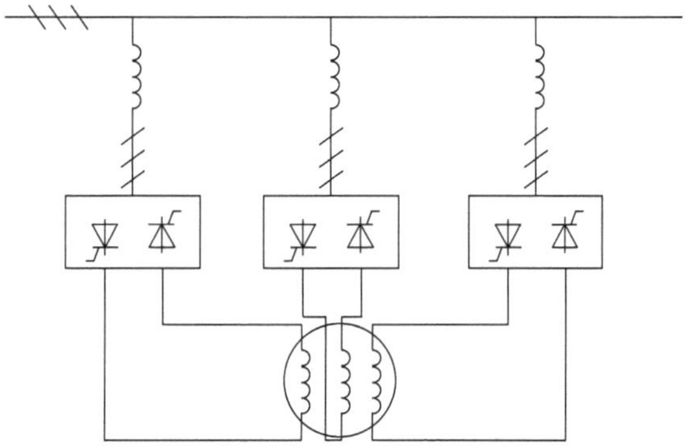

只引出 3 根线即可，因为三组的输出连接在一起，其电源进线必须隔离，输出星形联结方式三相交—交变频电路如图 6-24 所示。

3. 正弦波输出电压的控制方法

为了使交—交变频电路的平均输出电压按正弦规律变化，必须对各组晶闸管的触发延迟角 α 进行调制。这里介绍一种最基本的、广泛采用的余弦交点法。设 U_{d0} 为 $\alpha = 0$ 时整流电路的理想空载电压，则有

$$\overline{u}_o = U_{d0}\cos\alpha$$

图 6-23 公共交流母线进线方式
三相交—交变频电路（简图）

每次触发延迟时 α 角不同，$\overline{u}_o$ 表示每次控制间隔内 u_o 的平均值。

期望的正弦波输出电压为

$$u_o = U_{om}\sin\omega_o t$$

由以上两式可知

$$\cos\alpha = \frac{U_{om}}{U_{d0}}\sin\omega_o t = \gamma\sin\omega_o t$$

式中，γ 称为输出电压比。

余弦交点法的基本公式为

$$\alpha = \arccos(\gamma\sin\omega_o t)$$

图 6-25 为按照余弦交点法控制的六脉波交—交变频器在负载功率因数不同时的波形。其中，上图为输出电压和一组可能有的瞬时输出电压，下图为余弦触发波、控制信号和假设的负载电流。

218

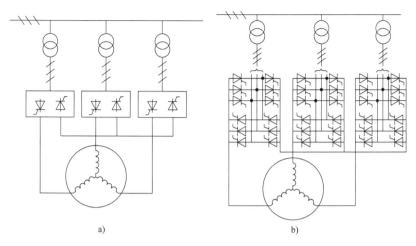

图 6-24　输出星形联结方式三相交—交变频电路
a）简图　b）详图

图 6-26 为应用余弦交点法的触发脉冲发生器的电路框图及波形。图中，基准电压 u_R 是与理想输出电压 u 成比例且频率、相位都相同的给定电压信号。显然，u_R 为正弦波时，输出电压为正弦波；u_R 为其他波形时，则输出相应的电压波形。余弦交点法的缺点是：容易因干扰而产生误脉冲；在开环控制时因控制电路的不完善，特别是在电流不连续时，会引起电压的畸变。

4. 交—交变频器的特点

交—交变频器的主要优点如下。

1）因为是直接变换，没有中间环节，所以比一般变频器的效率要高。

2）由于其交流输出电压是直接由交流输入电压波的某些部分包络所构成的，因而其输出频率比输入交流电源的频率低得多，输出波形较好。

3）由于变频器按电网电压过零自然换相，故可采用普通晶闸管。

其主要缺点如下。

1）接线较复杂，使用的晶闸管较多。

2）受电网频率和变流电路脉冲数的限制，输出电压的频率较低，为电网频率的 1/3 左右。

3）采用相控方式，功率因数较低，特

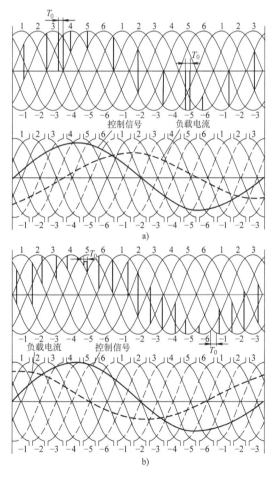

图 6-25　余弦交点法控制的六脉波交—交变频器在负载功率因数不同时的波形
a）滞后功率因数　b）超前功率因数

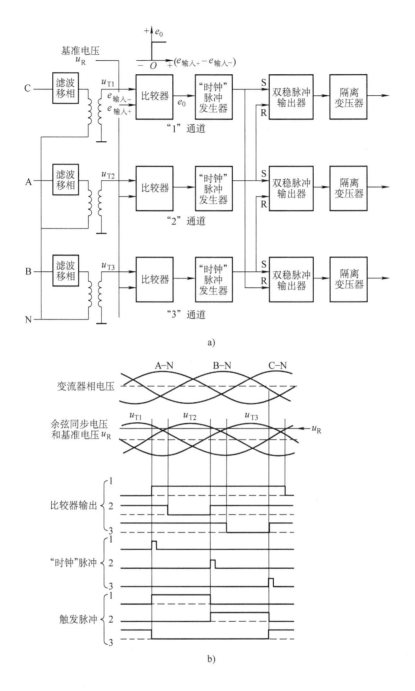

图 6-26　应用余弦交点法的触发脉冲发生器的电路框图及波形

a）电路框图　b）波形

别是在低速运行时更低，需要适当补偿。

　　由于以上特点，交—交变频器特别适合于大容量的低速传动的交流调速装置中，在轧钢、水泥、牵引等方面应用比较广泛。

6.5 PWM 变频电路

脉宽调制（Pulse Width Modulation，PWM）技术是通过控制半导体开关器件的通断时间，在输出端获得幅度相等而宽度可调的输出波（称为 PWM 波形），从而实现控制输出电压的大小和频率来改善输出波形的一种技术。

脉宽调制的方法很多，分类方法没有统一规定。一般的分类方法为：矩形波脉宽调制和正弦波脉宽调制；单极性脉宽调制和双极性脉宽调制；同步脉宽调制和异步脉宽调制。

电力晶体管、功率场效应晶体管和绝缘栅双极晶体管（GTR、MOSFET、IGBT）是自关断器件，用它们作开关器件构成的 PWM 变换器，可使装置体积小、斩波频率高、控制灵活、调节性能好、成本低。简单地说，PWM 变换器可控制逆变器开关器件的通断顺序和时间分配规律，在变换器输出端获得等幅、宽度可调的矩形波。这样的波形可以有多种方法获得。

6.5.1 PWM 控制的基本原理

脉宽调制变频电路简称为 PWM 变频电路，常采用电压源型交—直—交变频电路的形式，其基本原理是通过改变电路中开关器件的导通和关断时间比（即调节脉冲宽度）来调节交流电压的大小和频率。

图 6-27 为单相桥式 PWM 变频电路，它由三相桥式整流电路获得恒定的直流电压，由 4 个全控型大功率晶体管 $V_1 \sim V_4$ 作为开关器件，二极管 $VD_1 \sim VD_4$ 是续流二极管，为无功能量反馈到直流电源提供通路。

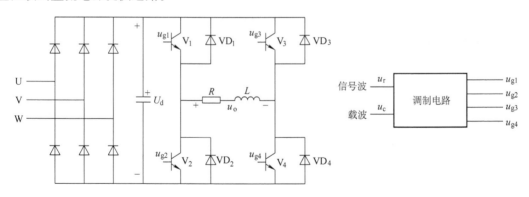

图 6-27　单相桥式 PWM 变频电路

只要依次改变 V_1、V_2、V_3、V_4 导通时间的长短和导通的顺序，可得到图 6-28 所示的不同的电压波形。图 6-28a 为 180°导通型输出方波电压的波形，即 V_1 与 V_4 一组、V_2 与 V_3 一组，每一组各导通 $T/2$ 的时间。

若在正半周内，控制两组轮流导通（同理，在负半周内控制两组轮流导通），则在 V_1、V_4 和 V_2、V_3 分别导通时，负载上将会得到大小相等的正、负电压；而在 V_1、V_3 一组和 V_2、V_4 一组，两组分别导通时，负载上所得电压为零，如图 6-28b 所示。

若在正半周内，控制 V_1、V_4 导通和关断多次，每次导通和关断时间分别相等（负半周

则控制 V_2、V_3 导通和关断），则负载上得到图 6-28c 所示的电压波形。

若将以上这些波形分解成傅里叶级数，可以看出，其中谐波成分均较大。

图 6-28d 所示波形是一组脉冲列，其规律是：每个输出矩形波电压下的面积接近于所对应的正弦波电压下的面积。这种波形被称为脉宽调制波形，即 PWM 波形。由于它的脉冲宽度接近于正弦规律变化，故又称为正弦脉宽调制波形，即 SPWM 波形。

根据采样控制理论，脉冲频率越高，SPWM 波形越接近正弦波。当变频电路的输出电压为 SPWM 波形时，可以较好地抑制和消除其低次谐波，高次谐波又很容易滤去，从而可获得较理想的正弦波输出电压。

由图 6-28d 可看出，在输出波形的正半周，V_1、V_4 导通时会有正向电压输出，而在 V_1、V_3 导通时电压输出为零，因此改变开关器件在半个周期内导通与关断的时间比（即脉冲的宽度）即可实现对输出电压幅值的调节。因 V_1、V_4 导通时输出正半周电压，V_2、V_3 导通时输出负半周电压，所以可以通过改变 V_1、V_4 和 V_2、V_3 交替导通的时间来实现对输出电压频率的调节。

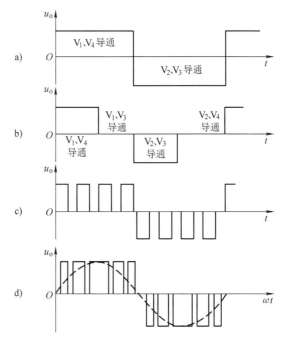

图 6-28　单相桥式 PWM 变频电路的几种输出波形

a）180° 导通型输出方波电压的波形

b）半周内控制两组轮流导通输出波形

c）半周内 V_1 和 V_4 多次导通　d）一组脉冲列

6.5.2　单相桥式 PWM 变频电路

单相桥式 PWM 变频电路就是输出为单相电压时的电路，其原理如图 6-29 所示。图中，当调制信号 u_r 在正半周时，载波信号 u_c 为正极性的三角波；同理，调制信号 u_r 在负半周时，载波信号 u_c 为负极性的三角波，在调制信号 u_r 和载波信号 u_c 的交点时刻控制变频电路中大功率晶体管的通断。各晶体管的控制规律如下。

在 u_r 的正半周期，保持 V_1 一直导通，V_4 交替通断。当 $u_r > u_c$ 时，使 V_4 导通，负载电压 $u_o = U_d$；当 $u_r \leq u_c$ 时，使 V_4 关断，由于电感负载中电流不能突变，负载电流将通过 VD_3 续流，负载电压 $u_o = 0$。

在 u_r 的负半周期，保持 V_2 一直导通，V_3 交替通断。当 $u_r < u_c$ 时，使 V_3 导通，负载电压 $u_o = -U_d$；当 $u_r \geq u_c$ 时，使 V_3 关断，负载电流将通过 VD_4 续流，负载电压 $u_o = 0$。

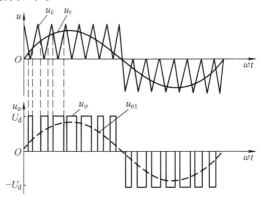

图 6-29　单极性 PWM 控制方式的原理图

这样，便得到 u_o 的 PWM 波形，单极性 PWM 控制方式的原理图如图6-29所示，该图中 u_{o1} 表示 u_o 中的基波分量。像这种在 u_r 的半个周期内三角波只在一个方向变化，所得到的 PWM 波形也只在一个方向变化的控制方式称为单极性 PWM 控制方式。

逆变电路输出的脉冲调制电压波形对称且脉宽成正弦分布，这样可以减小电压谐波含量。通过改变调制脉冲电压的调制周期，可以改变输出电压的频率，而改变电压的脉冲宽度可以改变输出基波电压的大小。也就是说，载波三角形波峰一定，改变参考信号 u_r 的频率和幅值，就可控制逆变器输出基波电压频率的高低和电压的大小。

与单极性 PWM 控制方式对应，另外一种 PWM 控制方式称为双极性 PWM 控制方式。其频率信号还是三角波，基准信号是正弦波时，它与单极性正弦波脉宽调制的不同之处，在于它们的极性随时间不断地正、负变化，双极性 PWM 控制方式的原理图如图 6-30 所示，不需要如上述单极性调制那样加倒向控制信号。

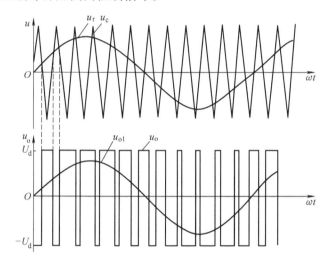

图 6-30　双极性 PWM 控制方式的原理图

单相桥式变频电路采用双极性控制方式时的 PWM 波形如图 6-30 所示，各晶体管控制规律如下：

在 u_r 的正负半周内，对各晶体管控制规律与单极性 PWM 控制方式相同，同样在调制信号 u_r 和载波信号 u_c 的交点时刻控制各开关器件的通断。当 $u_r > u_c$ 时，使晶体管 V_1、V_4 导通，V_2、V_3 关断，此时 $u_o = U_d$；当 $u_r < u_c$ 时，使晶体管 V_2、V_3 导通，V_1、V_4 关断，此时 $u_o = -U_d$。

在双极性 PWM 控制方式中，三角载波在正、负两个方向变化，所得到的 PWM 波形也在正、负两个方向变化，在 u_r 的一个周期内，PWM 输出只有 $\pm U_d$ 两种电平，变频电路同一相上、下两臂的驱动信号是互补的。在实际应用时，为了防止上、下两个桥臂同时导通而造成短路，在给一个桥臂的开关器件加关断信号后，必须延迟 Δt 时间再给另一个桥臂的开关器件施加导通信号，即有一段 4 个晶体管都关断的时间。延迟时间 Δt 的长短取决于功率开关器件的关断时间。需要指出的是，这个延迟时间将会给输出的 PWM 波形带来不利影响，使其输出偏离正弦波。

6.5.3 三相桥式 PWM 变频电路

图 6-31 是 PWM 变频电路中使用最多的三相桥式 PWM 变频电路，它被广泛应用在异步电动机的变频调速中。它由 6 个电力晶体管 $V_1 \sim V_6$（也可以采用其他快速功率开关器件）和 6 个快速续流二极管 $VD_1 \sim VD_6$ 组成，其控制方式为双极性方式。U、V、W 三相的 PWM

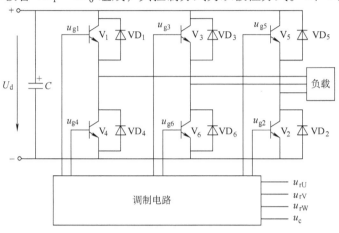

图 6-31　三相桥式 PWM 变频电路

控制共用一个三角波信号 u_c，三相调制信号 u_{rU}、u_{rV}、u_{rW} 分别为三相正弦波信号，三相调制信号的幅值和频率均相等，相位依次相差 120°。U、V、W 三相的 PWM 控制规律相同。现以 U 相为例，当 $u_{rU} > u_c$ 时，使 V_1 导通，V_4 关断；当 $u_{rU} < u_c$ 时，使 V_1 关断，V_4 导通。V_1、V_4 的驱动信号始终互补。三相正弦波 PWM 波形如图 6-32 所示。由图可以看出，任何时刻始终都有两相调制信号电压大于载波信号电压，即总有两个晶体管处于导通状态，所以负载上的电压是连续的正弦波。其余两相的控制规律与 U 相相同。

可以看出，在双极性控制方式中，同一相上下两桥臂的驱动信号都是互补的。但实际上，为了防止上下两桥臂直通而造成短路，在给一个桥臂加关断信号后，再延迟一小段时间，才给另一个桥臂加导通信号。延迟时间主要由功率开关的关断时间决定。

三相桥式 PWM 变频器也是靠同时改变

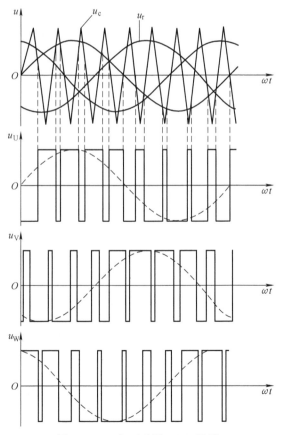

图 6-32　三相正弦波 PWM 波形

三相参考信号 u_{rU}、u_{rV}、u_{rW} 的调制周期来改变输出电压频率的，靠改变三相参考信号的幅度即可改变输出电压的大小。PWM 变频器用于异步电动机变频调速时，为了维持电动机气隙磁通恒定，输出频率和电压大小必须进行协调控制，即改变三相参考信号调制周期的同时必须相应地改变其幅值。

6.5.4 SPWM 控制电路

按照前面讲述的 PWM 逆变电路的基本原理和控制方法，可以用模拟电路构成三角波载波和正弦调制波发生电路，用比较器来确定它们的交点，在交点时刻对功率开关器件的通断进行控制，SPWM 波形生成原理图如图 6-33 所示。但这种模拟电路结构复杂，难以实现精确控制。

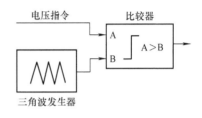

图 6-33 SPWM 波形生成原理图

采用正弦波发生器、三角波发生器和比较器等数字控制电路同样可以实现上述的 SPWM 控制，其控制方法有自然采样法和规则采样法两种。

1. 自然采样法

按照 SPWM 控制的基本原理，在正弦波和三角波的自然交点时刻控制功率开关器件的通断，这种生成 SPWM 波形的方法称为自然采样法。正弦波在不同相位角时其值不同，因而与三角波相交所得到的脉冲宽度也不同。另外，当正弦波频率变化或幅值变化时，各脉冲的宽度也相应变化。要准确生成 SPWM 波形，就应准确地算出正弦波和三角波的交点。

用自然采样法生成 SPWM 波形的方法如图 6-34 所示。交点 A 是发出脉冲的时刻 t_A，交点 B 是结束脉冲的时刻 t_B，t_2 为脉宽，$t_1 + t_3$ 为脉宽间歇时间，$T_c = t_1 + t_2 + t_3$ 为载波周期，$M = \dfrac{U_{rm}}{U_{tm}}$ 为调制度，U_{rm} 为调制波幅值，U_{tm} 为载波幅值。

设 $U_{tm} = 1$，则 $U_{rm} = M$，正弦调制波为 $U_r = M\sin\omega_1 t$，ω_1 为调制频率，也是逆变器输出频率。由几何相似三角形关系可得脉宽计算式

$$t_2 = \frac{T_c}{2}\Big[1 + \frac{M}{2}(\sin\omega_1 t_A + \sin\omega_1 t_B)\Big]$$

这是一个超越方程，t_A、t_B 与载波比 N 和调制度 M 都有关系，求解困难，并且 $t_1 \neq t_3$，计算更增加困难，这种采样法不适宜微型计算机实时控制。

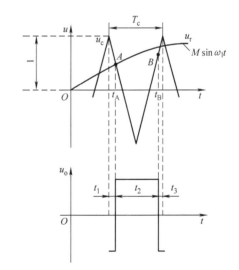

图 6-34 用自然采样法生成 SPWM 波形的方法

自然采样法的主要问题是 SPWM 波形每个脉冲的起始和终了时刻 t_A 和 t_B 对三角波的中心线不对称，使求解困难。如果设法使 SPWM 波形的每一个脉冲都与三角载波的中心线对称，于是上式就可以简化，而且两侧的间隙时间相等，即 $t_1 = t_3$，从而使计算工作量大为

减轻。

2. 规则采样法

规则采样法有两种，规则采样 I 法如图 6-35 所示。其特点是：它固定在三角载波每一周期的正峰值时找到正弦调制波上的对应点，即图中 D 点，求得电压值 U_{rd}。用此电压值对三角波进行采样，得 A、B 两点，就认为它们是 SPWM 波形中脉冲的生成时刻，A、B 之间就是脉宽时间 t_2。规则采样 I 法的计算显然比自然采样法简单，但从图中可以看出，所得的脉冲宽度将明显偏小，从而造成不小的控制误差。这是由于采样电压水平线与三角载波的交点都处于正弦调制波的同一侧造成的。

规则采样 II 法如图 6-36 所示。图中仍在三角载波的固定时刻找到正弦调制波上的采样电压值，但所取的不是三角载波的正峰值，而是其负峰值，得图中 E 点，采样电压为 U_{re}。在三角载波上由 U_{rt} 水平线截得 A、B 两点，从而确定了脉宽时间 t_2。这时，由于 A、B 两点坐落在正弦调制波的两侧，因此减少了脉宽生成误差，所得的 SPWM 波形也就更准确了。

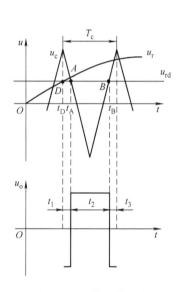

图 6-35　规则采样 I 法

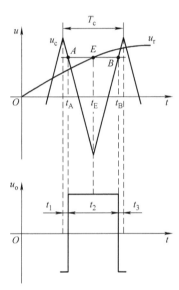

图 6-36　规则采样 II 法

规则采样法的实质是用阶梯波来代替正弦波，使算法简化。在规则法中，三角波每个周期的采样时刻都是确定的，不作图就可算出相应时刻的正弦波值。以规则采样 II 法为例，采样时刻的正弦波值依次为 $M\sin\omega_1 t_e$、$M\sin\omega_1(t_e + T_c)$、$M\sin\omega_1(t_e + 2T_c)$、…，由几何相似三角形关系可得脉宽计算公式为

$$t_2 = \frac{T_c}{2}(1 + M\sin\omega_1 t_e)$$

间隙时间为

$$t_1 = t_3 = \frac{1}{2}(T_c - t_2)$$

实用的逆变器多是三相的，因此还应形成三相的 SPWM 波形。

三相的 SPWM 波形如图 6-37 所示。三相正弦调制波互差 120°，三角波是公用的。这时

A 相和 B 相脉冲波形相同，每相的脉宽时间 t_{a2}、t_{b2}、t_{c2} 均可用 $t_2 = \dfrac{T_c}{2}$ $(1 + M\sin\omega_1 t_e)$ 计算。三相脉宽时间总和为 $t_{a2} + t_{b2} + t_{c2} - \dfrac{3}{2}T_c$ 三相间隙时间总和为 $3T_c - \dfrac{3}{2}T_c - \dfrac{3}{2}t_2$ 脉冲两侧间隙时间相等，$t_{a1} + t_{b1} + t_{c1} = t_{a3} + t_{b3} + t_{c3}$ $-\dfrac{3}{4}T_c$。

6.6 "1 + X" 实践操作训练 安装、调试单相并联逆变器

1. 实践目的

1）理解单相并联逆变器的工作原理，熟悉 GTR 组成的单相并联逆变器电路的工作过程及元器件的作用。

2）能够独立完成 GTR 组成的单相并联逆变器电路的安装与调试。

3）观察并记录主电路及控制电路的波形。

2. 实践要求

1）根据给定的设备和仪器仪表，在规定时间内完成接线、调试、测量工作。

① 按照电路原理图进行接线。

② 安装后，通电调试，并根据要求画出波形。

2）时间：90min。

3. 实践设备

具有单相并联逆变装置的操作台	1 台
万用表	1 块
双踪慢扫描示波器	1 台
频率计	1 台
直流电流表	1 块
灯箱	1 个
450V 以上电容等元件、连接导线	若干

4. 实践内容及步骤

1）图 6-38 为 GTR 组成的单相并联逆变器电路的原理图，按图采用接插线的方式进行线路的连接，在接线过程中按要求照图配线。

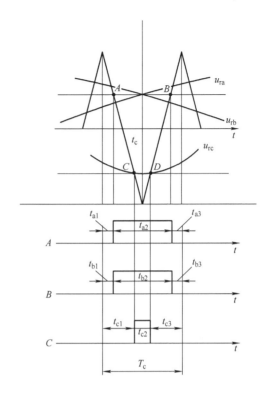

图 6-37 三相的 SPWM 波形

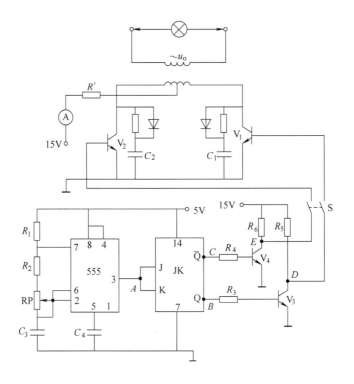

图 6-38　GTR 组成的单相并联逆变器电路的原理图

2）检查接线正确无误后进行电路的调试。

控制电路的调试：

① 接入 7.5kΩ 电阻负载，把开关 S 处于断开位置，并接通态 5V 和 -5V 电源。

② 调整 RP，用示波器测量 555 多谐振荡器的输出端 A 点的频率波形，观察是否连续可调。

③ 用示波器测量 B、C、D、E 4 点的波形与频率，正常状态下，D、E 两点的波形和频率与 B、C 两点相同，但幅值要高。

主电路的调试：

① 控制电路正常后，接通主电路 15V 电源，开关 S 处于接通状态。

② 调整 RP，用在示波器测量输出电压 u_o 的波形。逆变器电路在正常状态下，其输出端交流电压的频率是连续可调的。

3）在活页中完成实训报告。

6.7　思考题

1. 概念解释。

有源逆变、无源逆变、器件换流、负载换流、强迫环流、交—直—交变频、交—交变频、PWM。

2. 无源逆变电路的换相方式有几种？各有什么特点？

3. 简述串联谐振式逆变电路和并联谐振式逆变电路的特点。

4. 电压型逆变电路和电流型逆变电路各有什么特点？

5. 简述交—交变频器的特点。

6. PWM 逆变电路的控制方式有哪些？

7. 判断以下说法的正确与否，并说明原因：

1）逆变器的任务是把交流电变换成直流电。

2）电压型逆变器的直流端应串联大电容。

3）在并联谐振式晶闸管逆变器中，负载两端电压是正弦波电压，负载电流也是正弦波。

4）单相半桥逆变器的直流端皆有两个并联的大电容。

5）PWM 电路是靠改变脉冲频率来控制输出电压的，通过改变脉冲宽度来控制其输出频率。

第7章 直 流 斩 波

教学目标:

通过本章的学习可以达到:

1) 了解直流斩波的基本原理和分类,掌握它的 3 种控制方式。

2) 理解降压式直流斩波电路、升降压式直流斩波电路和可逆直流斩波电路的工作原理。

3) 能够对典型直流斩波电路的工作过程进行简单的分析。

4) 了解直流斩波电路的应用。

直流斩波电路(DC Chopper)将直流电变为另一固定电压或可调电压的直流电,也称为直接直流—直流变换器(DC/DC Converter)。直流斩波电路一般是指直接将直流电变为另一直流电的情况,不包括直流—交流—直流的情况。

直流斩波电路的种类较多,包括 6 种基本斩波电路:降压斩波电路、升压斩波电路、升压—降压斩波电路、Cuk 斩波电路、Sepic 斩波电路和 Zeta 斩波电路。其中前两种是最基本的电路。一方面,这两种电路应用最为广泛,另一方面,理解了这两种电路可以为理解其他的电路打下基础,因此本章将对其作重点介绍,再在此基础上介绍升降压斩波电路和 Cuk 斩波电路。利用不同的基本斩波电路进行组合,可构成复合斩波电路,如电流可逆斩波电路、桥式可逆斩波电路等。利用相同结构的基本斩波电路进行组合,可构成多相多重斩波电路。本章将对以上二者进行介绍。

7.1 降压式直流斩波电路

7.1.1 降压式直流斩波电路的工作原理

如图 7-1a 所示,点画线框内全控型开关管 VT 和续流二极管 VD 构成了一个最基本的开关型直流—直流降压变换电路(Buck Chopping)。这种降压变换电路连同其输出滤波电路 *LC* 被称为 Buck 型 DC/DC 变换器。对开关管 VT 进行周期性的通、断控制,能将直流电源的输入电压 U_S 变换为电压 U_0 输出给负载。图 7-1a 为一种输出电压平均值 U_0 可小于或等于输入电压 U_S 的单开关管非隔离型直流—直流(DC/DC)降压变换器。

1. 降压原理

为了获得各类开关型变换器的基本工作特性而又能简化分析,假定电力电子变换器是由理想器件组成的,开关管 VT 和二极管 VD 从导通变为阻断或从阻断变为导通的过渡过程时间均为零。开关器件的通态电阻为零,电压降为零;断态电阻为无限大,漏电流为零。电路中的电感和电容均为无损耗的理想储能元件,线路阻抗为零。电源输出到变换器的功率

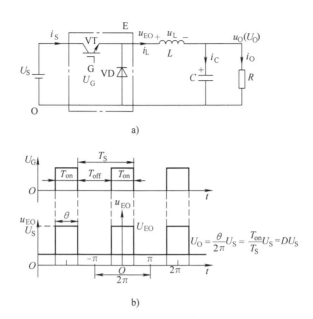

图 7-1　Buck 变换器的结构及降压原理

a）电路　b）驱动信号与输出电压的波形

$U_S I_S$ 等于变换器的输出功率，即 $U_S I_S = U_O I_O$。

基于以上假设，在一个开关周期 T_S 期间内对开关管 VT 施加图 7-1b 所示的驱动信号 U_G，在 T_{on} 期间 $U_G > 0$，开关管 VT 处于通态；在 T_{off} 期间，$U_G = 0$，开关管处于断态。对于开关管 VT 进行高频周期性的通、断控制，开关周期为 T_S，开关频率 $f_S = \dfrac{1}{T_S}$。开关管导通时间 T_{on} 与周期 T_S 的比值称为开关管导通占空比 D（简称为导通比或占空比），$D = \dfrac{T_{on}}{T_S}$，开关管 VT 的导通时间 $T_{on} = DT_S$。开关管 VT 的阻断时间 $T_{off} = T_S - T_{on} = (1 - D)T_S$。开关管 VT 导通 T_{on} 期间，直流电源电压 U_S 经开关管 VT 直接输出，电压 $u_{EO} = U_S$，这时二极管 VD 承受反向电压而截止，$i_D = 0$，电源电流 i_S 经开关管 VT 流入电感及负载，电感电流 $i_L = i_S$ 上升。在开关管 VT 阻断的 T_{off} 期间，负载与电源脱离，由于电感电流 i_L 不可能立即为零，电流 i_L 经负载和二极管 VD 续流，二极管 VD 也因此被称为续流二极管。如果 VT 阻断的整个 T_{off} 期间电感电流 i_L 经二极管 VD 环流时并未衰减到零，则 T_{off} 期间，二极管 VD 一直导通，变换器输出电压 $u_{EO} = 0$。图 7-1b 为输出电压 u_{EO} 的波形。

2. 控制方式

改变开关管 VT 在一个开关周期 T_S 中的导通时间 T_{on}，即改变导通占空比 D，即可改变电压比 M。可以通过两种方式改变导通占空比 D 调节或控制输出电压 U_O。

1）PWM 方式：保持 T_S 不变（开关频率不变），改变 T_{on}，即改变输出脉冲电压的宽度 θ 调控输出电压 U_O。

2）脉冲频率调制方式（Pulse Frequency Modulation，PFM）：保持 T_{on} 不变，改变开关频率 f_S 或周期 T_S 调控输出电压 U_O。

实际应用中广泛采用 PWM 方式。因为采用定频 PWM 开关时，输出电压中谐波的频率固定，斩波器设计容易，开关过程中所产生的电磁干扰容易控制。此外，由控制系统获得可变脉宽信号比获得可变频率信号容易实现。

直流—直流变换输出的直流电压有两类不同的应用领域：一是要求输出电压可在一定范围内调节控制，即要求直流—直流变换输出可变的直流电压，例如负载为直流电动机，要求可变的直流电压供电以改变其转速。另一类负载则要求直流—直流变换输出的电压无论在电源电压变化或负载变化时都能维持恒定不变，即输出一个恒定的直流电压。这两种不同的要求均可通过输出电压的反馈控制原理实现。

3. 输出电压滤波

直流输出电压 u_{EO} 中除直流分量 $U_O = DU_S$ 外还含有各次谐波电压，在 Buck 开关电路的输出端和负载之间加接一个 LC 滤波电路，如图 7-1a 所示，可以减少负载上的谐波电压。由于开关频率通常都选取得比较高，滤波电感 L 对交流高频电压电流呈高阻抗，对直流通畅无阻，E、O 两端的交流电压分量在滤波电感 L 中所产生的交流电流不大，且交流电压分量绝大部分降落在电感 L 上，直流电压分量 U_O 则直接通过 L 加至负载。另一方面，滤波电容 C 对直流电流阻抗为无穷大，对交流阻抗很小，故流经 L 的直流电流全部送至负载，而流经 L 数值不大的交流电流几乎全部流入滤波电容 C。根据 Buck 电路输出端电压 u_{EO} 中交流电压各次谐波的幅值、频率的大小以及负载端所允许的直流电压纹波峰值用滤波器设计公式，计算出所需的滤波电路 L、C，保证负载端电压、电流为平稳的直流电压和电流。

7.1.2 降压式直流斩波电路的工作过程分析

图 7-1a 所示 Buck 变换器有两种可能的运行工况：电感电流连续模式（Continuous Current Mode，CCM）和电感电流断流模式（Discontinuous Current Mode，DCM）。

1. 电感电流连续时的工作特性

电感电流连续是指图 7-1a 中电感电流 i_L 在整个开关周期 T_S 中都不为零；电感电流断流是指在开关管 VT 阻断的 T_{off} 期间后期一段时间内经二极管续流的电感电流已降为零。处于这两种工况的临界点称为电感电流临界连续状态，这时在开关管阻断期结束时，电感电流刚好降为零。图 7-2 为电感电流连续时的电压、电流波形。下面将依次分析该情况下的电路工作特性。

电感电流连续时图 7-1a 所示电路只有两种开关状态：

1）T_{on} 期间，VT 导通，VD 截止，T_{on} 期间的电路工作模式如图 7-3 所示。

令 $t = 0$ 时，开关管 VT 导通，电源电压

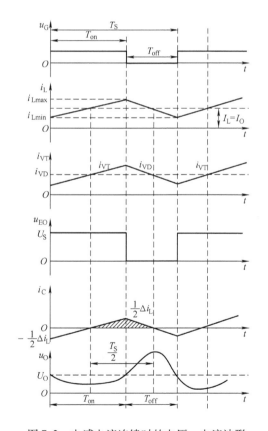

图 7-2 电感电流连续时的电压、电流波形

U_S 通过 VT 加到二极管 VD 和输出滤波电感 L、输出滤波电容 C 上，VD 承受反向电压截止。

通常开关频率都很高，开关周期都很短，滤波器 L、C 值都选得足够大，以致在 T_{on} 和 T_{off} 期间，在电容 C 上的电压脉动不大，电容电压可以近似认为保持其直流平均值 U_O 不变，因此 T_{on} 期间加在 L 上的电压为 $U_S - U_O$，这个电压差使得滤波电感电流 i_L 线性增长。在导通终点，i_L 达到最大值 i_{Lmax}，如图 7-2 所示。

2）T_{off} 期间，VT 阻断，i_L 通过二极管 VD 继续流通，T_{off} 期间的电路工作模式如图 7-4 所示。这时，加在 L 上的电压为 $-U_O$，i_L 线性减小。

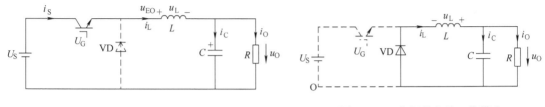

图 7-3 T_{on} 期间的电路工作模式   图 7-4 T_{off} 期间的电路工作模式

在关断的终点 $t = T_S$ 时，i_L 减小到最小值 i_{Lmin}。在 $t \geq T_S$ 时，开关管 VT 导通，开始下一个开关周期。

图 7-2 示出了电压和电流波形：在 VT 导通的 T_{on} 期间，i_L 上升到 i_{Lmax}，$u_{EO} = U_S$。在随后的 T_{off} 期间，VT 阻断，VD 导通，i_L 经 VD 续流下降到 i_{Lmin}。在整个 T_{off} 期间，VD 一直导通续流，$i_L \neq 0$，使 $u_{EO} = 0$。在下一个开关周期开始，VT 导通，i_L 又从 i_{Lmin} 上升到 i_{Lmax}。在整个开关周期 T_S 中，i_L 均不为零，被称为电流连续工况。这时 Buck 电路在一个开关周期 T_S 期间输出电压 u_{EO} 是宽度为 T_{on}、数值为 U_S 的矩形波电压。

在开关管 VT 导通期间，VD 截止，流过开关管 VT 的电流是电源输入的电流 i_S，也就是电感电流 i_L；在 VT 截止期间，二极管 VD 导通，流过二极管 VD 的电流是 i_L，这时开关管 VT 的电流和电源的输入电流均为 0。为了减小电源输入电流的脉动，可在 Buck 变换器的输入侧加接输入 LC 滤波电路。稳态工作时，电容电压平均值或负载电压平均值保持不变。

电感电流连续时，由图 7-2 中输出电压 u_{EO} 的波形也可得到输出直流电压的平均值 U_O 为

$$U_O = \frac{T_{on}}{T_S} U_S = D U_S = M U_S$$

这时，电压比为 $M = \dfrac{U_O}{U_S} = \dfrac{T_{on}}{T_S} = \dfrac{\theta}{2\pi} = D$。

因此，Buck 变换器在电感电流连续情况下的电压比 M 只与占空比 D 有关，与负载电流大小无关。

稳态时，一个开关周期内滤波电容 C 的平均充电电流与放电电流相等，故变换器输出的负载电流平均值 I_O 就是 i_L 的平均值 I_L，即

$$I_O = I_L = \frac{i_{Lmin} + i_{Lmax}}{2}$$

开关管 VT 和二极管 VD 的最大电流 i_{Tmax} 和 i_{Dmax} 与电感电流最大值 i_{Lmax} 相等；开关管 VT 和二极管 VD 的最小电流 i_{Tmin} 和 i_{Dmin} 与电感电流最小值 i_{Lmin} 相等。开关管和二极管截止所承受的电压都是输入电压 U_S。设计 Buck 变换器时，可按以上各电流公式及开关器件所承受的电压值选用开关管、二极管。从图 7-2 中可知，$i_C = i_L - i_O$，当 $i_L > I_O$ 时，i_C 为正值，C

充电，输出电压 u_0 升高；当 $i_L < I_0$ 时，i_C 为负值，C 放电，u_0 下降，因此电容 C 一直处于周期性充放电状态。若滤波电容 C 足够大，则 u_0 可视为恒定的直流电压 U_0。当 C 不是很大时，u_0 则有一定的脉动，增加开关频率 f_S、加大 L 和 C（减小截止频率）都可以减小输出电压脉动。

2. 电感电流断流时的工作特性

图 7-5 为电感电流断流时的电压、电流波形，此时图 7-1a 中的 Buck 变换器有 3 种工作状态：

1）VT 导通、VD 截止的 T_{on} 期间，电路工作模式如图 7-3 所示。在此期间变换器的输出电压 $u_{EO} = U_S$。

2）VT 截止、续流二极管 VD 导通的 T'_{off} 期间，电路工作模式如图 7-4 所示。T'_{off} 为续流二极管 VD 导通时间，电感电流在 T'_{off} 期间下降到零。在此期间变换器的输出电压 $u_{EO} = 0$。

3）VT 和 VD 都截止时，电路工作模式开关状态 3，VT 阻断、VD 截止时的等效电路如图 7-6 所示。在一个周期 T_S 的剩余时间内，VT、VD 都截止，在此期间 i_L 断流，$i_L = 0$，变换器的输出电压 $u_{EO} = U_0$。

在 VT 导通的 $T_{ON} = DT_S$ 期间，$u_{EO} = U_S$，在 VD 导通的 $T'_{off} = D_1 T_S$ 期间，$u_{EO} = 0$，在 $T_0 = T_S(1 - D - D_1)$ 断流期间，$u_{EO} = U_0$。故整个周期 T_S 的输出电压平均值为

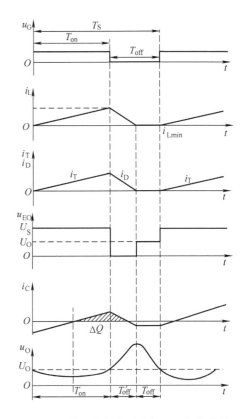

图 7-5　电感电流断流时的电压、电流波形

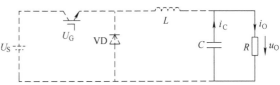

图 7-6　开关状态 3，VT 阻断、VD 截止时的等效电路

$$U_0 = \frac{1}{T_S}[DT_S U_S + (1 - D - D_1)T_S U_0]$$
$$= DU_S + (1 - D - D_1)U_0$$

故有
$$U_0 = \frac{D}{D + D_1}U_S$$

由此得到电流断流时的电压比为
$$M = \frac{U_0}{U_S} = \frac{D}{D + D_1}$$

$$D_1 = D(1 - M)/M$$

由于 $D + D_1 = \frac{T_{on}}{T_S} + \frac{T'_{off}}{T_S} = \frac{T_{on} + T'_{off}}{T_S}$，故得知 $M > D$，即电流断流时的电压比 M 大于导通占空比 D。物理上这是由于在电感断流后，续流二极管 VD 不导通，使 u_{EO} 不再等于零而变为 U_0，因而提高了输出直流电压平均值 U_0。

一个周期中电容 C 的电流平均值为零，电感电流平均值 I_L 就是负载电流的平均值 I_O，$I_L = I_O$。图 7-7 为电感电流连续、断续和临界 3 种工况时的波形。

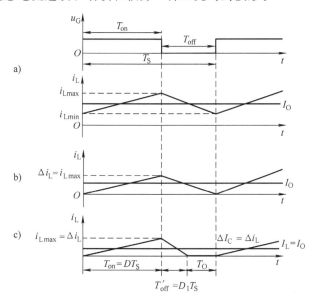

图 7-7　电感电流连续、断续和临界 3 种工况时的波形

a）电感电流 i_L 连续　b）电感电流为临界值　c）电感电流断流

电流断流时负载电压 U_O 表达的电压比为

$$M = \frac{U_O}{U_S} = \frac{2}{1 + \sqrt{1 + \dfrac{4}{D^2} \dfrac{I_O}{U_O/2Lf_S}}}$$

将 $U_O = MU_S$ 代入上式，得到用电源电压 U_S 表达的电压比为

$$M = \frac{D^2}{D^2 + \dfrac{I_O}{U_S/2Lf_S}}$$

上式表明，Buck 变换器在电流断续工况下其电压比 M 不仅与占空比 D 有关，还与负载电流 I_O 的大小、电感 L、开关频率 f_S 以及电压 U_O 等有关。

从电感电流 i_L 的波形可以看到，当负载电流 I_O 减小时，i_{Lmax} 和 i_{Lmin} 都减小；当负载电流 I_O 减小到使 i_{Lmin} 达到零时，如图 7-7b 所示，电感电流将在一个周期中 VT 导通的 T_{on} 期间从 0 升到 i_{Lmax}，然后在 VT 阻断的 T_{off} 期间从 i_{Lmax} 下降到零。这时的负载电流称为临界负载电流 I_{OB}。若负载电流进一步减小，i_{Lmax} 减小，则在 VT 阻断、VD 导通时间历时 $T'_{off} < [(T_S - T_{on})]$，$i_L$ 已衰减到零，这种就是电感电流断流的工况。

当实际负载电流 $I_O > I_{OB}$ 时，电感电流连续时的波形如图 7-7a 所示，这时电压比等于占空比，$M = \dfrac{U_O}{U_S} = D$。当实际负载电流 $I_O = I_{OB}$ 时，电感电流处于连续和断流临界点，如图 7-7b 所示。这时电压比等于占空比 $M = \dfrac{U_O}{U_S} = D$。当实际负载电流 $I_O < I_{OB}$ 时，电感电流断流，如图 7-7c 所示。这是电压比不再等于占空比 D，$M > D$。

7.2　升降压式直流斩波电路

7.2.1　升压式直流斩波电路的工作原理

升压式直流斩波电路（Boost Chopping）如图 7-8 所示，该电路有两种工作状态。

在开关管 VT 导通时，电流经电感 L、VT 流通，i_L 上升，电感储能。负载 R 由电容 C 提供电流，二极管的作用是阻断电容经开关管 VT 放电的回路，开关管 VT 导通时直流升压斩波电路工作模式如图 7-9 所示。

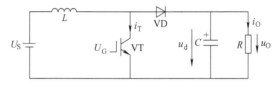

图 7-8　升压式直流斩波电路

开关管 VT 在关断时，二极管 VD 导通，电容 C 在电源 E 和电感反电动势的共同作用下充电，电感释放储能，电流 i_L 同时提供电容的充电电流和负载电流，开关管 VT 关断时直流升压斩波电路工作模式如图 7-10 所示。如果电容足够大，电容两端电压 u_c 波动不大（$u_c \approx u_O$），负载 R 的电流是连续的。

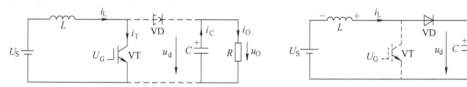

图 7-9　开关管 VT 导通时直流升压斩　　　　图 7-10　开关管 VT 关断时直流升压
　　　　波电路工作模式　　　　　　　　　　　　　斩波电路工作模式

假设电路中的电感与电容值都很大，此时输出电压为

$$U_d = \frac{E}{1-D}$$

当占空比 D 越接近于 1，U_O 越高，因为在 VT 关断区间，电容 C 在电源 E 和电感反电动势的共同作用下充电，$u_c = u_O = E + \left| L\dfrac{\mathrm{d}i_L}{\mathrm{d}t} \right|$，因此负载侧电压 U_O 可以大于 E，电路起升压作用，并且 U_d 的大小与电感值和 VT 导通时间，以及电容和负载值都有关。如果是轻载状态，i_O 很小，电容充电电流大于放电电流，负载侧电压则一直升到很高，这称为"泵升电压"。过高的电压将损坏电路元器件，因此升压电路不允许空载运行，并要注意采取过电压保护措施。

7.2.2　升降压式直流斩波电路的工作原理

1. 直流降压—升压斩波电路的特点

直流降压—升压斩波电路（Buck – Boost Chopper）的特点是：输出电压可以低于电源电压，也可能高于电源电压。它是将降压斩波电路和升压斩波电路结合的一种直流变换电路。直流降压—升压斩波电路如图 7-11 所示，该电路有两种工作状态。

开关 VT 导通时直流降压—升压斩波工作状态如图 7-12 所示，开关 VT 导通时，电流

$i_T = i_L$ 由电源 E 到 L，电流上升，电感 L 储能。如果电感电流是连续的，则电流从导通时的 I_{O1} 上升，如图 7-13b 所示；如果电流是断续的，电感电流则从 0 上升，如图 7-14b 所示。此时，二极管 VD 承受反向电压而关断，负载 R 由电容 C 提供电流。

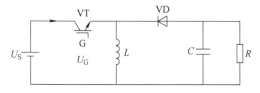

图 7-11　直流降压—升压斩波电路

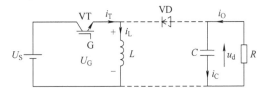

图 7-12　开关 VT 导通时直流降压—升压斩波工作状态

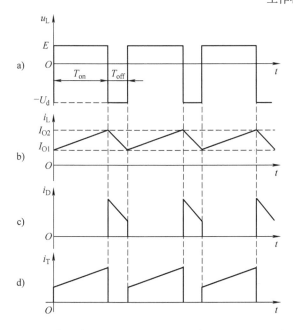

图 7-13　直流降压—升压斩波电路电感电流连续时的波形

开关 VT 关断时直流降压—升压斩波工作状态如图 7-15 所示，开关 VT 关断时，电感电流 i_L 从 VT 关断时的 I_{O2} 下降，并经 C、R 的并联电路和二极管 VD 流通，电感 L 释放储能，电容 C 储能。而电感电流 i_L 能否连续，则取决于电感的储能，如果在状态 1 时，电感储能不足，I_{O2} 不够大，不能延续到下次 VT 导通，电感电流就断续，如图 7-14b 所示。如果电感 L 和电容 C 的储能足够大，或者尽管电感储能不足，但是电容储能足够大，则负载电流 i_d 是连续的，否则负载电流要断续。

在电路稳定时，如果电容储能足够大，

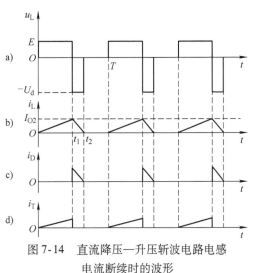

图 7-14　直流降压—升压斩波电路电感电流断续时的波形

237

负载电压不变 $u_d = U_d$，在 VT 导通时，$u_L = E$，i_L 的终止电流 I_{O2} 为

$$I_{O2} = I_{O1} + \frac{E}{L}DT$$

式中，占空比 $D = \dfrac{T_{on}}{T}$。

在 VT 关断时，$u_L = U_d$，i_L 的终止电流 I_{O1} 为

$$I_{O1} = I_{O2} - \frac{U_d}{L}(1-D)T$$

可得

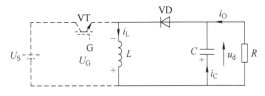

图 7-15　开关 VT 关断时直流降压—升压
斩波工作状态

$$U_d = \frac{D}{1-D}E$$

从上式可知，当 $0 \leqslant D \leqslant 0.5$ 时，$U_d < E$，在 $0.5 \leqslant D < 1$ 时，$U_d > E$，因此调节占空比 D，电路既可以降压也可以升压。

2. Cuk 斩波电路

上节直流降压 – 升压斩波电路中，负载与电容并联，实际电容值总是有限的，电容不断充放电过程中电压波动，引起负载电流波动，因此直流降压 – 升压斩波电路 Cuk 斩波电路如图 7-16 所示。Cuk 斩波电路的特点是输入和输出端都串联了电感，减小了输入和输出电流的脉动，可以改善电路产生的电磁干扰问题。

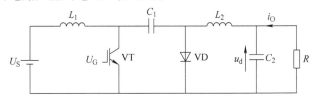

图 7-16　Cuk 斩波电路

Cuk 斩波电路也只有一个开关器件 VT，因此电路有两种工作模式。

开关 VT 导通时 Cuk 斩波电路工作模式如图 7-17 所示，开关 VT 导通时（$T_{on} = DT$），电源 E 经 L_1 和开关 VT 短路，i_{L1} 线性增加，L_1 储能。与此同时，电容 C_1 经开关 VT 对 C_2 和负载 R 放电，并使电感 L_2 电流增加，L_2 储能。在这个阶段中，因为 C_1 释放能量，二极管反偏而处于截止状态。

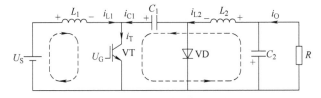

图 7-17　开关 VT 导通时 Cuk 斩波电路工作模式

开关 VT 关断时 Cuk 斩波电路工作模式如图 7-18 所示，开关 VT 关断时 $T_{off} = (1-D)T$，根据电感 L_2 电流的情况，又有电流 i_{L2} 连续和断续两种状态。

在 VT 关断时，电感 L_1 的电流 i_{L1} 要经二极管 VD 续流，L_1 储能减小，并且 L_1 产生的电感电动势与电源 E 顺向串联，共同对电容 C_1 充电，C_1 电压增加，并且 u_{C1} 可以大于 E。与

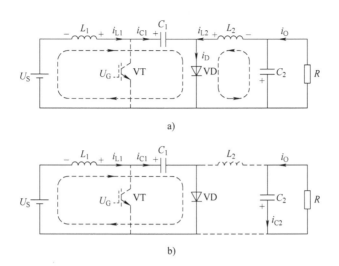

图 7-18　开关 VT 关断时 Cuk 斩波电路工作模式

此同时，L_2 要经二极管 VD 释放储能，维持负载 C_2 和 R 的电流。如果 L_2 储能较大，L_2 的续流将维持到下一次 VT 的导通，如图 7-18a 所示。如果 L_2 储能较小，续流在下一次 VT 导通前就结束，电流 i_{L2} 断续，负载 R 由电容 C_2 放电维持电流，如图 7-18b 所示。

在 Cuk 斩波电路中，一般 C_1、C_2 值都较大，u_{C1}、u_{C2} 波动较小，L_1、L_2 的电流脉动也较小，忽略这些脉动，在二极管 VD 导通时，电容 C_1 的平均电压 $U_{C1} = \dfrac{T_{on}}{T}E = DE$，在 VD 截止时，$U_{C1} = \dfrac{T_{off}}{T}U_d = (1-D)U_d$，因此有

$$DE = (1-D)U_d$$

$$U_d = \frac{D}{1-D}E$$

上式与直流降压 - 升压斩波电路的输出表达式完全相同，即 Cuk 斩波电路与直流降压 - 升压斩波电路的降压和升压功能一样，但是 Cuk 斩波电路的电源和负载电流都是连续的，纹波很小。Cuk 斩波电路只是对开关管和二极管的耐压和电流要求较高。

7.3　可逆直流斩波电路

前述由一个开关管组成的直流斩波电路可以调节直流输出电压，但是输出电压和电流的方向不变，如果负载是直流电动机，电动机只能作单方向电动运行，如果电动机需要快速制动或可逆运行，需要采用桥式斩波电路。

7.3.1　半桥式电流可逆斩波电路

半桥式电流可逆斩波电路如图 7-19 所示。两个开关器件 VT_1 和 VT_2 串联组成半桥式电路的上下桥臂，两个二极管 VD_1 和 VD_2 与开关管反并联形成续流回路，R、L 包含了电动机的电枢电阻和电感。下面就电动机的电动和制动两种状态进行分析。

1. 电动状态

半桥式电流可逆斩波电路的电动状态如图 7-20 所示，在电动机电动工作时，给 VT_1 以

PWM 驱动信号，VT$_1$ 处于开关交替状态，VT$_2$ 处于关断状态。在 VT$_1$ 导通时有电流自电源 E →VT$_1$ →R →L →电动机，电感 L 储能，在 VT$_1$ 关断时，电感储能经电动机和 VD$_2$ 续流。在电动状态，VT$_2$ 和 VD$_1$ 始终不导通，因此不考虑这两个器件，图 7-20 所示电路与降压斩波电路相同，工作原理和波形也与降压斩波电路电动机负载时相同，$U_d = DE$，调节占空比可以调节电动机转速。

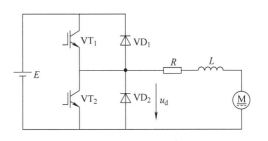

图 7-19　半桥式电流可逆斩波电路

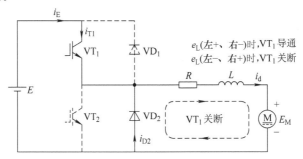

图 7-20　半桥式电流可逆斩波电路的电动状态

2. 制动状态

半桥式电流可逆斩波电路的制动状态如图 7-21 所示，当电动机工作在电动状态时，电动机电动势 $E_M < E$，当电动机由电动转向制动时，就必须使负载侧电压 $U_d > E$，但是在制动时，随转速下降，E_M 只会减小，因此需要使用升压斩波电路提升电路负载侧电压，使负载侧电压 $U_d > E$。半桥式斩波电路中若给 VT$_2$ 以 PWM 驱信号，在 VT$_2$ 关断时，电动机反电动势 E_M 和电感电动势 e_L（左 + 、右 −）串联相加，产生的电流经 VD$_1$ 将电能输入电源 E。

在制动时，VT$_1$、VD$_1$ 始终在截止状态，因此不考虑这两个器件，图 7-21 与图 7-8 的升压斩波器有相同结构，不同的是现在工作于发电状态的电动机是电源，而原来的电源 E 成了负载，电流自 E 的正极端注入，工作原理也与升压斩波电路相同，且 $U_d = \dfrac{E_M}{1 - D}$。调节 VT$_2$ 驱动脉冲的占空比 D 可以调节 U_d，控制制动电流。

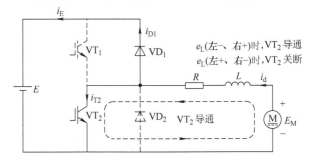

图 7-21　半桥式电流可逆斩波电路的制动状态

半桥式 DC/DC 电路所用元器件少，控制方便，但是电动机只能以单方向作电动和制动运行，改变转向要通过改变电动机励磁方向。如果要实现电动机的 4 象限运行，则需要采用全桥式 DC/DC 可逆斩波电路。

7.3.2　全桥式可逆斩波电路

半桥式斩波电路电动机只能单向运行和制动，若将两个半桥式斩波电路组合，一个提供负载正向电流,一个提供负载反向电流,电动机就可以实现正反向可逆运行,两个半桥式斩波电路就组成了全桥式斩波电路,全桥式斩波也称 H 形斩波电路,全桥式斩波电路如图7-22所示。在电路中,若 VT_1、VT_3 导通,则有电流自 A 点经电动机流向 B 点,电动机正转;在 VT_2、VT_4 导通时,则有电流自 B 点经电动机流向 A 点,电动机反转。全桥式斩波电路有 3 种驱动控制方式,下面分别介绍。

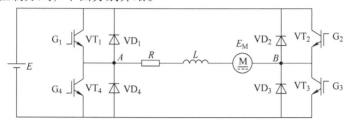

图 7-22　全桥式斩波电路

1. 双极式斩波控制

双极式可逆斩波控制的方式是:VT_1、VT_3 和 VT_2、VT_4 成对作 PWM 控制,并且 VT_1、VT_3 和 VT_2、VT_4 的驱动脉冲工作在互补状态,即在 VT_1、VT_3 导通时 VT_2、VT_4 关断;在 VT_2、VT_4 导通时 VT_1、VT_3 关断,VT_1、VT_3 和 VT_2、VT_4 交替导通和关断。双极式斩波控制有正转和反转两种工作状态、4 种工作模式,对应的电压电流波形如图7-23 所示。

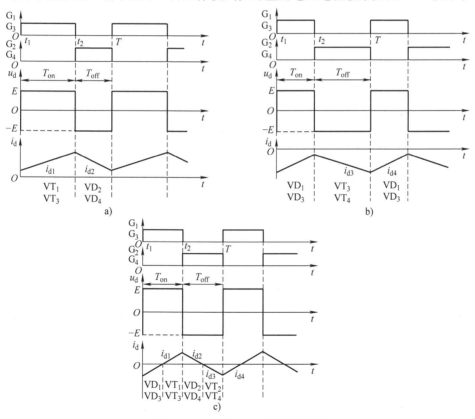

图 7-23　电动机正反转控制波形

a) 正向电流　b) 反向电流　c) 零电流

工作模式 1：如图 7-23a 所示，t_1 时 VT$_1$、VT$_3$ 同时驱动导通，VT$_2$、VT$_4$ 关断，电流 i_{d1} 的通路 $E+ \to$ VT$_1 \to R \to L \to E_M \to$ VT$_3 \to E-$，L 的电流上升，双极式斩波电路工作模式 1 如图 7-24 所示。

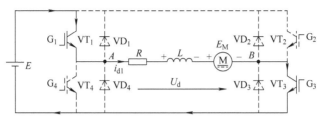

图 7-24　双极式斩波电路工作模式 1

工作模式 2：如图 7-23a 所示，在 t_2 时 VT$_1$、VT$_3$ 关断 VT$_2$、VT$_4$ 驱动，因为电感电流不能立即为 0，这时电流 i_{d2} 的通路是 $E- \to$ VD$_4 \to R \to L \to E_M \to$ VD$_2 \to E+$，L 的电流下降。因为电感经 VD$_2$、VD$_4$ 续流，短接了 VT$_2$ 和 VT$_4$，VT$_2$ 和 VT$_4$ 虽然已经被触发，但是并不能导通。双极式斩波电路工作模式 2 如图 7-25 所示。

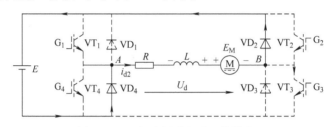

图 7-25　双极式斩波电路工作模式 2

在工作模式 1 和 2 时，电流的方向是从 $A \to B$，电动机正转，设 VT$_1$、VT$_3$ 导通时间为 T_{on}，关断时间为 T_{off} 在 VT$_1$ 导通时 A 点电压为 $+E$，VT$_3$ 导通时 B 点电压为 $-E$，因此 AB 间电压为

$$U_d = \frac{T_{on}}{T}E - \frac{T_{off}}{T}E = \frac{T_{on}}{T} - \frac{T-T_{on}}{T}E = \left(\frac{2T_{on}}{T}-1\right)E = DE$$

式中，占空比 $D = \dfrac{2T_{on}}{T} - 1$。

在 $T_{on} = T$ 时 $D = 1$，在 $T_{on} = 0$ 时 $D = -1$，占空比的调节范围为 $-1 \le D \le 1$。在 $0 < D \le 1$ 时，$U_d > 0$，电动机正转，电压电流波形如图 7-23a 所示。

工作模式 3：如图 7-26 所示，如果 $-1 \le D < 0$，$U_d < 0$，即 AB 间电压反向，在 VT$_2$、VT$_4$ 被驱动导通后，电流 i_{d3} 的流向是 $E+ \to$ VT$_2 \to E_M \to L \to R \to$ VT$_4 \to E-$，L 的电流反向

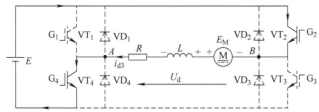

图 7-26　双极式斩波电路工作模式 3

上升，双极式斩波电路工作模式 3 如图 7-26 所示，电动机反转。

工作模式 4：双极式斩波电路工作模式 4 如图 7-27 所示，在电动机反转状态，如果 VT_2、VT_4 关断，L 电流要经 VD_1、VD_3 续流，i_{d4} 的流向是 $E-\rightarrow VD_3 \rightarrow E_M \rightarrow L \rightarrow R \rightarrow VD_2 \rightarrow E+$，$L$ 的电流反向下降。

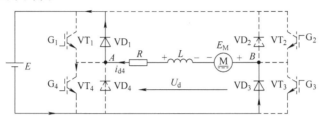

图 7-27　双极式斩波电路工作模式 4

工作模式 3 和 4 是电动机反转情况。如果 D 从 $1 \rightarrow -1$ 逐步变化，则电动机电流 i_d 从正逐步变到负，在这个变化过程中电流始终是连续的，这是双极式斩波电路的特点。即使在 $D=0$ 时，$U_d=0$，电动机也不是完全静止不动，而是在正反电流作用下微振，电路以 4 种模式交替工作，如图 7-23c 所示。这种电动机的微振可以加快电动机的正反转响应速度。

双极式可逆斩波控制电路的 4 个开关器件都工作在 PWM 方式，在开关频率高时，开关损耗较大，并且上、下桥臂两个开关的通断如果有时差，则容易产生瞬间同时都导通的"直通"现象，一旦发生直通现象，电源 E 将被短接，这是很危险的。为了避免直通现象，上、下桥臂两个开关导通之间要有一定的时间间隔，即留有一定的"死区"。

2. 单极式斩波控制

单极式可逆斩波控制是在图 7-22 中让 VT_1、VT_3 工作在互反的 PWM 状态，起调压作用，以 VT_2、VT_4 控制电动机的转向。在正转时，VT_3 门极给正信号，始终导通，VT_2 门极给负信号，始终关断；反转时情况相反，VT_2 恒导通，VT_3 恒关断，这就减小了 VT_2、VT_3 的开关损耗和直通可能。单极式斩波控制在正转 VT_1 导通时的状态与图 7-24 所示的工作模式 1 相同，在反转 VT_4 导通时的工作状态和工作模式 3 相同。不同的是在 VT_1 或 VT_4 关断时，电感 L 的续流回路与工作模式 2 和工作模式 4 相同。

在正转 VT_1 关断时，因为 VT_3 恒导通，电感 L 与 $E_M \rightarrow VT_3 \rightarrow VD_4$ 形成回路，单极式可逆斩波控制正转时工作模式 1 如图 7-28 所示，电感的能量消耗在电阻上，$u_d=u_{AB}=0$。在 VD_4 续流时，尽管 VT_4 有驱动信号，但是被导通的 VD_4 短接，VT_4 不会导通。

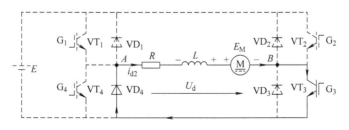

图 7-28　单极式可逆斩波控制正转时工作模式 1

但是电感续流结束后（负载较小的情况），VD_4 截止，VT_4 就要导通，电动机反电动势

E_M 将通过 VT$_4$ 和 VD$_3$ 形成回路，单极式可逆斩波控制正转时工作模式 2 如图 7-29 所示，电流反向，电动机处于能耗制动阶段，但仍有 $u_d = u_{AB} = 0$。

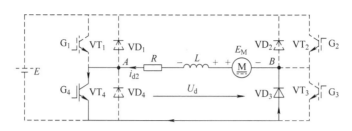

图 7-29　单极式可逆斩波控制正转时工作模式 2

在一周期结束（即 $t = T$）时，VT$_4$ 关断，电感 L 将经 VD$_1$ →E →VD$_3$ 放电，单极式可逆斩波控制正转时工作模式 3 如图 7-30 所示，电动机处于回馈制动状态，$u_d = u_{AB} = E$。

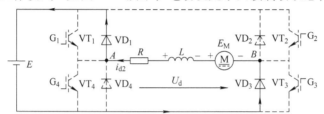

图 7-30　单极式可逆斩波控制正转时工作模式 3

不管何种情况，一周期中负载电压 u_d 只有正半周，如图 7-28 所示，故称为单极式斩波控制。图 7-31 同时给出了负载较大和较小两种情况时的电流波形。

电动机反转时的情况与正转相似，图 7-27 所示的工作模式 4 也有类似的变化，读者可自行分析。

因为单极式控制正转时 VT$_3$ 恒导通，反转时 VT$_2$ 恒导通，所以单极式可逆斩波控制的输出平均电压为

$$U_d = \frac{T_{on}}{T}E = \alpha E$$

式中，占空比 $\alpha = \dfrac{T_{on}}{T}$，且 T_{on} 在正转时是 VT$_1$ 的导通时间，在反转时是 VT$_4$ 的导通时间；在正转时 U_d 为正，反转时 U_d 为负。

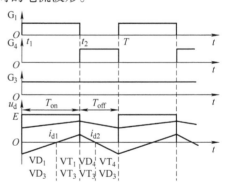

图 7-31　单极式斩波控制的波形（正转）

3. 受限单极式斩波控制

在单极式斩波控制中，正转时 VT$_4$ 真正导通的时间很少，反转时 VT$_1$ 的真正导通的时间很少，因此可以在正转时使 VT$_2$、VT$_4$ 恒关断，在反转时使 VT$_1$、VT$_3$ 恒关断，对电路工作情况影响不大，这就是所谓的受限单极式斩波控制。受限单极式控制正转时 VT$_1$ 受 PWM 控制，VT$_2$ 恒导通。

受限单极式斩波控制在正转和反转电流连续时的工作状态与单极式斩波控制相同，不同的是正转电流较小（轻载）时，没有了反电动势 E_M 经过 VT$_4$ 的通路，因此 i_d 将断续，在

断续区间 $u_d = E_M$，因此平均电压 U_d 较电流连续时要抬高，受限单极式斩波控制的波形（正转）如图 7-32 所示，即电动机轻载时转速提高，机械特性变软。受限单极式斩波控制无论在正转或反转时，都只有一个开关管处于 PWM 方式（VT_1 或 VT_4），进一步减小了开关损耗和桥臂直通可能，运行更安全，因此受限单极式斩波控制使用较多。

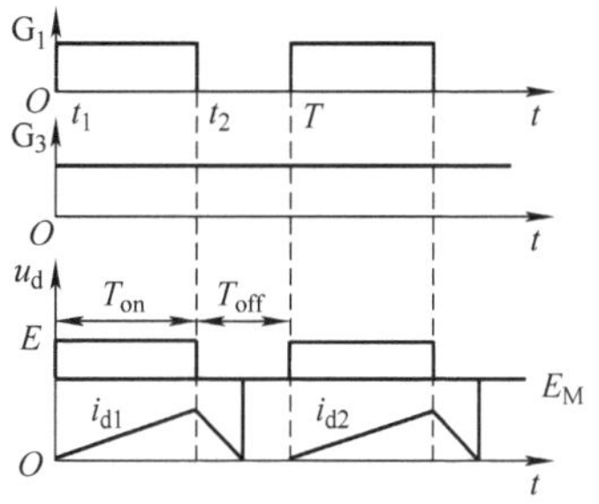

图 7-32　受限单极式斩波
控制的波形（正转）

7.4　"1 + X"实践操作训练

7.4.1　训练1　安装、调试双象限直流斩波电路

1. 实践目的

1）熟悉 A 型双象限直流斩波电路的接线，观察不同占空比时输出电压的波形。

2）初步了解集成触发电路，并能够掌握触发电路的调试，使电路能够正常工作。

2. 实践要求

1）根据给定的设备和仪器仪表，在规定时间内完成接线、调试、测量工作。

① 按照电路原理图进行接线。

② 安装后，通电调试，并根据要求画出波形。

2）时间：90min。

3. 实践设备

万用表	1 块
双踪慢扫描示波器	1 台
脉宽控制实验板	1 块
整流单元实验板	1 块
控制电压调节器	1 套
直流电动机	1 台
连接导线	若干

4. 实践内容及步骤

1）按图 7-33 所示，根据 A 型双象限直流斩波电路，在电力电子技术实验装置上完成其接线。

2）测定交流电源的相序，在控制电路正常后，适当调节电位器 RP_4 使控制脉冲振荡频率为 500Hz。调整控制电位器 RP_1，使控制电压 $U_{C_1} = 0V$，调节偏移电位器 RP_2 改变 U_{C_2}，使输入控制脉冲的宽度为零。

3）然后调整控制电压 U_{C_1}，用示波器观察 U_{C_1} 为不同值时控制脉冲的宽度 t_{on}，计算占空比 α 和最大占空比 D_{max}，在活页提供的实训报告中记录数据，并画出特性曲线 $D = f(U_{C_1})$。

4）调整 U_{C_1} 使控制脉冲宽度最大，改变死区时间电位器 RP_3 的阻值，观察并记录 PWM 信号波形中死区时间与电位器 RP_3 阻值的关系。调整电位器 RP_3 的阻值使死区时间为振荡周期的 20%。

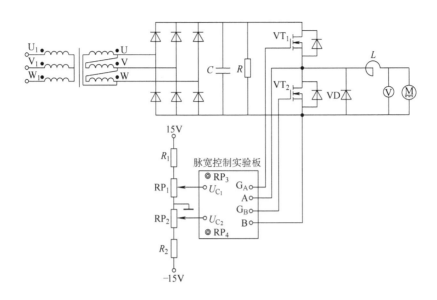

图 7-33 A 型双象限直流斩波电路

5）调节 $U_{C_1} = 0V$。关闭电源，用万用表测量电容两端的电压（如电压大于 5V，用电阻或灯对其放电），当电压小于 5V 后，开始主电路接线，G_A/A 接 VT_1，G_B/B 接 VT_2。接通主电路电源，监测直流输入电压的平均值。将控制方式开关 S_2 置 0 使控制电路为 G_A/A 端输出。调节 U_{C_1}，用示波器观察 α 从 $80\% \sim 20\%$ 变化时输出电压 u_d 的波形，要求输出电压的平均值能从 $0 \sim 55V$ 之间平滑调节。

6）调节 U_{C_1} 使电动机电枢电压 U_d 为 40V，在活页中记录 u_d 与 i_d 及电感 L 两端电压 u_L 的波形。改变 U_{C_1}，观测 $\alpha = 25\%$、40%、50%、60%、75% 时的输出电压 U_d，并在活页中画出控制特性曲线 $U_d = f(D)$。

7）调节 U_{C_1} 使电动机电枢电压 U_d 为 50V，测量此时控制脉冲的占空比 D。用双踪示波器配合多通道隔离器同时监视 u_d 与 i_d 的波形，将 S_2 置 1，观察 u_d 与 i_d 的波形变化。电动机转速为零后将 S_2 置于 0 位置使电动机转速重新达到 800r/min，关闭主电路电源，观察无制动停车时 u_d 与 i_d 的波形变化情况，与有制动停车时比较，并进行分析。

7.4.2 训练 2 安装、调试四象限直流斩波电路

1. 实践目的

1）熟悉桥式可逆四象限直流斩波电路的接线，观察不同占空比时输出电压的波形。

2）初步了解集成触发电路，并能够掌握触发电路的调试，使电路能够正常工作。

2. 实践要求

1）根据给定的设备和仪器仪表，在规定时间内完成接线、调试、测量工作。

① 按照电路原理图进行接线。

② 安装后，通电调试，并根据要求画出波形。

2）时间：90min。

3. 实践设备

万用表	1 块
双踪慢扫描示波器	1 台
脉宽控制实验板	1 块
整流单元实验板	1 块
控制电压调节器	1 套
直流电动机	1 台
连接导线	若干

4. 实践内容及步骤

1）按图 7-34 所示，根据桥式四象限直流斩波电路在电力电子技术实验装置上完成其接线。

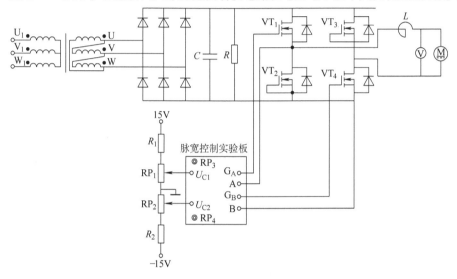

图 7-34　桥式四象限直流斩波电路

2）测定交流电源的相序，在控制电路正常后，适当调节电位器 RP_4 使控制脉冲振荡频率为 500Hz。调整控制电位器 RP_1，使控制电压 $U_{C1} = 0V$，调节偏移电位器 RP_2 改变 U_{C2}，使输入控制脉冲的宽度为零。

3）然后调整控制电压 U_{C1}，用示波器观察 U_{C1} 为不同值时控制脉冲的宽度 t_{on}，计算占空比 D 和最大占空比 D_{max}，在活页提供的实训报告中记录数据，画出特性曲线 $D = f(U_{C1})$。

4）调整 U_{C1} 使控制脉冲宽度最大，改变死区时间位器 RP_3 阻值，观察并记录 PWM 信号波形中死区时间与电位器 RP_3 阻值的关系。调整电位器 RP_3 的阻值使死区时间为振荡周期的 20%。

5）调节 $U_{C1} = 0V$。关闭电源，用万用表测量电容两端的电压（如电压大于 5V，用电阻或灯对其放电），当电压小于 5V 后，开始主电路接线，G_A/A 接 VT_1，G_C/C 接 VT_4，VT_2、VT_3 的 G、E 端分别短接。接通主电路电源，监测直流输入电压的平均值。将控制方式开关 S_2 置 0 使控制电路为 G_A/A 端输出，将 S_1 置 1。调节 U_{C1}，用示波器观察 D 从 80% ~ 20% 变化时输出电压 u_d 的波形，要求输出电压的平均值能从 0 ~ 170V 之间平滑调节。

6）调节 U_{C1} 使电动机电枢电压 U_d 为 100V，在活页中记录 u_d 与 i_d 及电感 L 两端电压 u_L 的波形。

7）调节 $U_{C1}=0\text{V}$。关闭电源，用万用表测量电容两端的电压（如电压大于 5V，用电阻或灯对其放电），当电压小于 5V 后，关闭控制回路电源，重新接线，G_A/A 接 VT_2，G_C/C 接 VT_3，VT_1、VT_4 的 G、E 端分别短接。接通主电路电源，监测直流输入电压的平均值。将控制方式开关 S_2 置 0 使控制电路为 G_A/A 端输出，将 S_1 置 1。调节 U_{C1}，用示波器观察 D 从 80% ~ 20% 变化时输出电压 u_d 的波形，要求输出电压的平均值能从 0 ~ -170V 之间平滑调节。改变 U_{C1}，观测并在活页中记录 $D=25\%$、40%、50%、60%、75% 时的输出电压 U_d，画出控制特性曲线 $U_d=f(D)$。

8）调节 U_{C1} 使电动机电枢电压 U_d 为 -120V，测量此时控制脉冲的占空比 D。用双踪示波器配合多通道隔离器同时监视 u_d 与 i_d 的波形，将 S_1 置 1，观察 u_d 与 i_d 的波形变化。电动机转速为零后将 S_1 置于 0 位置使电动机转动，电枢电压重新达到 -120V，关闭主电路电源，观察无制动停车时 u_d 与 i_d 的波形变化情况，与有制动停车时比较，并进行分析。

7.5 思考题

1. 简述直流斩波电路的分类。
2. 降压式直流斩波电路的控制方式有哪几种？
3. 什么是桥式可逆直流斩波电路？简述双极式斩波控制的工作原理。
4. 某降压斩波电路中，输入电压为 U_d，电阻为 R，开关器件在 $t=0$ 时导通，$t=t_1$ 时断开，经过 t_2 时间后再次导通，以后重复上述过程，试求：1）输出电压的平均值 U_o；2）斩波器的输入功率 P_i；3）若 $R=10\Omega$，$U_d=220\text{V}$，$k=0.5$，输出电压的平均值 U_o 是多少？

参 考 文 献

［1］张静之. 变流技术及应用［M］. 北京：中国劳动社会保障出版社，2006.

［2］刘建华. 变频调速技术［M］. 北京：中国劳动社会保障出版社，2006.

［3］严世刚，张承惠. 电力电子技术问答［M］. 北京：机械工业出版社，2007.

［4］刘建华. 交、直流调速应用［M］. 上海：上海科学技术出版社，2007.

［5］张孝三. 维修电工（高级）［M］. 上海：上海科学技术出版社，2007.

［6］刘建华. 电力电子及变频器应用［M］. 北京：中国劳动社会保障出版社，2009.

［7］张静之，刘建华. 高级维修电工实训教程［M］. 北京：机械工业出版社，2011.

［8］刘建华，冯丽平. 电力电子技术［M］. 上海：上海交通大学出版社，2013.

［9］王兆安，刘进军. 电力电子技术［M］.5 版. 北京：机械工业出版社，2009.

［10］王楠，沈倪勇，莫正康. 电力电子应用技术［M］.4 版. 北京：机械工业出版社，2014.

［11］任万强，袁燕. 电力电子技术［M］. 北京：中国电力出版社，2014.

［12］周渊深，宋永英，吴迪. 电力电子技术［M］.3 版. 北京：机械工业出版社，2016.

［13］张静之，刘建华. 电力电子技术［M］.2 版. 北京：机械工业出版社，2016.

［14］林渭勋. 现代电力电子技术［M］. 北京：机械工业出版社，2018.

［15］贺益康，潘再平. 电力电子技术［M］.3 版. 北京：科学出版社，2019.

附录　活页式实训报告

附录 A　第 2 章实训报告

2.7.1 节实训报告

一、名称

安装、调试单结晶体管触发电路实训报告。

二、目的及操作时间

1. 目的：

1)　_____

2)　_____

3)　_____

2. 时间：90min。

三、记录

1. 对下列元器件进行检测，请写出不合格元器件的原因。

电阻_____、二极管_____、稳压管_____、晶体管_____。

2. 判断单结晶体管的引脚，在附图 2-1 中的横线处写出引脚名称。

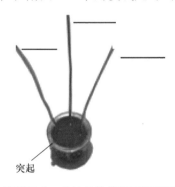

附图 2-1　单结晶体管的引脚判别

3. 用示波器实测教材图 2-84b 中单结晶体管触发电路中 A、B、C、D 4 个点的波形，在附图 2-2 中画出各点波形图，要求至少画出一个周期的完整波形。

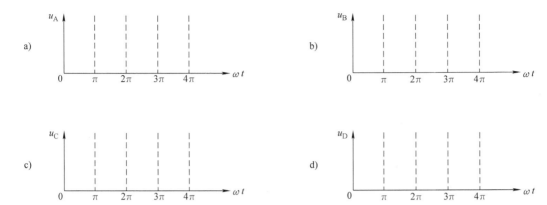

附图 2-2　单结晶体管触发电路波形记录
a）桥式整流后脉动电压　b）梯形波同步电压
c）锯齿波电压　d）输出脉冲

2.7.2 节和 2.7.3 节实训报告

一、名称

_____

二、目的及操作时间

1. 目的：

1）_____

2）_____

3）_____

2. 时间：90min。

三、记录

1. 测量并在附图 2-3a、b、c 中画出电阻性负载 $\alpha =$ _____（由任课老师填写）时的输出脉冲 U_D、输出电压 u_d 波形，晶闸管两端电压 u_{VT} _____（由任课老师填写）波形。

2. 测量并在附图 2-3d、e、f 中画出电感性负载 $\alpha =$ _____（由任课老师填写）时的输出脉冲 U_D、输出电压 u_d 波形，晶闸管两端电压 u_{VT} _____（由任课老师填写）波形。

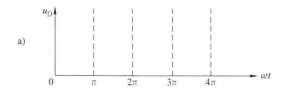

a)

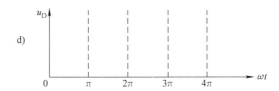

d)

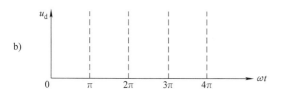

b)

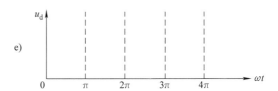

e)

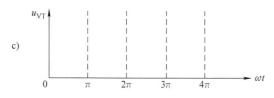

c)

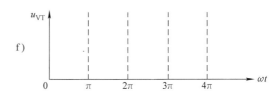

f)

附图 2-3 波形测量记录

a）电阻性负载输出脉冲波形 b）电阻性负载输出电压波形 c）电阻性负载晶闸管两端电压波形

d）电感性负载输出脉冲波形 e）电感性负载输出电压波形 f）电感性负载晶闸管两端电压波形

2.7.1～2.7.3 节实训评价

名称					操作时间			90min
评价要素	配分	等级	评 分 细 则		评定等级			得分
				A	B	C	D	
1 按电路图接线	15	A	接线正确，安装规范					
		B	接线安装错1次					
		C	接线安装错2次					
		D	接线安装错3次					
		E	不会接线安装或缺席					
2 示波器使用	15	A	能正确使用示波器且操作熟练，波形稳定					
		B	能使用示波器但操作不够熟练，波形不稳定					
		C	示波器操作出错但能自行纠正					
		D	示波器操作多次出错					
		E	不会使用示波器；若学生对示波器不能自行调整，由任课老师恢复其功能；缺席					
3 通电调试	15	A	通电调试步骤、方法与结果完全正确					
		B	调试方法正确，但初相角大小有偏差					
		C	调试步骤与方法基本正确，调试结果有较大误差					
		D	不能确定初相角					
		E	不会通电调试或缺席					
4 测试并记录波形	15	A	波形测绘完全正确					
		B	某一波形图上电源相序不标或标错几个；某一波形局部画错或漏画；某一波形相位不齐或画错					
		C	一个波形完全错误或各波形图局部均有错					
		D	两个波形及以上完全错误					
		E	未经实测即绘制波形；无波形记录；缺席					
5 安全生产无事故发生	40	A	安全文明生产，操作规范，穿电工鞋					
		B	安全文明生产，操作规范，未穿电工鞋					
		C	安全文明生产，操作基本规范，未穿电工鞋					
		D	未经允许擅自通电，但未造成设备损坏；在操作过程中烧断熔断器					
		E	不能文明生产，不符合操作规程；未经允许擅自通电，造成设备损坏；带电接、拆线；缺席					
合计配分	100		合计得分					

注：阴影处为否决项评分细则。　　　　　　　　　　　　　　　任课老师（签名）：

等级	A（优）	B（良）	C（及格）	D（较差）	E（差或缺考）
比值	1.0	0.8	0.6	0.2	0

注："评价要素"得分 = 配分 × 等级比值。

附录 B　第 3 章实训报告

3.10.1 节和 3.10.2 节实训报告

一、名称

_____

二、目的及操作时间

1. 目的：

1）_____

2）_____

3）_____

2. 时间：90min。

三、记录

1. 按照步骤完成电阻性负载电路的安装与调试，初始脉冲调整为150°，确保电路正常工作。

2. 用示波器测量并记录 $\alpha =$ _____时的输出电压 u_d 波形，晶闸管触发电路中功率放大晶体管集电极 u_P _____ 波形，晶闸管两端电压 u_{VT} _____ 波形及同步电压 u_s _____波形，并记录在附图 3-1 中。（注：题目中的空格由任课老师填写）

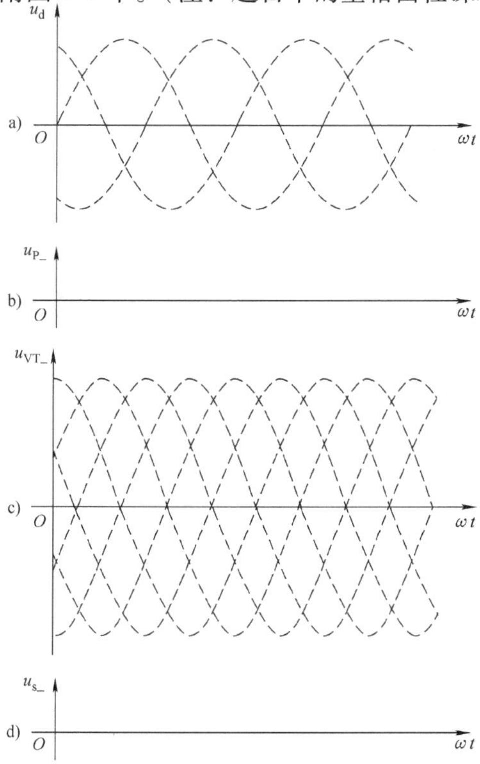

附图 3-1　波形测量记录

a）输出电压 u_d 的波形　b）晶闸管触发电路中功率放大晶体管集电极 u_P _____波形

c）在波形图上标齐电源相序，画出晶闸管两端电压 u_{VT} _____波形　d）同步电压 u_s _____波形

3. 将负载改接成电感性负载，初始脉冲调整为90°，确保电路正常工作。

4. 用示波器测量并记录 α _____时的输出电压 u_d 波形，晶闸管触发电路中功率放大晶体管集电极 u_P _____波形，晶闸管两端电压 u_{VT} _____波形及同步电压 u_s _____波形，并记录在附图 3-2 中。（注：题目中的空格由任课老师填写）

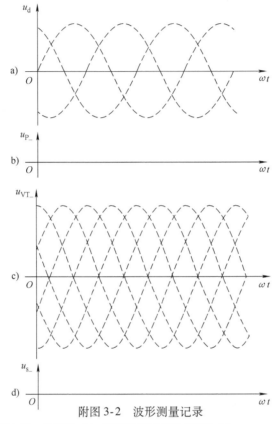

附图 3-2　波形测量记录

a）输出电压 u_d 的波形　b）晶闸管触发电路功放管集电极 u_P_____波形

c）在波形图上标齐电源相序，画出晶闸管两端电压 u_{VT}_____波形　d）同步电压 u_s _____波形

四、拓展

在完成了测试及波形绘图之后，任课老师可根据实际情况，安排 1 ~ 2 个短路性故障的排故操作。

1. 记录故障现象

故障 1：_____

故障 2：_____

2. 分析故障原因

故障 1：_____

故障 2：_____

3. 找出故障点

故障 1：_____

故障 2：_____

3.10.3 节和 3.10.4 节实训报告

一、名称

_____

二、目的及操作时间

1. 目的：

1）_____

2）_____

3）_____

2. 时间：90min。

三、记录

1. 按照步骤完成电阻性负载电路的安装与调试，初始脉冲调整为_____，确保电路正常工作。

2. 用示波器测量并记录 $\alpha =$ _____时的输出电压 u_d 波形，晶闸管触发电路功放管集电极 u_P _____波形，晶闸管两端电压 u_{VT} _____波形及同步电压 u_s _____波形，并记录在附图 3-3 中。（注：题目中的空格由任课老师填写）

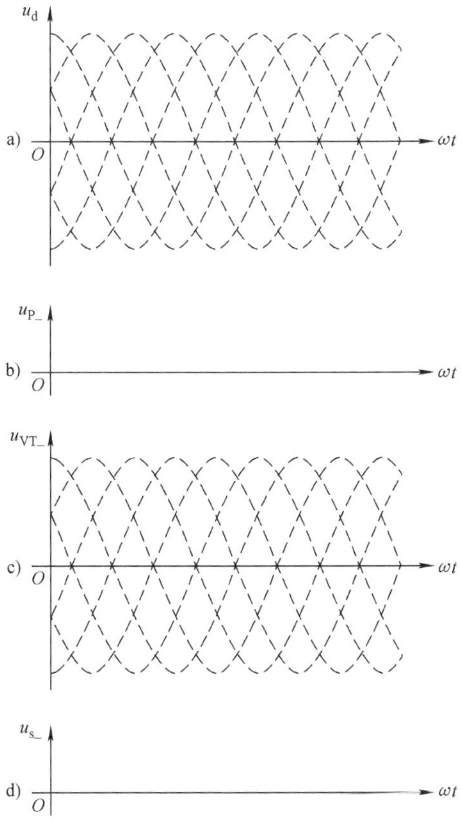

附图 3-3　波形测量记录

a）输出电压 u_d 的波形　b）晶闸管触发电路功放管集电极 u_P _____波形

c）在波形图上标齐电源相序，画出晶闸管两端电压 u_{VT} _____波形　d）同步电压 u_s _____波形

259

3. 将负载改接成电感性负载，初始脉冲调整为_____，确保电路正常工作。

4. 用示波器测量并记录 α = _____时的输出电压 u_d 波形，晶闸管触发电路功放管集电极 u_P _____波形，晶闸管两端电压 u_{VT} _____波形及同步电压 u_s _____波形，并记录在附图3-4中。（注：题目中的空格由任课老师填写）

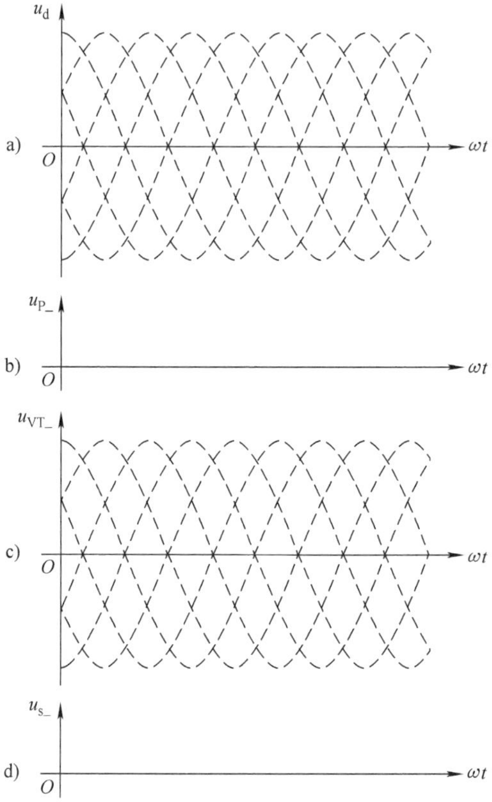

附图 3-4　波形测量记录

a）输出电压 u_d 的波形　b）晶闸管触发电路功放管集电极 u_P_____波形

c）在波形图上标齐电源相序，画出晶闸管两端电压 u_{VT}_____波形　d）同步电压 u_s_____波形

四、拓展

在完成了测试及波形绘图之后，任课老师可根据实际情况，安排 1 ~ 2 个短路性故障的排故操作。

1. 记录故障现象

故障 1：_____

故障 2：_____

2. 分析故障原因

故障 1：_____

故障 2：_____

3. 找出故障点

故障 1：_____

故障 2：_____

3.10.5 节实训报告

一、名称

_____

二、目的及操作时间

1. 目的：

1) _____

2) _____

3) _____

2. 时间：90min。

三、记录

1. 按照步骤完成电感性负载电路的安装与调试，初始脉冲调整为 90°，确保电路正常工作。

2. 用示波器测量并记录 $\alpha =$ _____时的晶闸管触发电路功放管集电极 u_P_____波形，晶闸管两端电压 u_VT_____波形，主电路电源电压 u _____波形及同步电压 u_s _____波形，并记录在附图 3-5 中。（注：题目中的空格由任课老师填写）

a)

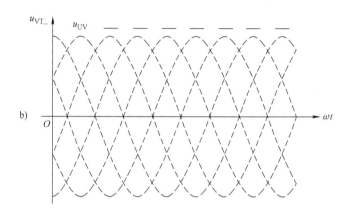

b)

c)

d)

附图 3-5 波形测量记录

a）晶闸管触发电路功放管集电极 u_P＿＿＿＿＿波形 b）在波形图上标齐电源相序，画出晶闸管两端电压 u_{VT}＿＿＿＿＿波形

c）主电路电源电压 u ＿＿＿＿＿波形 d）同步电压 u_s ＿＿＿＿＿波形

3.10.1～3.10.5节实训评价

	名称				操作时间			90min
评价要素		配分	等级	评 分 细 则	评定等级			得分
					A	B	C	D
1	按电路图接线	15	A	接线正确，安装规范				
			B	接线安装错1次				
			C	接线安装错2次				
			D	接线安装错3次				
			E	不会接线安装或缺席				
2	示波器使用	15	A	能正确使用示波器且操作熟练，波形稳定				
			B	能使用示波器但操作不够熟练，波形不稳定				
			C	示波器操作出错但能自行纠正				
			D	示波器操作多次出错				
			E	不会使用示波器；若学生对示波器不能自行调整，由任课老师恢复其功能；缺席				
3	通电调试	15	A	通电调试步骤、方法与结果完全正确				
			B	调试方法正确，但初相角大小有偏差				
			C	调试步骤与方法基本正确，调试结果有较大误差				
			D	不能确定初相角				
			E	不会通电调试或缺席				
4	测试并记录波形	15	A	波形测绘完全正确				
			B	某一波形图上电源相序不标或标错几个；某一波形局部画错或漏画；某一波形相位不齐或画错				
			C	一个波形完全错误或各波形图局部均有错				
			D	两个波形及以上完全错误				
			E	未经实测即绘制波形；无波形记录；缺席				
5	排除故障	附加20	A	故障检查方法、原因分析及位置判断都正确				
			B	故障位置判断正确，检查方法或原因分析较欠缺				
			C	故障位置判断正确，检查方法正确，原因分析较欠缺				
			D	故障位置判断正确，分析完全错误或检查方法错误				
			E	故障位置判断错误；人为扩大故障；不会判断；缺席				
6	安全生产无事故发生	40	A	安全文明生产，操作规范，穿电工鞋				
			B	安全文明生产，操作规范，未穿电工鞋				
			C	安全文明生产，操作基本规范，未穿电工鞋				
			D	未经允许擅自通电，但未造成设备损坏；在操作过程中烧断熔断器				
			E	不能文明生产，不符合操作规程；未经允许擅自通电，造成设备损坏；带电接、拆线；缺席				
合计配分		100+20		合计得分				

注：阴影处为否决项评分细则。 任课老师（签名）：

等级	A（优）	B（良）	C（及格）	D（较差）	E（差或缺考）
比值	1.0	0.8	0.6	0.2	0

注："评价要素"得分＝配分×等级比值。

附录 C 第 4 章实训报告

4.4.1 节实训报告

一、名称

_____

二、目的及操作时间

1. 目的:

1) _____

2) _____

3) _____

2. 时间:90min。

三、记录

1. 按照步骤分别完成整流电路和逆变电路的安装与调试,调节电位器旋钮,用示波器观察 β 从 30°~90°变化时输出电压 u_d 的逆变波形。

2. 确保电路正常工作后,在附图 4-1 中画出 β = _____时的输出直流电压 u_d 波形,晶闸管两端电压 u_{VT}_____波形。(注:题目中的空格由任课老师填写)

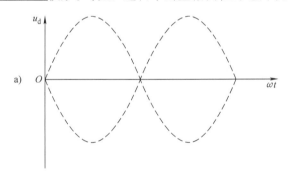

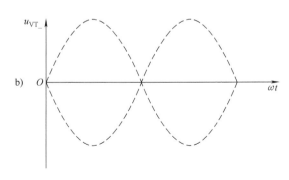

附图 4-1　波形测量记录

a)输出直流电压 u_d 波形　b)在波形图上标齐电源相序,画出晶闸管两端电压 u_{VT}_____波形

四、回答问题

1. 什么叫作有源逆变？实现有源逆变的两个条件是什么？

2. 什么叫作逆变失败？造成逆变颠覆的原因主要有哪些？最小逆变角 $\beta_{\min}$ 主要考虑的因素有哪些？

4.4.2 节实训报告

一、名称

_____

二、目的及操作时间

1. 目的：

1) _____

2) _____

3) _____

2. 时间：90min。

三、记录

1. 按照步骤分别完成整流电路和逆变电路的安装与调试，调节电位器旋钮，用示波器观察 β 从 $30°\sim90°$ 变化时输出电压 u_d 的逆变波形。

2. 确保电路正常工作后，在附图 4-2 中画出 $\beta =$ _____时的输出直流电压 u_d 的波形，晶闸管两端电压 u_{VT} _____波形。（注：题目中的空格由任课老师填写）

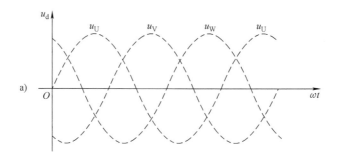

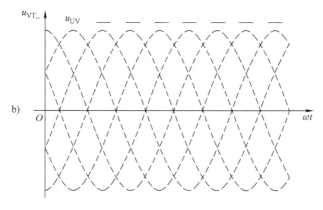

附图4-2 波形测量记录

a) 输出电压 u_d 的波形　b) 在波形图上标齐电源相序，画出晶闸管两端电压 u_{VT}＿＿＿＿＿波形

四、回答问题

简述三相半波有源逆变电路的工作原理。

4.4.3 节实训报告

一、名称

_____

二、目的及操作时间

1. 目的：

1）_____

2）_____

3）_____

2. 时间：90min。

三、记录

1. 按照步骤分别完成整流电路和逆变电路的安装与调试，调节电位器旋钮，用示波器观察 β 从 30°～90°变化时输出电压 u_d 的逆变波形。

2. 确保电路正常工作后，在附图 4-3 中画出 β = _____时的输出电压 u_d 的波形，晶闸管两端电压 u_{VT}_____波形。（注：题目中的空格由任课老师填写）

四、回答问题

什么是环流？简述逻辑无环流直流可逆拖动系统的工作原理。

注：如需要可以参考附录 A 第 2 章 2.7.1～2.7.3 节实训评价。

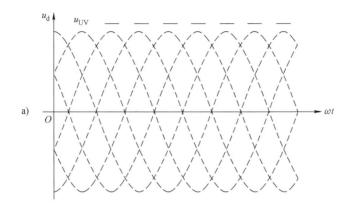

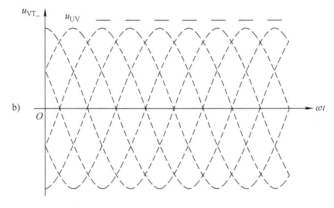

附图 4-3　波形测量记录

a）输出电压 u_{d} 的波形　　b）在波形图上标齐电源相序，画出晶闸管两端电压 $u_{\mathrm{VT}}_____$波形

附录 D　第 5 章实训报告

5.4.1 节实训报告

一、名称

_____

二、目的及操作时间

1. 目的：

1）_____

2）_____

3）_____

2. 时间：90min。

三、记录

1. 完成双向晶闸管单相交流调压电路实践线路的安装。

2. 按照要求完成单结晶体管触发电路的调试。触发电路正常工作后，在附图 5-1 中记录单结晶体管触发电路中各点的电压波形：①整流输出端；②稳压削波端；③单结晶体管发射极；④触发脉冲输出端。

3. 电阻性负载测试。电路工作正常后，在附图 5-2 中记录触发延迟角 $\alpha =$ _____

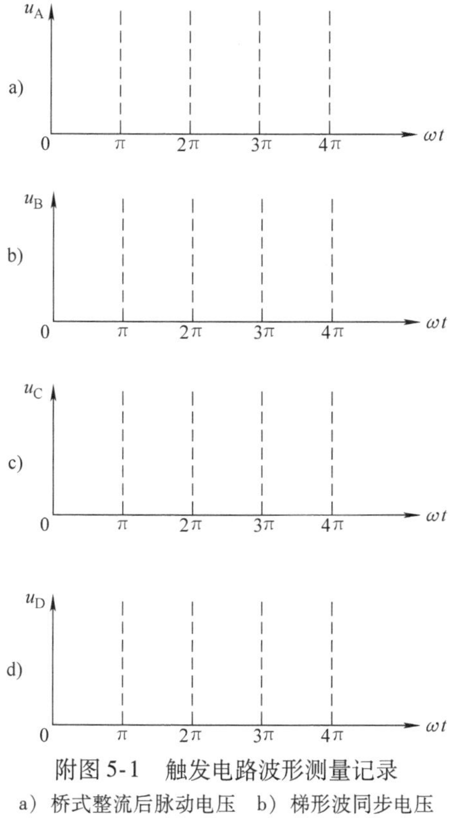

附图 5-1　触发电路波形测量记录

a）桥式整流后脉动电压　b）梯形波同步电压

c）锯齿波电压　d）输出脉冲

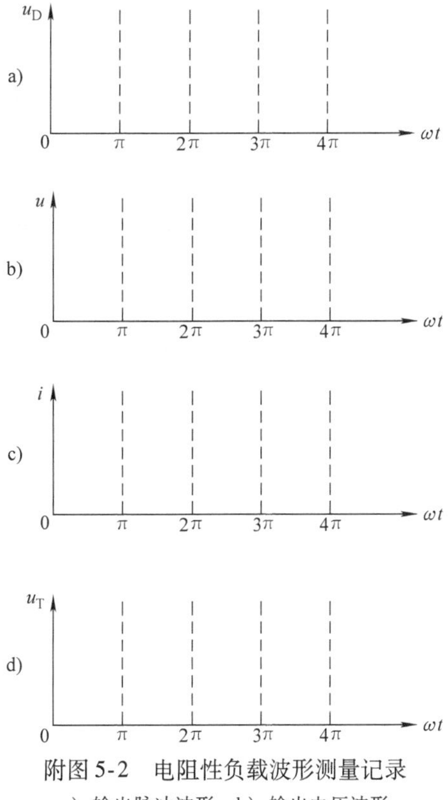

附图 5-2　电阻性负载波形测量记录

a）输出脉冲波形　b）输出电压波形

c）输出电流　d）双向晶闸管两端电压 u_{T}

时，负载两端输出电压 u、输出电流 i、双向晶闸管两端电压 u_T 的波形。（注：题目中的空格由任课老师填写）

4. 阻感负载测试。将电阻负载换成变阻器 R 与电抗器 L 串联的阻感负载。调节 U_c 使 $\alpha = 45°$，调节变阻器 R 来改变阻抗角 φ，在附图 5-3 中记录 $\alpha < \varphi$、$\alpha = \varphi$、$\alpha > \varphi$ 这 3 种情况时输出电压 u 的波形。

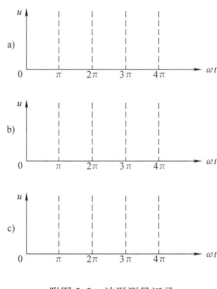

附图 5-3　波形测量记录

a) $\alpha < \varphi$　b) $\alpha = \varphi$　c) $\alpha > \varphi$

四、回答问题

1. 双向晶闸管有哪几种触发方式？一般选用哪几种？

2. 在单相交流调压电感性负载电路中，阻抗角对触发延迟角有哪些影响？

3. 判断以下说法的正确与否，并说明原因。

1）双向晶闸管有 4 种触发方式，其中 I_+ 的触发方式灵敏度最低，实际应用中不采用。

2）双向晶闸管的额定电流采用平均值。

3）双向晶闸管交流开关采用本相电压强触发电路时，常采用 I_+ 和 III_+ 的组合触发方式。

4）过零触发就是通过改变晶闸管每周期导通的起始点及触发延迟角的大小，来达到改变输出电压和功率的目的。

5.4.2 节实训报告

一、名称

_____

二、目的及操作时间

1. 目的：

1）_____

2）_____

2. 时间：90min。

三、记录

1. 完成双向晶闸管单相交流调压电路实践线路的安装。

2. 按照要求完成单结晶体管触发电路的调试。在附图 5-4a 中记录 α = _____时电阻负载两端的负载电压的波形（注：题目中的空格由任课老师填写；不同的角度测得的波形请记录在附图 5-3b 中）。

3. 用交流电压表和电流表测量电路的输出电压与输出电流的数值，在附表 5-1 中记录 A 相输出电压和输出电流的有效值。

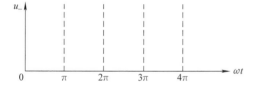 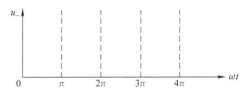

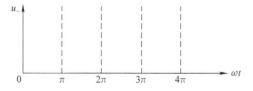 

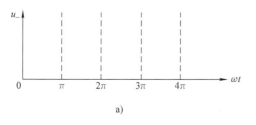 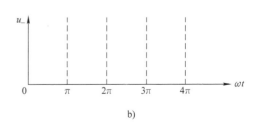

a)　　　　　　　　　　　　　　　　　　　b)

附图 5-4　波形测量记录

附表 5-1　记录 A 相输出电压和输出电流的有效值

	$\alpha = 30°$	$\alpha = 60°$	$\alpha = 90°$
输出电压			
输出电流			

4. 按停止按钮，切断主电路，断开负载中性线，可重做三相三线交流调压实验，并将电压波形与数值记录于附表 5-1 中。（选做题）

注：如需要可以参考附录 A 第 2 章 2.7.1~2.7.3 节实训评价。

附录 E 第 6 章实训报告

6.6 节实训报告

一、名称

_____

二、目的及操作时间

1. 目的：

1）_____

2）_____

3）_____

2. 时间：90min。

三、记录

1. 完成由电力晶体管（GTR）组成的单相并联逆变器电路的安装。

2. 按照要求完成控制电路和主电路的调试，并进行测量记录。

1）通过从零到最大值进行变化来调整 RP 的数值，测量并记录与之对应的 u_o 及频率 f_o，填入附表 6-1 中。

附表 6-1　记录随 RP 值调整的 u_o 及频率 f_o

RP	u_A	u_B	u_C	u_D	u_E	u_o	f_o

2）在附图 6-1 中记录 RP 调至 1/2 时的 u_A、u_B、u_C、u_D、u_E 及 u_o 的波形。

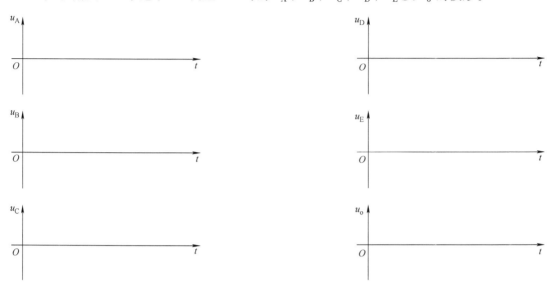

附图 6-1　u_A、u_B、u_C、u_D、u_E 及 u_o 的波形

注：如需要可以参考附录 A 第 2 章 2.7.1～2.7.3 节实训评价。

附录 F 第 7 章实训报告

7.4.1 节实训报告

一、名称

_____

二、目的及操作时间

1. 目的:

1) _____

2) _____

2. 时间:90min。

三、记录

1. 完成 A 型双象限直流斩波电路的安装。

2. 按照要求完成电路的调试,并进行测量记录。

1) 用示波器观察 U_{C_1} 为不同值时控制脉冲的宽度 t_{on},计算占空比 D 和最大占空比 D_{max},记录在附表 7-1 中。

附表 7-1 记录 A 型双象限直流斩波电路占空比 D 和最大占空比 D_{max}

U_{C_1}/V	1	2	3	3.5	
$t_{on}/\mu s$					
D(%)					$D_{max} =$

2) 在附图 7-1 中画出 $D = f(U_{C_1})$ 特性曲线。

3) 当完成调节 U_{C_1} 使电动机电枢电压 U_d 为 40V 时,在附图 7-2 中记录 u_d 与 i_d 及电感 L 两端的电压 u_L 的波形。

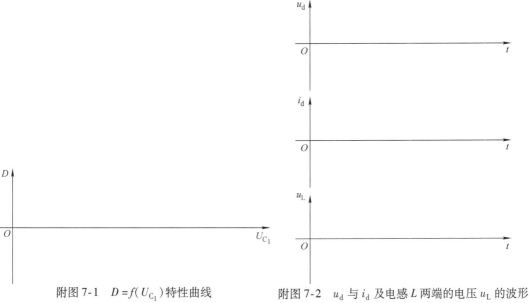

附图 7-1 $D = f(U_{C_1})$ 特性曲线   附图 7-2 u_d 与 i_d 及电感 L 两端的电压 u_L 的波形

4）改变 U_{C_1}，将 $D=25\%$、40%、50%、60%、75% 时的输出电压 U_d 记录在附表 7-2 中，并在附图 7-3 中画出控制特性曲线 $U_d=f(D)$。

附表 7-2　不同占空比时的 U_d

D	25%	40%	50%	60%	75%
U_d/V					

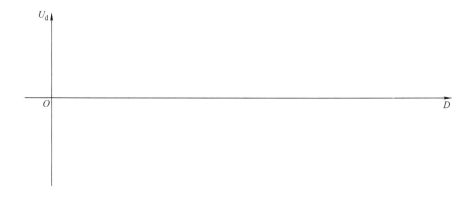

附图 7-3　控制特性曲线 $U_d=f(D)$

7.4.2 节实训报告

一、名称

_____

二、目的及操作时间

1. 目的：

1）_____

2）_____

2. 时间：90min。

三、记录

1. 完成桥式四象限直流斩波电路的安装。

2. 按照要求完成电路的调试，并进行测量记录。

1）用示波器观察 U_{C_1} 为不同值时控制脉冲的宽度 t_{on}，计算占空比 D 和最大占空比 D_{max}，记录在附表 7-3 中。

附表 7-3　记录桥式四象限直流斩波占空比 D 和最大占空比 D_{max}

U_{C_1}/V	1	2	3	3.5	
$t_{on}/\mu s$					
D（%）					$D_{max} =$

2）在附图 7-4 中画出 $D = f(U_{C_1})$ 特性曲线。

3）当完成调节 U_{C_1} 使电动机电枢电压 U_d 为 100V 时，在附图 7-5 中记录 u_d 与 i_d 及电感 L 两端的电压 u_L 的波形。

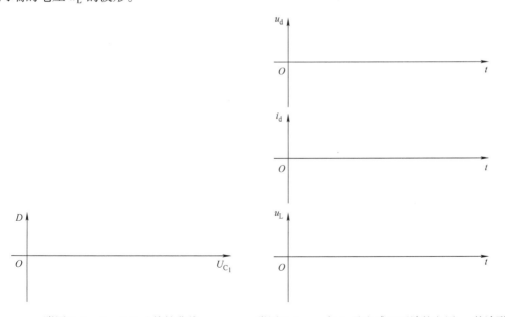

附图 7-4　$D = f(U_{C_1})$ 特性曲线　　　附图 7-5　u_d 与 i_d 及电感 L 两端的电压 u_L 的波形

4）改变 U_{C_1}，将 $D = 25\%$、40%、50%、60%、75% 时的输出电压 U_d 记录在附表 7-4 中，并在附图 7-6 中画出控制特性曲线 $U_d = f(D)$。

附表 7-4 不同占空比时的 U_d

D	25%	40%	50%	60%	75%
U_d/V					

附图 7-6 控制特性曲线 $U_d = f(D)$

注：如需要可以参考附录 A 第 2 章 2.7.1 ~ 2.7.3 节实训评价。